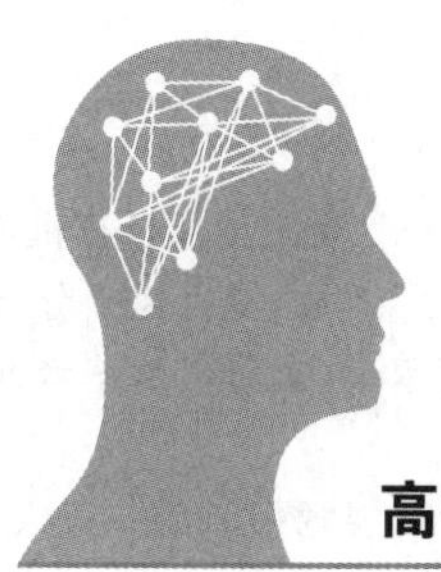

高等学校智能科学与技术/人工智能专业教材

计算机视觉实践

（第2版）

李轩涯 曹焯然 计湘婷 编著

清华大学出版社
北京

内容简介

本书是一本基于PaddlePaddle深度学习框架的实践性计算机视觉教材，重点关注计算机视觉在实际中的应用。本书涵盖计算机视觉领域的众多方面，包含图像分类、目标检测、图像分割、视频分类以及图像生成等领域，并通过大量的实践案例向读者演示如何编写计算机视觉应用程序，从而帮助读者深入理解计算机视觉的核心概念和技术。

本书可以作为一本实用的计算机视觉实践指南，无论对于从事计算机视觉领域的专业人士，还是对计算机视觉感兴趣的初学者，本书都值得阅读和收藏。

图书在版编目(CIP)数据

计算机视觉实践/李轩涯，曹焯然，计湘婷编著. —2版. —北京：清华大学出版社，2023.11
高等学校智能科学与技术/人工智能专业教材
ISBN 978-7-302-64177-3

Ⅰ. ①计… Ⅱ. ①李… ②曹… ③计… Ⅲ. ①计算机视觉－高等学校－教材 Ⅳ. ①TP302.7

中国国家版本馆CIP数据核字(2023)第223633号

责任编辑：贾 斌
封面设计：常雪影
责任校对：胡伟民
责任印制：曹婉颖

出版发行：清华大学出版社
网　　址：https://www.tup.com.cn，https://www.wqxuetang.com
地　　址：北京清华大学学研大厦A座　　**邮　　编**：100084
社 总 机：010-83470000　　**邮　　购**：010-62786544
投稿与读者服务：010-62776969，c-service@tup.tsinghua.edu.cn
质量反馈：010-62772015，zhiliang@tup.tsinghua.edu.cn
课件下载：https://www.tup.com.cn，010-83470236
印 装 者：三河市龙大印装有限公司
经　　销：全国新华书店
开　　本：185mm×260mm　　**印　张**：16.5　　**字　　数**：420千字
版　　次：2022年1月第1版　2023年12月第2版　　**印　　次**：2023年12月第1次印刷
印　　数：1～5000
定　　价：59.00元

产品编号：101357-01

高等学校智能科学与技术/人工智能专业教材

编审委员会

出 版 说 明

当今时代，以互联网、云计算、大数据、物联网、新一代器件、超级计算机等，特别是新一代人工智能为代表的信息技术飞速发展，正深刻地影响着我们的工作、学习与生活。

随着人工智能成为引领新一轮科技革命和产业变革的战略性技术，世界主要发达国家纷纷制定了人工智能国家发展规划。2017 年 7 月，国务院正式发布《新一代人工智能发展规划》(以下简称《规划》)，将人工智能技术与产业的发展上升为国家重大发展战略。《规划》要求“牢牢把握人工智能发展的重大历史机遇”“带动国家竞争力整体跃升和跨越式发展”，对完善人工智能领域学科布局，设立人工智能专业，推动人工智能领域一级学科建设提出了指导意见。

为贯彻落实《规划》，2018 年 4 月，教育部印发了《高等学校人工智能创新行动计划》，强调了“优化高校人工智能领域科技创新体系”“完善人工智能领域人才培养体系”的重点任务，提出高校要不断推动人工智能与实体经济(产业)深度融合，鼓励有条件的高校建立人工智能学院、研究院，开展高层次人才培养。早在 2004 年，北京大学就率先设立了智能科学与技术本科专业。为了加快人工智能高层次人才培养，教育部又于 2019 年增设了“人工智能”本科专业。2020 年 2 月，教育部、国家发展改革委、财政部联合印发了《关于“双一流”建设高校促进学科融合，加快人工智能领域研究生培养的若干意见》的通知，提出依托“双一流”建设，深化人工智能内涵，构建基础理论人才与“人工智能＋X”复合型人才并重的培养体系，探索深度融合的学科建设和人才培养新模式，着力提升人工智能领域研究生培养水平，为我国抢占世界科技前沿，实现引领性原创成果的重大突破提供更加充分的人才支撑。至今，全国共有超过 400 所高校获批智能科学与技术或人工智能本科专业，我国正在建立人工智能类本科和研究生层次人才培养体系。

教材建设是人才培养体系工作的重要基础环节。近年来，为了满足智能专业的人才培养和教学需要，国内一些学者或高校教师在总结科研和教学成果的基础上编写了一系列教材，其中有些教材已成为该专业必选的优秀教材，在一定程度上缓解了专业人才培养对教材的需求，如由南京大学周志华教授编写、我社出版的《机器学习》就是其中的佼佼者。同时，我们应该看到，目前市场上的教材还不能完全满足智能专业的教学需要，突出的问题主要表现在内容比较陈旧，不能反映理论前沿、技术热点和产业应用与趋势等；缺乏系统性，基础教材多、专业教材少，理论教材多、技术或实践教材少。

为了满足智能专业人才培养和教学需要，编写反映最新理论与技术且系统化、系列化的教材势在必行。早在 2013 年，北京邮电大学钟义信教授就受邀担任第一届“全国高

等学校智能科学与技术/人工智能专业教材”编委会主任，组织和指导教材的编写工作。2019年，第二届编委会成立，清华大学陆建华院士受邀担任编委会主任，全国各省市开设智能科学与技术/人工智能专业的院系负责人担任编委会委员，在第一届编委会的工作基础上继续开展工作。

编委会认真研讨了国内外高等学校智能科学与技术/人工智能专业的教学体系和课程设置，制定了编委会工作简章、编写规则和注意事项，规划了核心课程和自选课程。经过编委会全体委员及专家的推荐和审定，本套丛书的作者应运而生，他们大多是在本专业领域有深厚造诣的骨干教师，同时从事一线教学工作，有丰富的教学经验和功底。

本套教材是我社针对高等学校智能科学与技术/人工智能专业策划的第一套系列教材，遵循以下编写原则：

(1) 智能科学技术/人工智能既具有十分深刻的基础科学特性(智能科学)，又具有极其广泛的应用技术特性(智能技术)。因此，本专业教材面向理科或工科，鼓励理工融通。

(2) 处理好本学科与其他学科的共生关系。要考虑智能科学与技术/人工智能与计算机、自动控制、电子信息等相关学科的关系问题，考虑把“互联网＋”与智能科学联系起来，体现新理念和新内容。

(3) 处理好国外和国内的关系。在教材的内容、案例、实验等方面，除了体现国外先进的研究成果外，还一定要体现我国科研人员在智能领域的创新和成果，优先出版具有自己特色的教材。

(4) 处理好理论学习与技能培养的关系。对于理科学生，注重对思维方式的培养；对于工科学生，注重对实践能力的培养。各有侧重。鼓励各校根据本校的智能专业特色编写教材。

(5) 根据新时代教学和学习的需要，在纸质教材的基础上融合多种形式的教学辅助材料。鼓励包括纸质教材、微课视频、案例库、试题库等教学资源在内的多形态、多媒质、多层次的立体化教材建设。

(6) 鉴于智能专业的特点和学科建设需求，鼓励高校教师联合编写，促进优质教材共建共享。鼓励校企合作教材编写，加速产学研深度融合。

本套教材具有以下出版特色：

(1) 体系结构完整，内容具有开放性和先进性，结构合理。

(2) 除满足智能科学与技术/人工智能专业的教学要求外，还能够满足计算机、自动化等相关专业对智能领域课程教材的需求。

(3) 既引进国外优秀教材，也鼓励我国作者编写原创教材，内容丰富，特点突出。

(4) 既有理论类教材，也有实践类教材，注重理论与实践相结合。

(5) 根据学科建设和教学需要，优先出版多媒体、融媒体的新形态教材。

(6) 紧跟科学技术的新发展，及时更新版本。

为了保证出版质量，满足教学需要，我们坚持“成熟一本，出版一本”的出版原则。在每本书的编写过程中，除作者积累的大量素材，还力求将智能科学与技术/人工智能领域

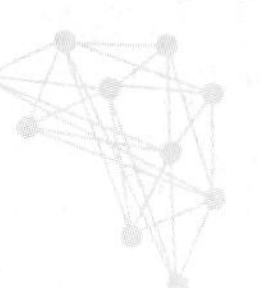

的最新成果和成熟经验反映到教材中，本专业专家学者也反复提出宝贵意见和建议，进行审核定稿，以提高本套丛书的含金量。热切期望广大教师和科研工作者加入我们的队伍，并欢迎广大读者对本系列教材提出宝贵意见，以便我们不断改进策划、组织、编写与出版工作，为我国智能科学与技术/人工智能专业人才的培养做出更多的贡献。

我们的联系方式是：

联系人：贾斌

联系电话：010-83470193

电子邮件：jiab@tup.tsinghua.edu.cn。

清华大学出版社

2020 年夏

总　　序

以智慧地球、智能驾驶、智慧城市为代表的人工智能技术与应用迎来了新的发展热潮，世界主要发达国家和我国都制定了人工智能国家发展规划，人工智能现已成为世界科技竞争新的制高点。智能科技/人工智能的发展也面临新的挑战，首先是其理论基础有待进一步夯实，其次是其技术体系有待进一步完善。抓基础、抓教材、抓人才，稳妥推进智能科技的发展，已成为教育界、科技界的广泛共识。我国高校也积极行动、快速响应，陆续开设了智能科学与技术、人工智能、大数据等专业方向。截至 2020 年底，全国共有超过 400 所高校获批智能科学与技术或人工智能本科专业，面向人工智能的本、硕、博人才培养体系正在形成。

教材乃教育之基础。2013 年 10 月，“高等学校智能科学与技术/人工智能专业教材”第一届编委会成立。编委会在深入分析我国智能科学与技术专业教学计划和课程设置的基础上，重点规划了《机器智能》等核心课程教材。南京大学、西安电子科技大学、西安交通大学等高校陆续出版了人工智能专业教育培养体系、本科专业知识体系与课程设置等相关的专著，为相关高校开展全方位、立体化的智能科技人才培养起到了示范作用。

2019 年 10 月，第二届(本届)编委会成立。在第一届编委会教材规划工作的基础上，编委会通过对斯坦福大学、麻省理工学院、加州大学伯克利分校、卡内基-梅隆大学、牛津大学、剑桥大学、东京大学等国外高校和国内高校人工智能相关的课程和教材的跟踪调研，进一步丰富和完善了本套专业教材。同时，本届编委会继续推进专业知识结构和课程体系的研究及教材的出版工作，期望编写出更具创新性和专业性的系列教材。

智能科学技术正处在迅速发展和不断创新的阶段，其综合性和交叉性特征鲜明，因而其人才培养宜分层次、分类型，且要与时俱进。本套教材既注重学科的交叉融合，又兼顾不同学校、不同类型人才培养的需要，既有强化理论基础的，也有强化应用实践的。编委会为此将系列教材分为基础理论、实验实践和创新应用三大类，并按照课程体系将其分为数学与物理基础课程、计算机与电子信息基础课程、专业基础课程、专业实验课程、专业选修课程和“智能＋”课程。该规划得到了相关专业的院校骨干教师的积极响应，不少教师/学者也开始组织编写各具特色的专业课程教材。

编委会希望，本套教材的编写，在取材范围上要符合人才培养定位和课程要求，体现学科交叉融合；在内容上要强调体系性、开放性和前瞻性，并注重理论和实践的结合；在章节安排上要遵循知识体系逻辑及其认知规律；在叙述方式上要能激发读者兴趣，引导读者积极思考；在文字风格上要规范严谨，语言格调要力求亲和、清新、简练。

编委会相信，通过广大教师/学者的共同努力，编写好本套专业教材，可以更好地满足高等学校智能科学与技术/人工智能专业的教学需要，更高质量地培养智能科技专业人才。饮水思源。在高等学校智能科学与技术/人工智能专业教材陆续出版之际，我们对为此做出贡献的有关单位、学术团体、教师/专家表示崇高的敬意和衷心的感谢。

感谢中国人工智能学会及其教育工作委员会对推动设立我国高校智能科学与技术本科专业所做的积极努力；感谢清华大学、北京大学、南京大学、西安电子科技大学、北京邮电大学、南开大学等高校，以及华为、百度、腾讯等企业为发展智能科学与技术/人工智能专业所做的实实在在的贡献。

特别感谢清华大学出版社对本系列教材的编辑、出版、发行给予高度重视和大力支持。清华大学出版社主动与中国人工智能学会教育工作委员会开展合作，并组织和支持了本套专业教材的策划、编审委员会的组建和日常工作。

编委会真诚希望，本套教材的出版不仅对我国高等学校智能科学与技术/人工智能专业的学科建设和人才培养发挥积极的作用，还将对世界智能科学与技术的研究与教育做出积极的贡献。

由于编委会对智能科学与技术的认识、认知的局限，本套教材难免存在错误和不足，恳切希望广大读者对本套教材存在的问题提出意见和建议，帮助我们不断改进，不断完善。

高等学校智能科学与技术/人工智能专业教材编委会主任

陆建华

2020 年 12 月

序　一

近年来，人工智能的快速发展正在引发新一轮的技术革命，对未来人类社会进步有着至关重要的作用。作为人工智能领域重要研究方向的计算机视觉，以深度学习算法为依托也得到极大发展，应用领域广阔，市场规模巨大。据前瞻产业研究院统计，国内42%的人工智能企业应用计算机视觉相关技术，相当于应用语音技术、自然语言处理技术的企业占比之和。计算机视觉在自动驾驶、工业、医疗、安防、金融、零售等领域都显示出令人瞩目的应用价值。

早在2013年9月我国《信息化和工业化深度融合专项行动计划》就指出工业机器人的发展需要计算机视觉技术助力；2015年7月国务院发布的《关于积极推进“互联网＋”行动的指导意见》明确提出要进一步推进包括计算机视觉在内的关键技术研发和产业化；同时，许多地方政府也积极部署，出台政策，大力发展计算机视觉技术，加快推进人工智能产品研发。可见国家对计算机视觉发展的高度重视，以及计算机视觉领域对整个人工智能发展的重要带动作用。

计算机视觉研发领域新的快速发展对相关人才的理论和实践能力提出了新的更高要求，高等院校也急需提供更加丰富的满足各层次人才培养的教材和实践案例。在这一背景下，《计算机视觉实践》及时出版，和读者见面了。《计算机视觉实践》基于百度飞桨覆盖工业、医疗等多种实际场景的丰富实践案例，将真实的应用场景、用户需求，以及研发难点细节，以实践的方式直观呈现到学习者面前，可打开学习者对未来计算机视觉的想象空间，帮助其充分掌握技术内核和实际应用落地的技能，是一本能为学习者答疑解惑，提高学习效果的好教材。

相信在该教材的启迪下，希望进入计算机视觉领域的学习者能够感受到计算机视觉的魅力所在，并对其产生深入探索研究的兴趣。计算机视觉作为人工智能的核心技术之一，将被更多学习、研发者应用于更多产品、更多场景、更多行业中，使我们的生活更便利、更精彩。

中国工程院院士、北京航空航天大学教授

序　二

随着科学技术的不断更新，人工智能已逐渐成为引领新一轮科技革命、产业变革和社会发展的战略性技术。新一代人工智能技术正在全球范围内高速发展，在改变人们日常生活、消费方式的同时，也为全球经济、工业等诸多领域的高质量发展提供了新动能。在我国，自2017年起，人工智能已连续三年写入《政府工作报告》，加快新一代人工智能发展已成为国家重大战略。作为人工智能的重点赛道，计算机视觉着力解决如何使机器看懂世界的问题。现阶段，国家政策的重点从研究人工智能技术转向人工智能技术与实体经济的深度融合发展，而计算机视觉是最早取得突破性进展，也是落地应用最广泛的人工智能技术。想要促进计算机视觉技术不断突破、应用更加成熟，关键在于人才的推动，人工智能行业属知识密集型产业，是顶级人才争夺最激烈的领域。但现实情况是，计算机视觉领域的后备力量非常有限。

在人工智能技术高速发展的大前提下，我国众多高校陆续成立协同创新中心、人工智能学院、人工智能研究院等机构，为人工智能专业人才及产业应用人才培养搭建平台。然而，工业和信息化部人才交流中心发布的《人工智能产业人才发展报告(2019－2020年版)》却指出，人工智能领域目前存在人才储备不足且培养机制不完善等问题，人才供需比严重不平衡，预计当前我国人工智能产业内有效人才缺口达30万。根据人工智能各技术方向岗位人才供需比来看，包括人工智能芯片、机器学习、自然语言处理等，数据显示人工智能不同技术方向岗位的人才供需比均低于0.4。而其中计算机视觉岗最为稀缺，人才供需比仅为0.09，真正面临人才供给的窘境。

一直以来，如何培养真正符合市场需求的计算机视觉人才是人工智能人才培养中的难点。随着计算机视觉技术与行业之间的结合日趋紧密，精通计算机视觉技术的人才很难再通过传统的方式培养。因此，计算机视觉技术的人才培养过程应该面向社会需求，实现学术与工业界的无缝衔接。产业界对计算机视觉人才的基本要求涵盖以下几点：首先是扎实的计算机视觉和工程技能基础；其次是独立分析和解决问题的能力、良好的沟通能力，以及基本的算法设计和实现能力；最后是科研实践经历，以及相关领域顶级期刊或会议论文的发表经历。从这些要求不难看出，产业界对学生素质的要求涵盖了基础知识、工程实践能力及科研能力。高校人才的培养也应从这几方面着眼，培养学生运用知识与创新实践的能力。因此，在课程教学中应设置专题实践环节，强化项目学习的意识，通过项目教学法使学生融会贯通，在实践中进一步理解和升华所学知识，培养学生项目化、工程化的意识和能力。本教材是由清华大学出版社和百度联合出版，取材于百度飞桨平台上的大量实际案例，有助于学生了解计算机视觉真实的应用场景、直面落地难点，从而更加高效地学习相关知识。

在本教材的指引下，希望未来我国人工智能人才的培养能将理论与实践进行更紧密的结合，用更科学的方式培养出更符合现实需求的人才。能真正实现习近平总书记讲话时提到的"要加强人才队伍建设，以更大的决心、更有力的措施，打造多种形式的高层次人才培养平台，加强后备人才培养力度，为科技和产业发展提供更加充分的人才支撑"。相信在不远的将来，我国的人工智能发展水平在后备力量的推动下，必将不断取得新的突破。

中国工程院院士、清华大学教授

序　三

作为引领新一轮科技革命和产业变革的战略性技术，人工智能快速发展，呈现标准化、自动化和模块化的工业大生产特征，与各行各业深入融合，推动经济、社会和人们的生产生活向智能化转变。在新的发展阶段，我国提出创新驱动发展战略，努力实现高水平科技自立自强。在新发展理念指引下，加快发展新一代人工智能，把科技竞争的主动权牢牢掌握在我们自己手里。一方面，增强原始创新能力，取得关键核心技术的颠覆性突破；另一方面，围绕经济社会发展需求，强化科技应用的创新能力，推进人工智能技术产业化，形成科技创新和产业应用互相促进的良性循环。

新发展阶段呼唤新型人才。我们需要既掌握人工智能技术，又具有行业洞察和产业实践经验的复合型人才。以制造业为例，产业需要的人才，在熟悉人工智能技术的基础上，能够深入理解制造业各细分场景的生产特点、流程、工艺和运营方式等，将技术更好地与产业融合，提出创新、高效、落地性强的解决方案。技术只有切实解决了产业痛点，才能带动产业的智能化升级。

培养既有技术素养，又有产业经验的复合型人才，需要产学研各方通力合作，充分发挥各自优势。近年来高校陆续开设人工智能专业，加大人工智能人才培养力度，同时与产业界的合作也越来越紧密，共同研发面向产业真实需求的技术和应用。产学研协同创新的环境为复合型人才培养提供了肥沃的土壤和宽广的实践空间。本教材在阐述理论知识的同时，实践应用部分采用飞桨深度学习开源开放平台，通过大量实践案例，通俗易懂讲解理论知识，帮助读者快速入门；通过真实案例的实操验证，帮助读者检验对相关知识点的理解和掌握。

培养复合型人才，既是当前的时势使然，更是主动把握未来，赢得长远发展的先手棋。希望伴随着数字化、智能化的浪潮，本教材能够帮助越来越多的读者、从业者成为加速数字经济发展、实现我国高水平科技自立自强的中坚力量。

百度首席技术官

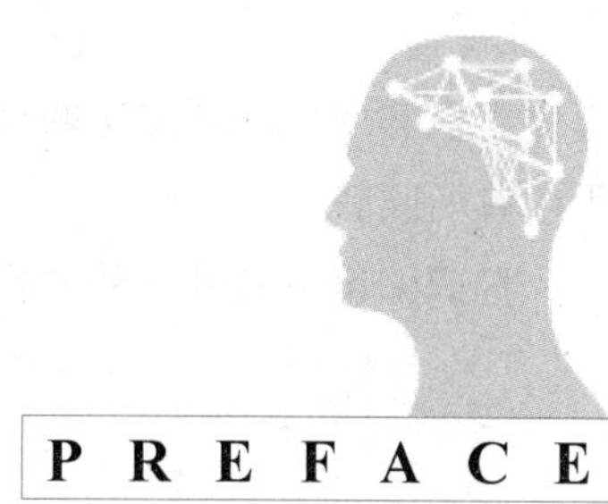

前言 PREFACE

计算机视觉是人工智能的重要分支领域，随着人工智能的飞速发展，计算机视觉在人们生活中的应用也越来越广泛，从教育、安防、交通到智能家居等方方面面都有应用。然而，在实际应用中，我们需要了解如何将计算机视觉技术应用到具体场景中，这也是本书的重点所在。

本书不仅涵盖了计算机视觉领域的核心技术，而且着重介绍了计算机视觉在实际应用中的具体实现。在深度学习框架的选择上，本书采用百度开源的 PaddlePaddle 深度学习框架（飞桨），其作为一个易用、高效、灵活、可扩展的深度学习框架，能够帮助读者更好地理解计算机视觉技术的应用和实现。

本书共 6 章。第 1 章介绍 Python 基础。通过九九乘法表、随机数生成与排序等 6 个 Python 实践，帮助初学者快速掌握 Python 的相关语法，为后续章节的学习做铺垫。

第 2 章介绍图像分类。图像分类是计算机视觉领域的经典任务，是指给定输入图像，需要输出预测的图像所属类别。本章主要基于不同的分类模型，如 VGG、ResNet，并在不同的数据集上完成分类任务。

第 3 章介绍目标检测。目标检测指需要找到图像中所有感兴趣的目标，并输出它们的类别和位置，这也是计算机视觉领域的核心任务。本章需要基于不同的检测模型，例如 Faster RCNN 以及 YOLOV3，完成瓷砖瑕疵和昆虫等检测。

第 4 章介绍图像分割。图像分割是图像理解的重要组成部分，需要在像素级上完成图像分类的任务。通过学习本章，读者将了解典型的分割模型在不同分割任务上的效果。

第 5 章介绍视频分类。视频分类相比于图像分类更为复杂，是指给定一个视频片段，根据其中包含的内容进行分类。本章将了解 3 个不同的视频分类模型。

第 6 章介绍图像生成。图像生成指从现有的数据集中生成新图像的任务。本章主要介绍通过不同的生成对抗模型来完成衣服生成、人脸图像生成以及图像风格迁移等任务。

本书从实践出发，提供了大量的代码示例和案例研究，能够帮助读者深入理解计算机视觉的核心概念和技术，并快速上手实际应用。希望通过阅读本书，读者能够了解并掌握计算机视觉的基本技能并提高在实践中的能力。在编写本书的过程中，感谢 PaddlePaddle 社区，免费的 GPU 算力、完善的 API 文档以及丰富的产研实践为广大读者提供了极其便利的开发实践环境。还要感谢读者的支持和反馈，期待您在学习本书的过程中有所收获。

扫码即可下载本书的源代码及数据：

编　者

2023 年 8 月

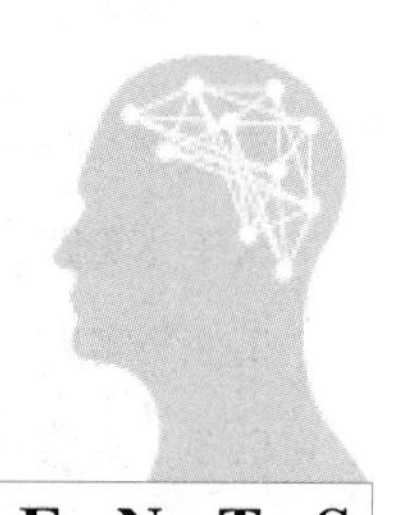

目　录

CONTENTS

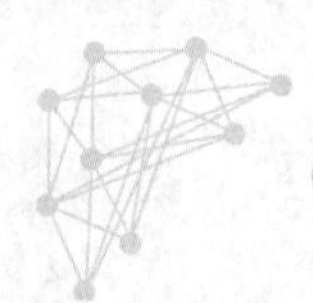

第 1 章　Python 基础

计算机视觉是一门研究如何使机器"看"的科学，旨在识别和理解图像/视频中的内容。其诞生于 1966 年 MIT AI Group 的"the summer vision project"。由于人类可以很轻易地进行视觉认知，MIT 的教授们希望通过一个暑期项目来解决计算机视觉问题。当然，计算机视觉问题没有在一个暑期内被解决。直至今日，计算机视觉经过 50 余年的发展，已成为一个十分活跃的研究领域。如今，互联网上超过 70%的数据是图像/视频，全世界的监控摄像头数目也已超过人口数，每天有超过 8 亿小时的监控视频数据生成。如此大的数据量亟待自动化的视觉理解与分析技术的研发。

计算机视觉领域包含许多视觉任务，例如图像分类、目标检测、图像分割、视频分类、文字识别、图像生成等，在本书中我们将围绕计算机视觉的许多经典任务开展实践学习。

1.1　实践一：九九乘法表

九九乘法表

在学习计算机视觉之前，我们首先通过简单的实践，让大家动手编写 Python 代码，熟悉 Python 这门计算机语言，为后续使用飞桨框架解决计算机视觉任务打好基础。

本节实践的主要任务是通过程序打印九九乘法表。实践的平台为百度 AI Studio，实践环境为 Python 3.7。

我们通过定义 multiplication_table()函数来实现打印九九乘法表。该函数通过两个循环来控制乘法表生成和打印。具体代码如下所示。

```
# 函数功能:打印 9×9 乘法表
def multiplication_table():
    s = ''
    for i in range(1,10):                    # 1～9 范围的整数
        for j in range(1,i+1):               # 1～i 范围内的整数
            s += '{}*{}={}'.format(i,j,i*j) + " "
                                             # 计算一次乘积,并且添加到整体的乘法表字符串中
        s += '\n'                            # 计算完 i 的乘法项,输出要换行
    return s                                 # 以字符串的方式返回乘法表
```

在 Python 中，range()函数可以创建一个整数列表，一般在 for 循环中使用。str.format()函数是 Python 中用于格式化字符串的函数，它可以让大家在 Python 中方便地对字符串按照预定的格式进行输出。

接下来调用我们定义好的函数生成乘法表并打印。这里我们对代码中的 if __name__ == '__main__'语句进行简要的解释。Python 是一种解释性的脚本语言，模块运行时是从前向后逐

行运行的，不需要类似于C语言或者Java语言中的main()函数作为程序的入口。为了增加Python代码的规范性，if __name__ == '__main__'语句在某种意义上象征着Python代码的程序主入口。'__name__'是Python的内置变量，它的值就是当前被执行模块的真实名称，即值为__main__。所以当运行“if __name__=='__main__':”语句时，如果当前模块被直接执行，条件判断的结果为True，“if __name__=='__main__':”语句下面的代码块就会被执行。

```
if __name__ == '__main__':          # Python主函数解释执行的入口(可省略,直接写执行命令)
    s = multiplication_table()      # 调用产生乘法表的函数
print(s)                            # 打印函数返回值,即乘法表
```

运行结果如下所示。

```
1 * 1 = 1
2 * 1 = 2 2 * 2 = 4
3 * 1 = 3 3 * 2 = 6 3 * 3 = 9
4 * 1 = 4 4 * 2 = 8 4 * 3 = 12 4 * 4 = 16
5 * 1 = 5 5 * 2 = 10 5 * 3 = 15 5 * 4 = 20 5 * 5 = 25
6 * 1 = 6 6 * 2 = 12 6 * 3 = 18 6 * 4 = 24 6 * 5 = 30 6 * 6 = 36
7 * 1 = 7 7 * 2 = 14 7 * 3 = 21 7 * 4 = 28 7 * 5 = 35 7 * 6 = 42 7 * 7 = 49
8 * 1 = 8 8 * 2 = 16 8 * 3 = 24 8 * 4 = 32 8 * 5 = 40 8 * 6 = 48 8 * 7 = 56 8 * 8 = 64
9 * 1 = 9 9 * 2 = 18 9 * 3 = 27 9 * 4 = 36 9 * 5 = 45 9 * 6 = 54 9 * 7 = 63 9 * 8 = 72 9 * 9 = 81
```

随机数生成与排序

1.2 实践二：随机数生成与排序

随机数在计算机领域中十分常见，随机数生成也是日常工作的一个常用功能。本节实践的主要内容是通过Python来实现随机数的生成，并且设计一个快速排序的算法来对生成的随机数进行排序。实践的平台为百度AI Studio，实践环境为Python 3.7。

步骤1：随机数生成

random库是Python的一个极其常用的内置标准库，用于产生各种分布的伪随机数序列。在使用random库时，只需要import random即可。

(1) 生成随机整数。

定义一个random_int()函数来实现在指定范围内生成num个整数并且以列表的形式返回生成的num个整数。具体代码如下所示。

```
# 函数功能:生成ranges范围内的num个整数
def random_int(ranges = [0,100],num = 1):
    if ranges[0]> ranges[1]:          # 检查生成随机数的范围是否有错
        print('取值范围错误')
        return []
    res = []
    for i in range(num):
        res.append(random.randint(ranges[0],ranges[1] + 1))
return res
```

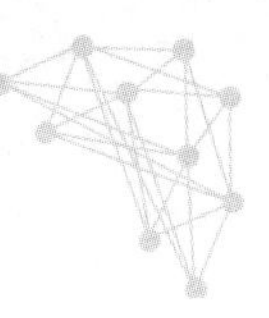

代码中使用了 random 库中的 random.randint(a, b)方法，该方法有两个参数 a、b，表示随机生成一个[a, b)内的整数。因此为了包含 b，我们要采用 ranges[1]+1。

(2) 生成随机小数。

定义一个 random_float()函数来实现在指定范围内生成 num 个小数并且以列表的形式返回生成的 num 个小数。具体代码如下所示。

```
# 函数功能:生成 ranges 范围内的 num 个小数
def random_float(ranges = [0,100],num = 1):
    if ranges[0]> ranges[1]:          # 检查生成随机数的范围是否有错
        print('取值范围错误')
        return []
    res = []
    for i in range(num):
        res.append(random.random() * (ranges[1] - ranges[0]) + ranges[0])
return res
```

代码中使用了 random 库中的 random.random(a,b)方法，该方法有两个参数 a 和 b，表示随机生成一个[a,b)内的小数。

random 库中提供了很多函数，除了本节实践中使用到的 random.random()和 random.randint()函数外，还有 randrange()、uniform()、choice()以及 shuffle()函数等，有兴趣的同学可以在本节实践的基础上多多尝试。

步骤 2: 随机数排序

以上我们实现了随机数生成的相关函数的定义，接下来我们来完成快速排序的代码实现。快速排序是一个非常经典的排序方法，本节实践我们介绍常用的快速排序算法的思想及 Python 实现。

算法基本思想: 快速排序是一种非常高效的排序算法，采用"分而治之"的思想，把大的拆分为小的，小的拆分为更小的。其原理是，对于给定的记录，选择一个基准数，通过一趟排序后，将原序列分为两部分，使得前面的比后面的小，然后再依次对前后进行拆分进行快速排序，递归该过程，直到序列中所有记录均有序。

下面以一个待排序序列 arr[low:high]为例，简单介绍一下快速排序算法的基本步骤。

(1) 分区操作。

在 arr[low:high]中选定一个基准元素，基准元素一般选择第一个元素、最后一个元素或者中介位置元素，以基准元素为标准将要排序的序列划分为两个序列 left 与 right，其中序列 left 中所有元素的值小于等于基准元素，序列 right 中的元素大于基准元素，此时基准元素在序列 left 与 right，无须参加后续排序。

(2) 递归。

对于子序列 left 和 right，分别调用快速排序算法来进行排序。

(3) 结束条件。

当子序列 left 和 right 中的元素数量为 1 时，递归将不再进行。

上述步骤的 Python 实现代码如下所示。

```
# 函数功能:快速排序
```

```
def quick_sort(arr):
    if len(arr) < 2:
        return arr
    # 选取基准,随便选哪个都可以,选中间的便于理解
    mid_index = len(arr) // 2
    # 定义基准值左中右 3 个数列
    left, mid, right = [], [], []
    for item in arr:
        if item > arr[mid_index]:            # 大于arr[mid_index]的放在右边集合
            right.append(item)
        elif item == arr[mid_index]:         # 等于arr[mid_index]的放在中间集合
            mid.append(item)
        else:                                # 小于arr[mid_index]的放在左边集合
            left.append(item)
    # 使用迭代进行比较
return quick_sort(left) + mid + quick_sort(right)
```

这样我们就定义好了本节实践的 3 个主要函数，下面就是调用定义好的函数生成随机数组并对生成的随机数组进行排序。代码如下所示。

```
if __name__ == '__main__':
    int_list = random_int([20,60],5)
    float_list = random_float([20.1,60],5)
    int_list_sort = quick_sort(int_list)
    float_list_sort = quick_sort(float_list)
    # 上面排序后是升序,如果想降序排列,只需加下列命令
    # int_list_sort = int_list_sort[::-1]
    print('整数列表排序前:',int_list)
    print('整数列表排序后:',int_list_sort)
    print('浮点列表排序前:',float_list)
print('浮点列表排序后:',float_list_sort)
```

运行结果如下所示。

```
整数列表排序前:[31, 34, 61, 28, 25]
整数列表排序前:[25, 28, 31, 34, 61]
浮点列表排序前:[33.42043012776012, 37.72232047103353,
20.616407437451006, 23.9531333568375, 59.75143508087903]
浮点列表排序前:[20.616407437451006, 23.9531333568375,
33.42043012776012, 37.72232047103353, 59.75143508087903]
```

批量文字遍历、复制、重命名

1.3 实践三：批量文件遍历、复制、重命名

批量文件的遍历、复制和重命名是工作中的一个常见需求，本节实践主要实现三个功能：

(1) 批量文件的类型与存储空间的统计；

(2) 批量文件的复制；

(3) 批量文件的文件名修改。

在本节实践中，我们以 work 目录为例，给出了相关的代码。本节实践的平台为百度 AI

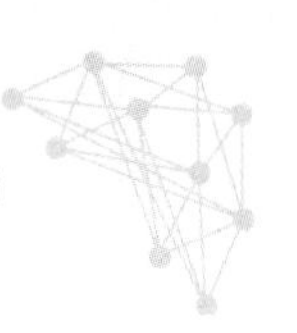

Studio，Python 版本为 Python 3.7。

步骤 1：批量文件遍历

针对批量文件遍历，我们主要完成对文件夹下存储文件的类型与存储空间的统计。在处理计算机视觉领域的任务时，我们通常面临具有较大内存占用的数据集，对其进行类型与存储空间的统计是十分重要的，这可以帮助我们更好地了解数据集的情况，从而更好地实现数据处理相关的功能。

首先，我们查看 work 目录下的存放文件的结构。

```
!tree -L 3 ./work/
```

输出结果如图 1-3-1 所示。从图中可以看到，work 目录下存放了两个文件，分别为 stop.txt 和 lena.png。

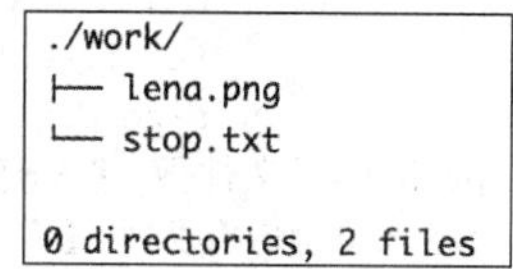

```
./work/
├── lena.png
└── stop.txt

0 directories, 2 files
```

图 1-3-1　work 目录下存放文件的结构

接下来，我们统计所有的不同子文件类型及占用内存，主要应用到了 os 库函数。os 库函数是与操作系统相关的 Python 标准库，提供了丰富的操作系统交互接口，如：获取系统环境变量、文件目录、执行系统命令等。步骤 1 中主要用到的 os 库中的接口如下。

os.listdir(path)：需要传入一个文件夹路径 path，获得文件夹内的文件列表，返回值是一个列表。

os.path.join(path1,path2,...)：可以传入多个参数，能够将路径和文件名拼接成一个绝对路径。

os.path.isfile(path)：用于判断给定 path 是否是一个存在的文件。若是，则返回 True，否则返回 False。

os.path.splitext(path)：用于分离给定文件的文件名及其扩展名。

os.path.getsize(path)：用于检查给定路径的大小，并以字节为单位返回指定路径的大小。如果文件不存在或无法访问，则抛出 OSError 异常。

```
import os
size_dict = {}
type_dict = {}
def get_size_type(path):

    files = os.listdir(path)
    for filename in files:
        temp_path = os.path.join(path, filename)
        if os.path.isdir(temp_path):
            # 递归调用函数，实现深度文件名解析
            get_size_type(temp_path)
        elif os.path.isfile(temp_path):
            # 获取文件后缀
            type_name = os.path.splitext(temp_path)[1]
            # 无后缀的文件
            if not type_name:
                type_dict.setdefault("None", 0)
```

```
            type_dict["None"] += 1
            size_dict.setdefault("None", 0)
            size_dict["None"] += os.path.getsize(temp_path)
        # 有后缀的文件
        else:
            type_dict.setdefault(type_name, 0)
            type_dict[type_name] += 1
            size_dict.setdefault(type_name, 0)
            # 获取文件大小
            size_dict[type_name] += os.path.getsize(temp_path)

path= "./work/"
get_size_type(path)
for each_type in type_dict.keys():
    print ("%5s下共有【%5s】的文件【%5d】个,占用内存【%7.2f】MB" %
            (path,each_type,type_dict[each_type],\
            size_dict[each_type]/(1024*1024)))
print("总文件数:【%d】" %(sum(type_dict.values())))
print("总内存大小:【%.2f】GB" %(sum(size_dict.values())/(1024**3)))
```

输出结果如图 1-3-2 所示。从图中可以看到，上述代码成功地对 work 目录下的不同子文件类型进行了统计，并打印了所占用的存储空间大小。

```
./work/下共有【 .png】的文件【    1】个,占用内存【   0.04】MB
./work/下共有【 .txt】的文件【    1】个,占用内存【   0.02】MB
总文件数:   【2】
总内存大小:【0.00】GB
```

图 1-3-2　批量文件遍历的输出结果

步骤 2：批量文件复制

在处理一些计算机视觉的任务时，我们经常会创建原始文件的副本以防止对原始文件造成误修改。在步骤 2 中，我们主要调用 os 库函数以及 shutil 库函数。shutil 库函数也是一种常用的 Python 标准库函数，主要用来完成文件的移动、复制、删除和修改等。步骤二中主要用到的接口如下。

os.makedirs(name, mode=0o777, exist_ok=False)：用于递归创建多级目录。其中，name 为待创建的目录名称；mode 为给目录设置的权限数字模式，默认为 0o777(八进制)；exist_ok 用于设置是否在目录存在时触发异常，如果设置为 True，则在目标目录已存在的情况下不会抛出 FileExistsError 异常，否则抛出 FileExistsError 异常。

os.walk(path)：目录遍历器，通过在目录树中游走输出目录中的文件名。

shutil.copyfile(src_path, dst_path)：用于复制 src_path 的文件到 dst_path 路径。其中，dst_path 必须是完整的目标路径名。如果 src_path 和 dst_path 指代同一文件，则抛出 shutil.Error。

在本步骤中，我们将 work 目录复制到 work_copy 目录，输出结果如图 1-3-3 所示，可以看到，work 目录下的所有子文件都实现了复制。

data	> work_copy
work	lena.png
work_copy	stop.txt

图 1-3-3　批量文件复制的输出结果

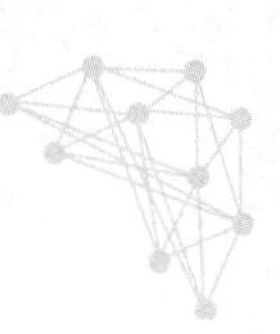

```
# 批量文件复制
import os
import shutil

# 将 path 目录下所有 jpg 文件复制到 target_path
def file_copy(path, target_path):
    '''
    root 所指的是当前正在遍历的这个文件夹的本身的地址
    dirs 是一个 list,内容是该文件夹中所有的目录的名字(不包括子目录)
    files 同样是 list , 内容是该文件夹中所有的文件名(不包括子目录)
    '''
    os.makedirs(target_path, exist_ok = True)                # 创建目标文件夹
    for root, dirs, files in os.walk(path):
        for fn in files:
            li = (os.path.join(root, fn))                     # list 是 jpg 文件的全路径
            shutil.copy(li, os.path.join(target_path, fn))   # 将 jpg 文件复制到新文件夹

path = "./work/"
target_path = "./work_copy"
file_copy(path, target_path)
```

步骤 3：批量文件重命名

对已有文件的重命名也是一个经常会被用到的功能。在步骤 3 中，我们将步骤 2 中复制得到的 work_copy 文件夹下的所有文件重名为“rename_原文件名”的形式，例如，将 stop.txt 重名为 rename_stop.txt。主要用到的接口如下。

os.rename(src，dst)：对文件或目录进行重命名，这里使用的是绝对路径，src 为要修改的文件或目录名，dst 为修改后的文件或目录名。

文件名称批量修改的实现代码如下所示，首先通过 os.listdir 获取文件下的所有文件名，再通过 os.path.join 拼接原文件路径和新的文件名，最后通过 os.rename 修改文件名。输出结果如图 1-3-4 所示。

```
def change_file_name(dir_path):
    files = os.listdir(dir_path)                              # 读取文件名
    for f in files:
        #设置旧文件名(路径 + 文件名)
        oldname = os.path.join(dir_path, f)
        #设置新文件名
        newname = os.path.join(dir_path, 'rename_' + f)
        #用 os 模块中的 rename 方法对文件改名
        os.rename(oldname, newname)
        print(oldname, '======>', newname)

change_file_name('./work_copy')
```

```
./work_copy/lena.png ======> ./work_copy/rename_lena.png
./work_copy/stop.txt ======> ./work_copy/rename_stop.txt
```

图 1-3-4　批量文件重命名的输出结果

图像直方图统计

1.4 实践四：图像直方图统计

图像是计算机视觉领域需要处理的主要对象之一，图像直方图统计在对图像进行分析时非常重要，能够帮助我们更好地了解图像。图像直方图描述了图像像素值的分布情况，是图像中像素灰度值强度分布的图形表达方式。例如，对于一张尺寸为 $H*W$ 的灰度图像，在计算机中其是一个 $H*W*1$ 的矩阵的表达形式，矩阵中每个元素的取值范围在 0～255，图像直方图需要遍历每一个元素，直方图 $h(i)$ 则定义为像素值为 i 的元素的个数。同理，对于 RGB 形式的三通道的彩色图像，则需要计算每个通道的图像直方图以对整体图像进行分析。在得到图像直方图之后，我们通过直方图就能获取到图像的特征。例如，对于整体基调偏暗的图像来说，图像中的大部分像素值偏小，图像直方图中取值较多的区域则偏向于坐标轴的左半部分，相反，整体基调偏亮的图像的像素值在直方图中则反映为集中于右半部分的取值。

图 1-4-1　用于直方图统计的图像

本实践选择彩色的猫图像来完成图像直方图的任务。实践的平台为百度 AI Studio，实践环境为 Python 3.7。

首先，我们选取一张图像，如图 1-4-1 所示，可以看到，我们选取的图像是整体基调偏暗的猫图像。

步骤 1：绘制图像的整体直方图

在完成直方图统计之前，我们需要首先了解 bins。bins 意为数据分箱，也被叫作数据分桶或离散组合，通过将原始数据分成独立的小区间，就可以获取一个 bin，其是一种量子化的形式。在直方图统计中，我们需要对图像的像素值进行分箱。如果像素值为 0～255，则需要 256 个值来显示直方图。也可以不选择全部的像素值进行统计，例如，如果想统计像素值为 0～63、64～127、128～191 以及 192～255 的像素数量，可以将 256 个值分成 4 等份，每个划分的区域就是一个 bin。我们可以调用 matplotlib 库函数或者 opencv 库函数来完成直方图统计，首先调用 matplotlib 库函数，主要用到的接口如下。

plt. hist(x，bins＝None，range＝None...)：绘制直方图。其中，参数 x 为需要进行直方图统计的输入数据，必须为一维数组的形式。对于多维数组可以先进行展平再传入。bins 为直方图的箱数，也就是要划分的组数，默认为 10；range 为给出的全局范围，也就是 x 轴的范围，如果设置为 None，则表示使用默认范围（x. min()，x. max()）。

在代码中，我们设置 bins 为 256，range 为[0,256]，也即我们将像素 0～255 的区间划分成了 256 个 bin，对每个像素值进行独立统计。图 1-4-2 展示了我们调用 plt. hist() 函数绘制直方图的结果，可以看到，图像直方图中的集中取值区域偏向于坐标轴的左半部分，这说明了该图像的整体基调是偏暗的，与我们的视觉观察相符。

```
import cv2
import numpy as np
from matplotlib import pyplot as plt
```

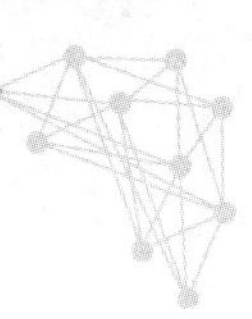

```
img = cv2.imread('work/cat.png',1)
plt.hist(img.reshape([-1]),256,[0,256])
plt.savefig('1.png')
plt.show()
```

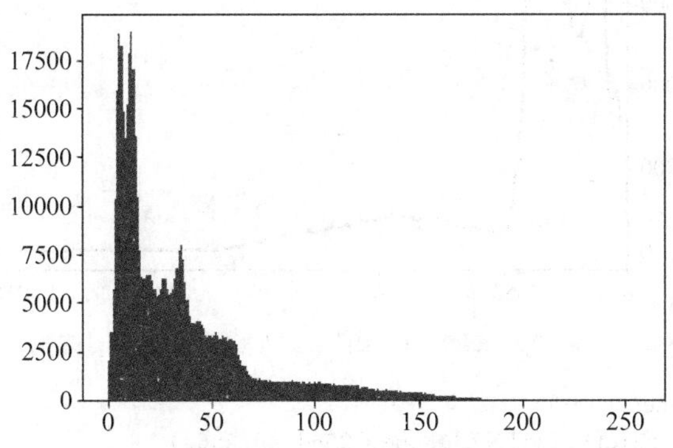

图 1-4-2　调用 plt.hist()函数绘制直方图的输出结果

步骤 2：绘制图像单通道的直方图

在步骤 1 中，我们调用 matplotlib 库函数中的 plt.hist()函数绘制了图像整体的直方图，但是无法了解每个通道的直方图的特性。在步骤 2 中，我们调用 opencv 库函数，绘制图像在某一单通道上的直方图。主要用到的接口如下。

cv2.calcHist([images]，[channels]，mask，histSize，ranges[，hist[，accumulate]])：绘制直方图。其中：images 为输入的图像；channels 为选择进行直方图统计的图像的通道；mask 是一个和 images 尺寸一致的数组，并把需要处理的部分指定为 1，不需要处理的部分指定为 0，一般设置为 None，表示处理整幅图像；histSize 为直方图的箱数，也就是要划分的组数，通常为 256；ranges 为给出的全局范围，也就是 x 轴的范围，通常为[0,255]。

```
import cv2
from matplotlib import pyplot as plt
img = cv2.imread('work/cat.png',0)
histr = cv2.calcHist([img],[0],None,[256],[0,256])      # hist 是一个 shape 为(256,1)的数组,表示 0-255 每个像素值对应的像素个数,下标为相应的像素值
plt.plot(histr,color = 'b')
plt.xlim([0,256])
plt.savefig('2.png')
plt.show()
```

在代码中，我们设置 channels 为[0]，也就是绘制图像在第一个通道上的直方图，输出结果如图 1-4-3 所示。

步骤 3：绘制图像三通道的直方图

接下来，我们调用 cv2.calcHist()函数绘制图像在三个通道上的直方图。

```
import cv2
from matplotlib import pyplot as plt
img = cv2.imread('work/cat.png',1)
color = ('b','g','r')
```

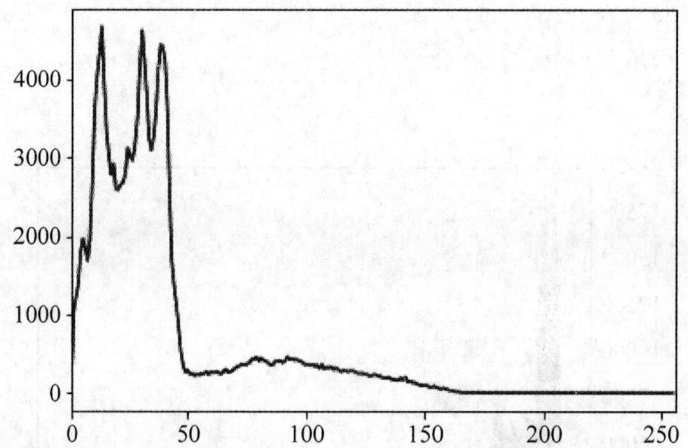

图 1-4-3　调用 cv2.calcHist()函数绘制单通道直方图的输出结果

```
for i,col in enumerate(color):
    histr = cv2.calcHist([img],[i],None,[256],[0,256])
    #hist 是一个 shape 为(256,1)的数组,表示 0 - 255 每个像素值对应的像素个数,下标为相应的
像素值
    plt.plot(histr,color = col)
    plt.xlim([0,256])
plt.savefig('3.png')
plt.show()
```

输出结果如图 1-4-4 所示，图中展示了图像中 R、G、B 三个通道上的直方图统计的结果，可以看到，图像中箭头所指通道（所对应的是红色）的直方图的集中取值区域相较于其他两个通道在坐标轴上偏向右半部分，这说明了红色在原始图像中是更为鲜明的。

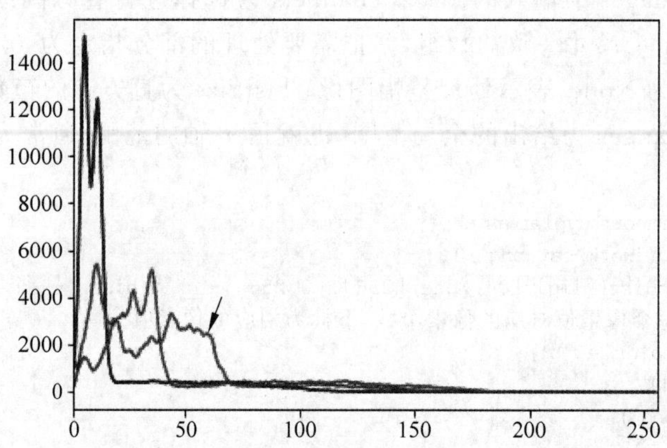

图 1-4-4　调用 cv2.calcHist()函数绘制三通道直方图的输出结果

至此，我们通过两种库函数的调用完成了图像直方图统计的任务。

1.5　实践五：数据统计分析及可视化

对数据的可视化可以帮助我们分析数据的变化规律，是数据分析中必不可少的一部分。本节实践的主要内容是利用 Python 来实现对某电视节目的参赛选手的可视化分析。实践平台为百度 AI Studio，Python 版本为 Python 3.7。

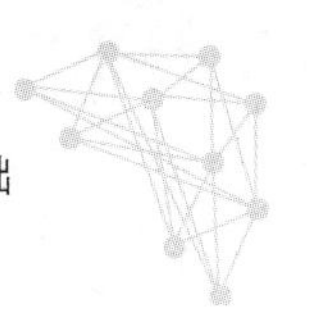

实践中用到的两个主要的库，包括 Matplotlib 以及 Pandas。

（1）Matplotlib：Python 2D 绘图库，以生成图表、直方图、功率谱、条形图、误差图、散点图等。

（2）Pandas：Python 的核心数据分析支持库，用于数据挖掘和数据分析，其核心的数据结构是 DataFrame 和 series。

DataFrame：Pandas 中的一个表格型的数据结构，包含一组有序的列，每列可以是不同的值类型（数值、字符串、布尔型等），DataFrame 既有行索引也有列索引，可以被看作由 Series 组成的字典。

Series：一种类似于一维数组的对象，是由一组数据以及一组与之相关的数据标签（索引）组成。仅由一组数据也可产生简单的 Series 对象。

```
import json
import numpy as np
import matplotlib.pyplot as plt
import matplotlib.font_manager as font_manager
import pandas as pd
# 显示 matplotlib 生成的图形
%matplotlib inline
```

我们收集并整理了某电视节目的参赛选手的相关数据存储在 JSON 文件中，利用 JSON 格式化解析工具可以更清楚地查看数据，如图 1-5-1 所示。


```
"root" : 109 items
  ▼[ 100 items
    ▼0 : { 8 items
        "name" : string "刘亚楠"
        "link" : string "https://baike.baidu.com/item/%E5%88%98%E4%BA%9A%E6%A5%A0/24271343"
        "zone" : string "中国湖北"
        "constellation" : string "白羊座"
        "height" : string "168cm"
        "weight" : string "46kg"
        "flower_word" : string "西兰花-看起来和吃起来的味道一样就像我将情绪都挂脸上"
        "company" : string "华谊兄弟"
    }
    ▼1 : { 8 items
        "name" : string "艾依依"
        "link" : string "https://baike.baidu.com/item/%E8%89%BE%E4%BE%9D%E4%BE%9D/24275187"
        "zone" : string "中国四川"
        "constellation" : string "摩羯座"
        "height" : string "163cm"
        "weight" : string "43kg"
        "flower_word" : string "月季花-表达了对幸福的期待我希望自己乐观积极一些"
        "company" : string "乐华娱乐"
```


图 1-5-1　某电视节目的参赛选手数据

数据中包含的信息有：选手姓名、选手的百度百科链接、区域、星座、身高、体重、花语以及所属公司。在本实践中，我们对选手的区域分布以及选手的体重进行可视化展示。

步骤 1：选手区域分布分析

首先，需要对 JSON 文件进行解析，我们可以采用以下两种方式。

（1）调用 json.loads()函数读取指定路径下存储参赛选手信息的 JSON 文件。json.loads()函数可用于解析有效的 JSON 字符串并将其转换为 python 字典。

```
with open('work/20200422.json', 'r', encoding = 'UTF - 8') as file:
        json_array = json.loads(file.read())
```

（2）调用 pandas.read_json()函数读取指定路径下存储参赛选手信息的 JSON 文件，获得一个 DataFrame 对象。

```
df = pd.read_json('work/20200422.json')
```

以上两种方式都可以完成对 JSON 字符串的解析。之后，需要获取选手的区域信息，并将其存储到列表中。针对两种 JSON 文件的解析方案，给出以下两种不同的处理方式。

（1）对于 json.loads()函数的解析方案，通过如下代码，我们可以获取到 zone_list 以及 count_list，zone_list 存储所有的选手区域，count_list 存储每个区域对应的选手数量。

```
zones = []
for star in json_array:
    zone = star['zone']
    zones.append(zone)

zone_list = []
count_list = []

for zone in zones:
    if zone not in zone_list:
        count = zones.count(zone)
        zone_list.append(zone)
        count_list.append(count)
```

（2）对于 pandas.read_json()函数的解析方案，我们通过如下代码进行处理，同样可以获取到 zone_list 以及 count_list。

```
grouped = df['name'].groupby(df['zone'])
s = grouped.count()

zone_list = s.index
count_list = s.values
```

最后，使用 matplotlib 绘制选手区域分布柱状图。在此部分，需要传入上述通过两种不同方式得到的 zone_list 以及 count_list。在默认状态下，matplotlb 无法在图表中使用中文，因此必须使用首先指定字体文件。

```
# 设置显示中文
plt.rcParams['font.sans - serif'] = ['SimHei']                    # 指定默认字体
```

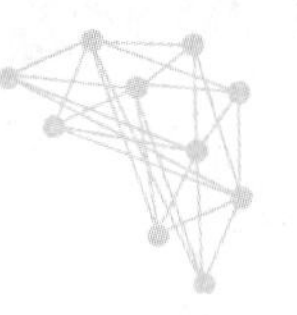

指定好字体对象后，通过 matplotlib. pyplot 中的 bar()函数来绘制柱状图。bar()函数介绍如下。

plt. bar(x, height, width=0. 8, bottom=None, ＊, align='center', data=None, ...)：绘制柱状图。其中，参数 x 指定柱状图的 x 轴坐标；参数 height 指定柱状图的高度；参数 width 指定柱状图的宽度，默认为 0.8；参数 bottom 指定柱状图的 y 轴坐标的起始高度；参数 align 指定对齐方式，可以是 center 中心对齐，也可以是 edge 边缘对齐。

在代码中，我们同时设置可视化过程中的画幅大小、标题、横纵坐标及字体大小等。选手区域分布的可视化输出结果如图 1-5-2 所示。

```
plt.figure(figsize = (20,15))

plt.bar(range(len(count_list)),count_list,color = 'r',tick_label = zone_list,facecolor = '#
9999ff',edgecolor = 'white')

# 这里是调节横坐标的倾斜度,rotation 是度数,以及设置刻度字体大小
plt.xticks(rotation = 45,fontsize = 20)
plt.yticks(fontsize = 20)

plt.legend()
plt.title('''《青春有你 2》参赛选手''',fontsize = 24)
plt.savefig('/home/aistudio/work/result/bar_result01.jpg')
plt.show()
```

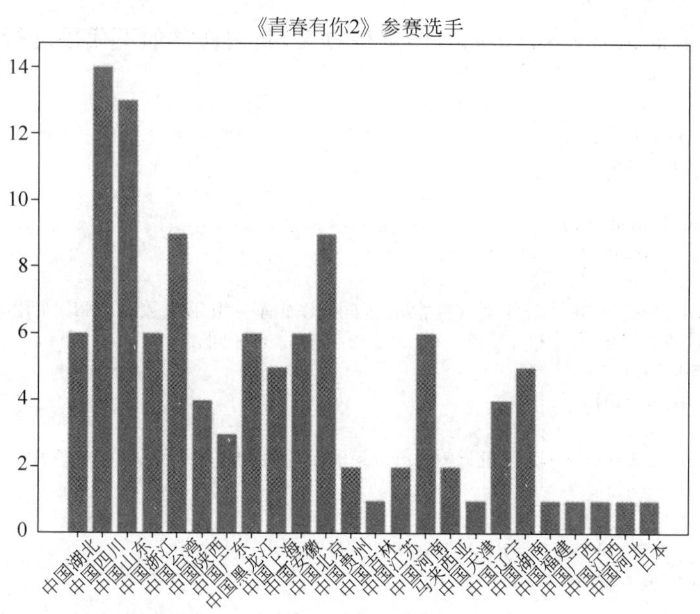

图 1-5-2　选手的区域分布可视化结果

步骤 2：选手体重分布分析

和步骤 1 相同，我们首先对 JSON 文件进行解析，在这里同样可以采用两种方式。然后，我们需要获取选手的体重信息，并将其存储到列表中。两种不同的处理方式如下。

（1）对于json.loads()函数的解析方案，通过如下代码，我们可以获取到weights以及sizes，weights存储所有的选手体重信息，sizes存储不同体重区间对应的选手数量。

```
weights = []

for star in json_array:
    weight = float(star['weight'].replace('kg',''))
    weights.append(weight)
size1 = 0
size2 = 0
size3 = 0
size4 = 0

for weight in weights:
     if weight <= 45:
         size1 += 1
     elif 45 < weight <= 50:
         size2 += 1
     elif 50 < weight <= 55:
         size3 += 1
     else:
         size4 += 1

labels = '<= 45kg', '45～50kg', '50～55kg', '> 55kg'
sizes = [size1, size2, size3, size4]
```

（2）对于pandas.read_json()函数的解析方案，我们通过如下代码进行处理，同样可以获取到weights以及sizes。

```
weights = df['weight']
arrs = weights.values

for i in range(len(arrs)):
    arrs[i] = float(arrs[i][0: - 2])

#pandas.cut用来把一组数据分割成离散的区间.比如有一组年龄数据,可以使用pandas.cut将年龄数据分割成不同的年龄段并打上标签.bins是被切割后的区间.
bin = [0,45,50,55,100]
se1 = pd.cut(arrs,bin)

#pandas的value_counts()函数可以对Series里面的每个值进行计数并且排序.
pd.value_counts(se1)

labels = '<= 45kg', '45～50kg', '50～55kg', '> 55kg'
sizes = pd.value_counts(se1)
```

最后，通过matplotlib的pie()函数来绘制选手体重分布饼状图。pie()函数介绍如下。

plt.pie(x, explode=None, labels=None, colors=None, autopct=None, pctdistance=0.6, shadow=False, startangle=None,...)：绘制饼状图。其中，参数x指定绘图的数据；参数explode指定饼状图某些部分的突出显示；参数labels为饼状图指定图例说明；参数colors指定填充颜色；参数autopct设置自动添加百分比显示，可以通过格式化设置；参数pctdistance指定百分比显示与圆心的距离；参数shadow设置是否添加阴影效果；参数

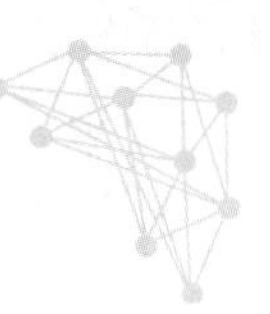

startangle 设置饼状图的初始角度。

在此部分，需要传入上述通过两种不同方式得到的 sizes。选手体重分布的可视化输出结果如图 1-5-3 所示。

```
explode = (0.1, 0.1, 0, 0)

fig1, ax1 = plt.subplots()
ax1.pie(sizes, explode = explode, labels = labels, autopct = '%1.1f%%', shadow = True,
startangle = 90)
ax1.axis('equal')
plt.savefig('/home/aistudio/work/result/pie_result01.jpg')
plt.show()
```

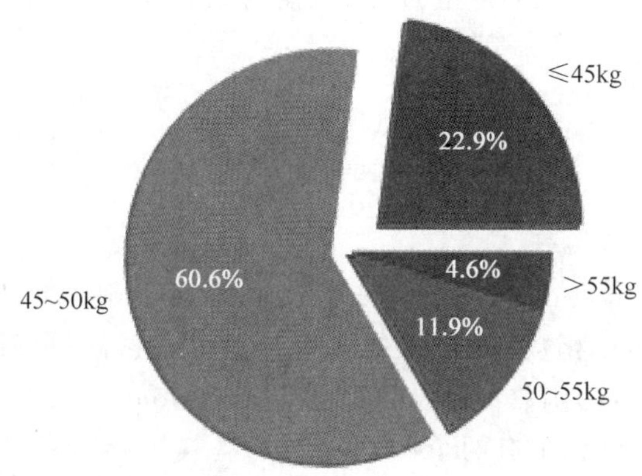

图 1-5-3　选手的体重分布可视化结果

1.6　实践六：图像预处理

图像预处理

对于计算机视觉任务，我们通常需要面对大量的图像，但是这些图像往往会受到采集环境的影响，导致其在尺寸、格式、色域等方面差异很大，因此我们在使用图像前通常需要对图像进行一定的预处理。本节实践的主要内容就是利用代码来实现对图像的一些常见的预处理操作，包括图像尺寸变换、图像归一化、图像灰度图转换、图像增强以及图像对比度与亮度变换、图像转换为向量等。

本节实践我们以鲜花图像为例，如图 1-6-1 所示，原始图像的尺寸为 500×513×3。实践平台为百度 AI Studio，Python 版本为 Python 3.7。主要会用到以下几个 Python 库。

Numpy：Python 科学计算库的基础，包含了强大的 N 维数组对象和向量运算。

PIL：Python Image Library，是 Python 的第三方图像处理库，提供了丰富的图像处理函数。

cv2：一个计算机视觉库，实现了图像处理和计算机视觉方面的很多通用算法。

图 1-6-1　用于图像预处理的图像

```
import numpy as np
from PIL import Image
import os
import cv2
from sklearn import preprocessing
%matplotlib inline
```

步骤 1：图像尺寸变换

图像尺寸变换是指对图像的大小进行调整的过程。在本步骤中，我们定义函数 resize_image(width, height, infile, outfile)，其中，width 和 height 为图像要变换到的尺寸，infile 为原始图片路径，outfile 为缩放后产生的新图片保存的路径。具体代码如下所示。

```
def resize_image(width, height, infile, outfile):
    """按照固定尺寸处理图片"""
    im = Image.open(infile)
    out = im.resize((width, height), Image.ANTIALIAS)
    out.save(outfile)
return out
```

首先，使用 PIL 库中的 Image.open()函数读取图像，得到一个 Image 类的实例 im，然后使用 Image 类的 resize()函数将图像变换至固定尺寸，获得一个新的 Image 类实例 out，最后使用 Image 类的 save()函数将缩放后的图像保存至 outfile 路径下。

Image 类的 resize()函数中有两个参数，第一个参数(width, height)是一个元组，代表图像要变换的尺寸；第二个参数代表图像变换方式，我们选择 Image.ANTIALIAS(高质量)可以避免图像信息的损失。

图 1-6-2　图像尺寸变换的可视化结果

调用 resize_image()函数，代码及运行结果如图 1-6-2 所示。

```
infile = 'work/flower.png'
outfile = 'work/flower_resize.png'
resize_image = resize_image(300, 150, infile, outfile)
```

步骤 2：图像归一化

图像归一化是指将图像的像素值变换到一个特定的区间内。其在计算机视觉任务中是基本的预处理步骤之一，目的是限制输入到模型中的数值范围，过大或者过小的数值均不利于网络模型的收敛。常见的归一化方法包括线性变换法、极差变换法以及 0 均值标准化方法等。其中，线性变换法和极差变换法主要是指将原始数据通过线性的方法转换到 0～1 的范围内，主要是通过求取变量的最大值以及最小值来完成。标准化方法是指每一变量值与其平均值之差除以该变量的标准差。本步骤以 0 均值标准化方法为例。归一化代码如下所示，我们调用了 paddle.vision.transforms 库函数。飞桨框架在 paddle.vision.transforms 下内置了数十种图像数据处理方法，包括图像随机裁剪、图像旋转变换、改变图像亮度、改变图像对比度等常见操作。这些数据预处理方法可以单个调用，也可以将多个数据预处理方

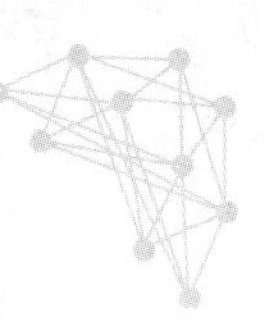

法进行组合使用。在下面的代码中,我们单独调用 normalize()函数来实现归一化处理,需要传入设置的归一化的均值和标准差,在此均设置为 127.5。

```
from PIL import Image
from paddle.vision.transforms import functional as F
img = np.asarray(Image.open('work/flower.png'))
mean = [127.5, 127.5, 127.5]
std = [127.5, 127.5, 127.5]
normalized_img = F.normalize(img, mean, std, data_format = 'HWC')
print(normalized_img)
```

归一化的部分输出结果如图 1-6-3 所示,可以看到原始图像的像素值已经被转换到了 0～1 的范围内。

```
[[[0.48235294 0.58431375 0.654902  ]
  [0.49019608 0.5921569  0.6627451 ]
  [0.49803922 0.6        0.67058825]
  ...
  [0.654902   0.70980394 0.77254903]
  [0.654902   0.70980394 0.77254903]
  [0.64705884 0.7019608  0.7647059 ]]
```

图 1-6-3　图像归一化的结果

步骤 3: 图像灰度图转换

彩色图像包含 R、G、B 三个通道的信息,灰度图像只包含一个通道的信息,其意义在于简化图像矩阵,提供运算速度。接下来,我们定义函数 rgb2gray(infile,outfile),将输入的彩色图片(三通道)转变为灰度图片并存储。主要用到的是 Image 类的 convert()函数。convert()函数需要传入一个 mode 参数,用以指定一种色彩模式,PIL 库中有九种模式,分别为:1、L、P、RGB、RGBA、CMYK、YcbCr、I 以及 F。将图片转换为灰度图像时需要选择模式 L。具体代码如下所示。

```
# 处理 2:将图片转化为灰度图
def rgb2gray(infile,outfile):
    im = Image.open(infile)
    display(im)
    out = im.convert('L')
    out.save(outfile)
    return out
```

调用 resize_image()函数,运行结果如图 1-6-4 所示。

```
infile = 'work/flower.png'
outfile = 'work/flower_gray.png'
rgb2gray(infile, outfile)
```

图 1-6-4　图像灰度图转换的可视化结果

步骤 4: 图像增强

在步骤 4 中,我们对图像进行 gamma 变换。gamma 变换采用了非线性函数中的指数函数对图像的灰度值进行幂次方变换,其作用是提升图像的暗部细节,可以将漂白(相机曝光)或过暗(曝光不足)的图片进行矫正。数学公式如下:

$$\boldsymbol{V}_{\text{out}} = A\boldsymbol{V}_{\text{in}}^{\gamma}$$

其中,$\boldsymbol{V}_{\text{in}}$ 的是归一化后的图像矩阵,因此像素点取值范围为 0～1,$\boldsymbol{V}_{\text{out}}$ 是经过 gamma 变换后的像素点矩阵,A 为一个常数,γ(gamma)为指数。当

gamma>1 时，会减小灰度级较高的地方，增大灰度级较低的地方；当 gamma<1 时，会增大灰度级较高的地方，减小灰度级较低的地方。

定义函数 gamma_transfer()函数实现对图像的数据增强，我们首先使用 cv2.imread()函数进行图像的读取，之后通过 cv2.cvtColor()函数将 BRG 格式的图像转化为 RGB 格式，最后使用 numpy.power()函数对归一化的图像数据进行幂次变换，并将变换后的图像数据用 cv2.imwrite()函数进行存储。具体代码如下所示。

```
import cv2
# 处理 4:图像增强,gamma 变换 采用了非线性函数(指数函数)对图像的灰度值进行变换
# 当 gamma > 1 时,会减小灰度级较高的地方,增大灰度级较低的地方;当 gamma < 1 时,会增大灰度级
较高的地方,减小灰度级较低的地方
# gamma 变换对像素值做的是幂次方变换,主要是图像的灰度级发生改变
def gama_transfer(infile,outfile,power1 = 1):
    im = cv2.imread(infile)
    if len(im.shape) == 3:
        im = cv2.cvtColor(im,cv2.COLOR_BGR2RGB)
    im = 255 * np.power(im/255,power1)
    im = np.around(im)
    im[im > 255] = 255
    out = im.astype(np.uint8)
    cv2.imwrite(outfile,out)
    return im
```

调用 gama_transfer()函数，运行结果如图 1-6-5 所示。

```
infile = 'work/flower.png'
outfile = 'work/flower_gamma.png'
gama_transfer(infile, outfile, 2)
```

图 1-6-5 图像增强的可视化结果

步骤 5：图像对比度与亮度变换

通过线性函数对图像的灰度值进行变换，可以实现改变图像对比度和亮度的效果。我们使用的线性函数为 dst=$\alpha \cdot$ src1+$\beta \cdot$ src2+γ，其本质就是对两个图像像素矩阵进行一个线性计算，得到一个新的图像像素矩阵。

图像的线性计算利用 cv2.addWeighted()函数。接口介绍如下。

cv2.addWeighted(src1，alpha，src2，beta，gamma，dst，dtype=−1)：实现图像的加权和(混合、融合)。其中参数 src1 为输入矩阵；参数 alpha 为线性函数第一个权重；参数 src2 为第二个输入矩阵(需要与第一个矩阵具有相同的维度)；参数 beta 为第二个数组的权重；参数 gamma 为一个常数偏移量；参数 dst 为输出的数组。接下来我们定义函数 Contrast_and_Brightness()来实现对比度与亮度变换，具体代码如下所示。

```
# 处理 5:变换图片的对比度与亮度, 采用线性函数对图像的灰度值进行变换
def Contrast_and_Brightness(infile,outfile,alpha,beta):
    """使用公式 f(x) = α.g(x) + β"""
    # α 调节对比度,β 调节亮度
```

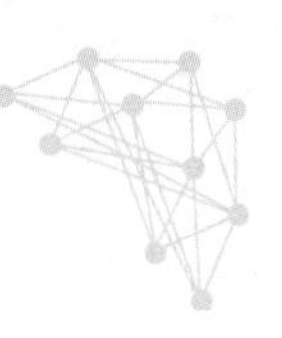


```
    im = cv2.imread(infile)
    print('1')
    blank = np.zeros(im.shape, im.dtype)                    # 创建图片类型的零矩阵
    print('2')
    dst = cv2.addWeighted(im,alpha,blank,1 - alpha,beta)    #图像混合加权
    print('3')
    print('4')
    cv2.imwrite(outfile, dst)
    return dst
```

调用 Contrast_and_Brightness()函数，运行结果如图 1-6-6 所示。

```
infile = 'work/flower.png'
outfile = 'work/flower_contrast.png'
Contrast_and_Brightness(infile, outfile, 2, 30)
```

图 1-6-6　图像对比度与亮度变换的可视化结果

步骤 6：图像转换为向量

很多任务中都涉及图像的展平操作，我们需要将高维的图像转换为一维的向量。接下来我们定义函数 img2vector()函数来实现向量的转换。具体代码如下所示。

```
# 处理 6:将图片转化为向量
def img2vector(filename):
    # 打开图片，将 RGB 格式图转化为灰度图
    img = Image.open(filename).convert('L')
    # 图像转换为数组
    arr = np.asarray(img, dtype = "uint8")
    # 转换为向量
    returnVect = arr.reshape((1,500 * 513))
    # 返回转换后的 1x10000 向量
    print(returnVect)
    return returnVect
```

调用 img2vector()函数，运行结果如图 1-6-7 所示。

```
infile = 'work/flower.png'
img2vector(infile)
```

```
[[199 200 201 ... 207 207 208]]
array([[199, 200, 201, ..., 207, 207, 208]], dtype=uint8)
```

图 1-6-7　图像转换为向量的结果

第2章　图像分类

图像分类，是指针对每单张图像，预测其属于给定类别中的哪一类。一般地，计算机会对图像进行一系列的运算处理，把图像表示成一种特征向量的形式，然后将这种图像特征通过某种规则划分到预先定义好的类别中，即模拟人眼对物体进行识别的功能，其关键是增大类间差异和减小类内差异的问题。

经过几十年的研究，图像分类已经取得了很大的进步，研究的问题也逐渐从简单的物体分类过渡到了复杂的、大规模的、细粒度、多目标的分类问题，在这一过程中也衍生出了许多有价值的应用，并已经广泛应用于生产生活的各个方面。图像分类主要处理三大类任务，分别是语义级图像分类任务、细粒度图像分类任务和实例级图像分类任务，如图 2-0-1 所示，其中语义级图像分类任务是指在不同物种的级别上划分不同类别，例如猫狗分类、交通工具分类等；细粒度图像分类是指在粗粒度的大类别中对子类别进行划分，如区分不同的鸟类、不同的车型等，不同于语义级图像分类任务，细粒度图像的类别精度更加细致，类间差异更加细微，因此一般只能借助于微小的局部差异才能区分出不同的类别，是图像分类中挑战性较大的任务；实例级图像分类任务是对不同的个体进行区分，最典型的是人脸识别。

(a) 物体分类

(b) 鸟类分类

(c) 人脸识别

图 2-0-1　图像分类示例

一般来说，图像分类包含图像特征提取和分类器的构建两大部分。在图像特征提取方面，出现了 SIFT(Scale-Invariant Feature Transform)、HOG(Histogram of Oriented Gradient)等识别力较强的特征提取算法，以及后来出现的利用卷积神经网络提取图像特征的方法。在分类算法方面，最近几年随着机器学习(Machine Learning，ML)以及深度学习(Deep Learning，DL)的火热发展，图像分类算法日趋多样化，出现了支持向量机(Support Vector Machine，SVM)、随机森林(Random Forest，RF)、神经网络以及深度森林等多种分类模型，还有机器学习中的聚类算法也可以充当分类器的角色，推动了图像分类研究工作前进的步伐。

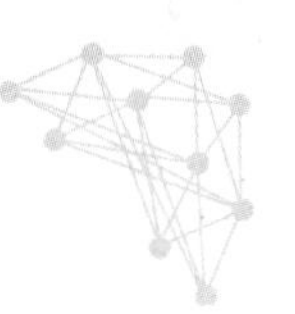

上面提及的 SIFT、HOG 等特征是研究者根据专业知识和经验人工设计的。直到 2012 年，Krizhevsky 等人提出了深度卷积神经网络 AlexNet，通过卷积神经网络从图像中学习并提取特征，在大规模视觉识别挑战赛(ILSRVC)中突破了图像分类准确性的纪录，使得图像分类任务有了突破性的进展。之后，随着深度学习的不断研究和发展，图像分类技术也变得更加智能和高效，分类准确率也在不断提升。

如今，随着大数据时代的来临，大规模的图像分类问题逐渐兴起，进一步增加了图像分类任务的复杂度，国内外的学者及研究小组投入了大量精力对图像分类任务进行深入的研究，并做出了杰出的贡献，包括国外高校斯坦福大学的人工智能实验室、牛津大学的视觉研究组、多伦多大学的人脑研究组等，国内的中科院研究所、清华大学、大连理工大学等。计算机视觉领域中的三大顶级会议 CVPR、ICCV 和 ECCV 每年也会收到大量图像分类相关的论文投稿，图像分类在科学研究中得到了越来越多的关注，产生了越来越大的影响力。因此，为了能够推动图像分类领域的发展，设计准确而高效的图像分类算法以及网络架构成为该领域的研究重点。

2.1　实践一：基于深度神经网络的宝石分类

基于深度神经网络的宝石分类

在本实践中，我们将宝石分类视为一个图像分类任务，主要方法是基于深度神经网络(DNN)搭建一个分类模型，通过对模型的多轮训练来学习图像特征，最终获得可以用于宝石分类的模型。实践主要分为 5 个步骤：

(1) 数据集的加载与预处理；

(2) 模型搭建；

(3) 模型训练；

(4) 模型评估；

(5) 使用模型进行预测。

本实践代码运行的环境配置如下：Python 版本为 3.7，飞桨版本为 2.0.0，操作平台为 AI Studio。

步骤 1：宝石图片数据集加载与预处理

我们使用的数据集中包含 800 余张格式为 jpg 的宝石图像，包含 25 个宝石类别。因此，我们的宝石分类是一个多分类任务，宝石图像如图 2-1-1 所示。

首先，我们定义 unzip_data()对数据集的压缩包进行解压，解压后可以观察到数据集文件夹结构。

```
def unzip_data(src_path,target_path):
    '''
    解压原始数据集，将 src_path 路径下的 zip 包解压至 data/dataset 目录下
    '''
    if(not os.path.isdir(target_path)):
        z = zipfile.ZipFile(src_path, 'r')
        z.extractall(path = target_path)
```

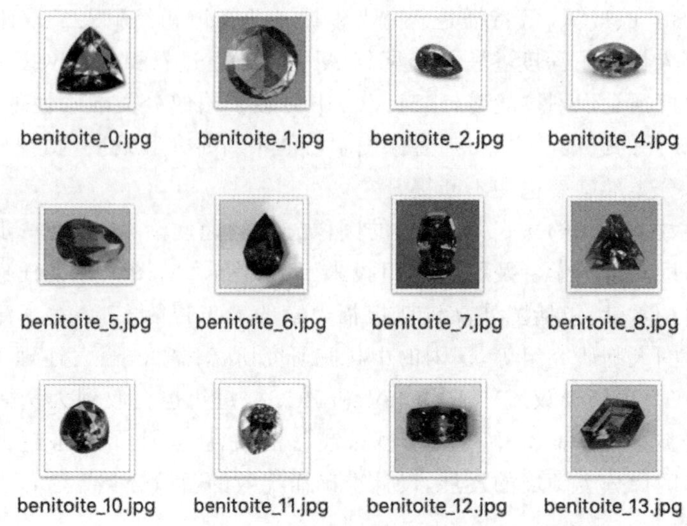

图 2-1-1　宝石分类数据集部分

```
    z.close()
  else:
    print("文件已解压")
```

解压得到文件夹后，定义 get_data_list()遍历文件夹和图片，按照一定比例将数据划分为训练集和验证集，并生成图片 train.txt、eval.txt。train.txt 和 eval.txt 中每行记录的是用于训练或测试的图片路径及对应标签，路径和标签用制表符进行分割。train.txt 和 eval.txt 的内容如图 2-1-2 所示。

```
/home/aistudio/data/dataset/Labradorite/labradorite_18.jpg	7
/home/aistudio/data/dataset/Zircon/zircon_34.jpg	24
/home/aistudio/data/dataset/Carnelian/carnelian_20.jpg	19
/home/aistudio/data/dataset/Alexandrite/alexandrite_25.jpg	23
/home/aistudio/data/dataset/Danburite/danburite_15.jpg	6
/home/aistudio/data/dataset/Tanzanite/tanzanite_18.jpg	3
/home/aistudio/data/dataset/Beryl Golden/beryl golden_8.jpg	22
/home/aistudio/data/dataset/Emerald/emerald_17.jpg	1
/home/aistudio/data/dataset/Onyx Black/onyx black_15.jpg	9
/home/aistudio/data/dataset/Variscite/variscite_10.jpg	18
/home/aistudio/data/dataset/Pearl/pearl_23.jpg	0
```

图 2-1-2　数据列表

接下来，定义一个数据加载器 Reader，用于加载训练和评估时要使用的数据。这里需要继承基类 Dataset。具体代码如下所示。数据加载器通常包含以下三部分。

__init__：构造函数用于完成初始化的功能，可以实现训练或验证数据路径的加载。参数 data_path 为数据集所在的路径；参数 mode 指示处理训练过程还是验证测试过程的数据。mode 设置为 train 时表示当前处理训练数据，否则表示当前处理验证测试数据。在此代码中，以 mode 设置为 train 为例，首先创建变量 img_paths 和 labels 用于存储所有训练图像的路径和相应的标签值。之后遍历 train.txt 文件逐行读取，分割出图像路径和标签。最终保存到变量中。

```
def __init__(self, data_path, mode = 'train'):
    """
```

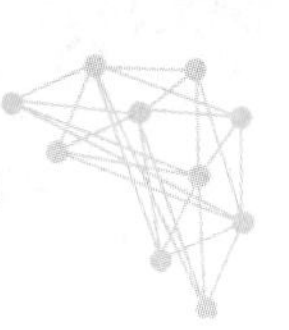

```
        数据读取器
        :param data_path: 数据集所在路径
        :param mode: train or eval
        """
        super().__init__()
        self.data_path = data_path
        self.img_paths = []
        self.labels = []

        if mode == 'train':
          with open(os.path.join(self.data_path, "train.txt"), "r", encoding="utf-8") as f:
            self.info = f.readlines()
          for img_info in self.info:
            img_path, label = img_info.strip().split('\t')
            self.img_paths.append(img_path)
            self.labels.append(int(label))
        else:
          with open(os.path.join(self.data_path, "eval.txt"), "r", encoding="utf-8") as f:
            self.info = f.readlines()
          for img_info in self.info:
            img_path, label = img_info.strip().split('\t')
            self.img_paths.append(img_path)
            self.labels.append(int(label))
```

__getitem__：用于按照下标索引数据对象。在训练过程中，每次迭代都通过__getitem__返回图像和对应的标签，索引的范围由__len__()指定。在返回之前还可以对图像进行处理，比如在此代码中，进行了维度上转换、图像尺寸的调整以及图像的归一化。对于维度上转换，由于加载进来的图像不一定符合模型的输入要求，例如，对于 RGBA 格式的图片，其不符合三通道的需求，因此需要进行图像的格式转换。除此之外，卷积神经网络的输入维度一般默认为 $C\times H\times W$，即通道数×长×宽，而图像通常加载的默认维度为 $H\times W\times C$，这个时候需要对加载的图像的维度进行调整，将其由 $H\times W\times C$ 转换成 $C\times H\times W$。

```
    def __getitem__(self, index):
        """
        获取一组数据
        :param index: 文件索引号
        :return:
        """
        # 第一步打开图像文件并获取 label 值
        img_path = self.img_paths[index]
        img = Image.open(img_path)
        if img.mode != 'RGB':
          img = img.convert('RGB')
        img = img.resize((224, 224), Image.BILINEAR)
        img = np.array(img).astype('float32')
        img = img.transpose((2, 0, 1)) / 255
        label = self.labels[index]
        label = np.array([label], dtype="int64")
        return img, label
```

__len__：返回数据集样本的个数。

```
    def __len__(self):
        return len(self.img_paths)
```

之后使用 paddle.io.DataLoader()接口定义训练数据加载器 train_loader 和验证数据加载器 eval_loader。DataLoader()接口能够返回一个迭代器，该迭代器根据参数 batch_sampler 给定的顺序迭代一次给定的 dataset。其中，参数 batch_size 为数据读取的批次大小，参数 shuffle 用来设置数据读取时是否需要乱序。

```
#训练数据加载
train_loader = paddle.io.DataLoader(Reader('/home/aistudio/',mode='train'), batch_size=16,
shuffle=True)
#测试数据加载
eval_loader = paddle.io.DataLoader(Reader('/home/aistudio/',mode='eval'), batch_size =8,
shuffle=False)
```

步骤 2：前馈神经网络搭建

DNN 可以理解为有很多隐藏层的神经网络，有时也叫作多层感知机（Multi-Layer Perceptron，MLP）。从网络结构来看，DNN 内部的神经网络层可以分为三层：输入层、隐藏层和输出层。一般来说，第一层是输入层，最后一层是输出层，而中间的层数都是隐藏层，每一层的神经元个数等于该层的输出维度。

DNN 结构中，层与层之间是全连接关系，即第 i 层的任意一个神经元一定与第 $i+1$ 层的任意一个神经元相连。这样的结构意味着，对于任意一层，其输入的特征图维度等于上一层的输出维度。DNN 网络结构如图 2-1-3 所示。

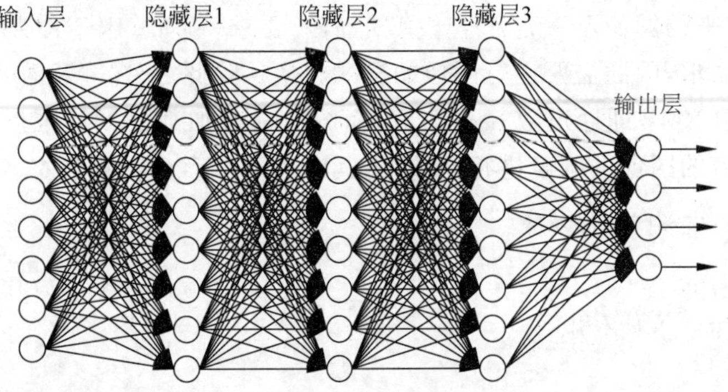

图 2-1-3　DNN 网络结构

了解了 DNN 的结构之后，接下来我们用 paddle 中的方法对整个训练流程进行搭建。在查看具体的代码之前，我们首先来学习代码中涉及的 API 接口。

```
paddle.nn.Linear(in_features,
                 out_features,
                 weight_attr=None,
                 bias_attr=None,
                 name=None):
```

Linear 层只接受一个 Tensor 作为输入，形式为[batch_size，*，in_features]，其中 * 表示可以为任意个额外的维度。该层可以计算输入 Tensor 与权重矩阵 $\boldsymbol{W}$ 的乘积，然后生成

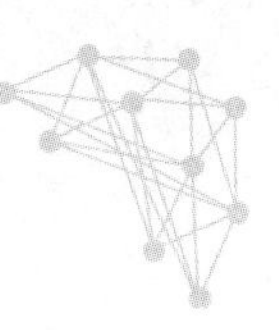

形状为 [batch_size，*，out_features]的输出 Tensor。如果 bias_attr 不是 False，则将创建一个偏置参数并将其添加到输出中。

- in_features(int)：线性变换层输入单元的数目。
- out_features(int)：线性变换层输出单元的数目。
- weight_attr(ParamAttr，可选)：指定权重参数的属性。默认值为 None，表示使用默认的权重参数属性，将权重参数初始化为 0。
- bias_attr(ParamAttr|bool，可选)：指定偏置参数的属性。bias_attrbias_attr 为 bool 类型且设置为 False 时，表示不会为该层添加偏置。bias_attrbias_attr 如果设置为 True 或者 None，则表示使用默认的偏置参数属性，将偏置参数初始化为 0。默认值为 None。

```
paddle.nn.ReLU(name = None):ReLU 激活层(Rectified Linear Unit)。
paddle.reshape(x,
               shape,
               name = None):
```

在保持输入 x 数据不变的情况下，改变 x 的形状。

- x(Tensor)：N-D Tensor，数据类型为 float32，float64，int32，int64 或者 bool。
- shape(list|tuple|Tensor)：数据类型是 int32。定义目标形状。目标形状最多只能有一个维度为－1。如果 shape 的类型是 list 或 tuple，它的元素可以是整数或者形状为[1]的 Tensor。如果 shape 的类型是 Tensor，则是 1-D 的 Tensor。
- name(str，可选)：默认值为 None，一般不需要设置。

```
paddle.nn.CrossEntropyLoss(weight = None,
                           ignore_index = - 100,
                           reduction = 'mean',
                           soft_label = False,
                           axis = - 1,
                           name = None):
```

计算输入 input 和标签 label 间的交叉熵损失，它结合了 LogSoftmax 和 NLLLoss 的 OP 计算，可用于训练一个 n 类分类器。

- weight(Tensor，可选)：指定每个类别的权重。其默认为 None。如果提供该参数的话，维度必须为 C(类别数)。数据类型为 float32 或 float64。
- ignore_index(int64，可选)：指定一个忽略的标签值，此标签值不参与计算。默认值为－100。数据类型为 int64。
- reduction(str，可选)：指定应用于输出结果的计算方式，数据类型为 string，可选值有：none，mean 以及 sum。默认为 mean，计算 mini-batch loss 均值。设置为 sum 时，计算 mini-batch loss 的总和。设置为 none 时，则返回 loss Tensor。
- soft_label(bool，optional)：指明 label 是否为软标签。默认为 False，表示 label 为硬标签；若 soft_label＝True，则表示软标签。
- axis(int，optional)：进行 softmax 计算的维度索引。它应该在[－1，dim－1]范围内，而 dim 是输入 logits 的维度。默认值为－1。
- name(str，optional)：操作的名称(可选，默认值为 None)。

```
paddle.optimizer.SGD(learning_rate = 0.001,
                     parameters = None,
                     weight_decay = None,
                     grad_clip = None,
                     name = None):
```

该接口实现随机梯度下降算法的优化器，为网络添加反向计算过程，并根据反向计算所得的梯度，更新 parameters 中的 Parameters，最小化网络损失值 loss。

- learning_rate(float|_LRScheduler，可选)：学习率，用于参数更新的计算。可以是一个浮点型值或者一个_LRScheduler 类，默认值为 0.001。
- parameters(list，可选)：指定优化器需要优化的参数。在动态图模式下必须提供该参数；在静态图模式下默认值为 None，这时所有的参数都将被优化。
- weight_decay(float|Tensor，可选)：权重衰减系数，是一个 float 类型或者 shape 为[1]，数据类型为 float32 的 Tensor 类型。默认值为 0.01。
- grad_clip(GradientClipBase，可选)：梯度裁剪的策略，支持三种裁剪策略，分别为 paddle.nn.ClipGradByGlobalNorm、paddle.nn.ClipGradByNorm、paddle.nn.ClipGradByValue。默认值为 None，此时将不进行梯度裁剪。
- name(str，可选)：该参数供开发人员打印调试信息时使用，默认值为 None。

```
paddle.metric.accuracy(input,
                       label,
                       k = 1,
                       correct = None,
                       total =  None,
                       name = None):
```

使用输入和标签计算准确率。如果正确的标签在 top k 个预测值里，则计算结果加 1。注意：输出正确率的类型由 input 类型决定，input 和 lable 的类型可以不一样。

- input(Tensor)：数据类型为 float32，float64。输入为网络的预测值。shape 为[sample_number，class_dim]。
- label(Tensor)：数据类型为 int64，int32。输入为数据集的标签。shape 为[sample_number，1]。
- k(int64|int32，可选)：取每个类别中的 k 个预测值用于计算，默认值为 1。
- correct(int64|int32，可选)：正确预测值的个数，默认值为 None。
- total(int64|int32，可选)：总共的预测值，默认值为 None。
- name(str，可选)：一般无须设置，默认值为 None。

对于模型，我们定义类 MyDNN()，其继承自父类 paddle.nn.Layer，类中分为__init__和 forward 两部分。

__init__：构造函数，用于定义网络结构中需要用到的每一层网络结构，在本实践中主要涉及全连接层和激活函数，需要注意的是，前一层的全连接层的输出维度应为后一层全连接层的输入维度。同时，最后一层全连接层的输出维度应为分类类别的数目，每一维代表属于该类的概率。

```
import paddle
#定义 DNN 网络
class MyDNN(paddle.nn.Layer):
  def __init__(self):
    super(MyDNN,self).__init__()
    self.linear1 = paddle.nn.Linear(in_features = 3 * 224 * 224, out_features = 1024)
    self.relu1 = paddle.nn.ReLU()
    self.linear2 = paddle.nn.Linear(in_features = 1024, out_features = 512)
    self.relu2 = paddle.nn.ReLU()
    self.linear3 = paddle.nn.Linear(in_features = 512, out_features = 128)
    self.relu3 = paddle.nn.ReLU()
    self.linear4 = paddle.nn.Linear(in_features = 128, out_features = 25)
```

forward：前馈函数，用于确定 init()函数中定义的网络层的先后顺序，确定网络的前馈数据流量。输入 input 进入网络后，首先会通过 paddle.reshape()函数改变输入数据的维度，将输入变成一维的向量，之后依次通过在 init()函数中预定义的全连接层和激活函数。

```
def forward(self,input):                        # forward 定义执行实际运行时网络的执行逻辑
    # input.shape (16, 3, 224, 224)
    x = paddle.reshape(input, shape = [ - 1,3 * 224 * 224])      # -1 表示这个维度的值是从 x
的元素总数和剩余维度推断出来的,有且只能有一个维度设置为 - 1
    # print(x.shape)
    x = self.linear1(x)
    x = self.relu1(x)
    x = self.linear2(x)
    x = self.relu2(x)
    x = self.linear3(x)
    x = self.relu3(x)
    y = self.linear4(x)
    return y
```

模型构建结束之后，需要定义损失函数和优化方法。这里使用的是交叉熵损失函数，该函数在分类任务上比较常用。定义了一个损失函数之后，还要对它求平均值，因为定义的是一个 batch，也即一个批次的损失值。同时还可以定义一个准确率函数，能够在训练时输出分类的准确率。优化方法使用的是 SGD 优化算法。

```
# 配置优化方法、损失函数
cross_entropy = paddle.nn.CrossEntropyLoss()
opt = paddle.optimizer.SGD(learning_rate = 0.001, parameters = model.parameters())
```

步骤 3：训练前馈神经网络

上文我们已经定义好 DNN 模型结构，也完成了相关的训练配置，接下来我们通过 MyDNN 实例化一个 model 对象，并通过 model.train 开启训练模式。

我们通过使用 train_loader()迭代地返回用于训练的图像和标注，每次将返回的图像输入网络，并通过 paddle.nn.CrossEntropyLoss 和 paddle.metric.accuracy 计算损失和精度。最后依次通过 loss.backward()、opt.step()和 opt.clear_grad()实现反向传播、参数优化和梯度清空这 3 个过程以不断地优化模型的效果。

```
model = MyDNN()                                          #模型实例化
model.train()                                            #训练模式
epochs_num = train_parameters['num_epochs']              #迭代次数
for pass_num in range(epochs_num):
  for batch_id,data in enumerate(train_loader()):
    image = data[0]
    label = data[1]
    predict = model(image)                               #数据传入 model
    loss = cross_entropy(predict,label)
    acc = paddle.metric.accuracy(predict,label)          #计算精度
    loss.backward()
    opt.step()
    opt.clear_grad()                                     #opt.clear_grad()来重置梯度
paddle.save(model.state_dict(),'/home/aistudio/MyDNN')   #保存模型
```

步骤4：模型评估

模型训练是在训练集上不断地优化模型，使得模型能够学习训练集中数据的特征模式。模型评估就是在验证数据集上计算模型输出结果的准确率以验证模型训练的效果。与训练部分的代码不同，评估模型时不需要进行参数优化，因此，需要使用验证模式，具体代码如下所示。

```
#模型评估
para_state_dict = paddle.load("/home/aistudio/MyDNN")
model = MyDNN()
model.set_state_dict(para_state_dict)                    #加载模型参数
model.eval()                                             #验证模式
accs = []
for batch_id,data in enumerate(eval_loader()):           #验证集
  image = data[0]
  label = data[1]
  predict = model(image)
  acc = paddle.metric.accuracy(predict,label)
  accs.append(acc.numpy()[0])
  avg_acc = np.mean(accs)
print("当前模型在验证集上的准确率为:",avg_acc)
```

步骤5：模型预测

以上的模型评估是对模型指标的定量评估。我们也可以查看模型在面对测试图像时的实际预测效果。在使用模型预测时，要保证输入的图像通道数、尺寸与训练集数据相同。因此，通常需要定义一个图像预处理函数，对输入图像进行格式转换、尺寸变化等操作。

```
def load_image(img_path):
  '''
  预测图片预处理
  '''
  img = Image.open(img_path)
  if img.mode != 'RGB':
    img = img.convert('RGB')
  img = img.resize((224, 224), Image.BILINEAR)
```

```
    img = np.array(img).astype('float32')
    img = img.transpose((2, 0, 1))                    # HWC to CHW
    img = img/255                                     # 像素值归一化
  return img
```

定义好预处理函数后，接下来可以随意找一张图片进行预处理并输入模型，观察模型给出的分类结果。

```
para_state_dict = paddle.load("MyDNN")
model = MyDNN()
model.set_state_dict(para_state_dict)                  #加载模型参数
model.eval()                                           #训练模式
infer_path = 'data/archive_test/alexandrite_3.jpg'
#对预测图片进行预处理
infer_img = load_image(infer_path)
infer_img = np.array(infer_imgs).astype('float32')
infer_img = infer_img[np.newaxis,:, : ,:]
out = model(paddle.to_tensor(infer_img))
lab = np.argmax(out.numpy())                           #argmax():返回最大数的索引
print("样本被预测为:{},真实标签为:{}".format(label_dic[str(lab)],infer_path.split('/')
[-1].split("_")[0]))
```

2.2　实践二：基于卷积神经网络的美食识别

基于卷积神经网络的美食识别

本实践中，我们使用卷积神经网络(CNN)来解决美食图片的分类问题。由于 DNN 模型采用全连接的堆叠形式，模型中包含大量的权值参数，网络模型随着层数的加深愈发地难以优化。CNN 本质上是一个多层感知机，其成功的原因关键在于它所采用的局部连接和共享权值的方式，局部连接意味着在 CNN 中所有层之间的神经元并不是完全连接的，共享权值则减少了网络模型中权值的数量，能够使得模型更加易于优化。

本实践代码运行的环境配置如下：Python 版本为 3.7，飞桨版本为 2.0.0，操作平台为 AI Studio。

步骤 1：美食图片数据集介绍与加载

本实践使用的数据集包含 5000 余张格式为 jpg 的三通道彩色图像，共 5 种食物类别。对于本实践中的数据包，具体处理与加载方式和宝石分类实践基本相同(代码可参考 2.1 节步骤 1)，主要步骤如下。

首先，我们定义 unzip_data()对数据集的压缩包进行解压，解压后可以观察到数据集文件夹结构如图 2-2-1 所示。

```
aistudio@jupyter-44484-2011726:~/data/foods$ tree -L 1
.
├── apple_pie
├── baby_back_ribs
├── baklava
├── beef_carpaccio
└── beef_tartare
```

图 2-2-1　数据集结构

然后，定义 get_data_list()遍历文件夹和图片，按照一定比例将数据划分为训练集和验证集，并生成图片 label、train.txt 以及 eval.txt，数据集列表如图 2-2-2 所示。

```
/home/aistudio/data/foods/apple_pie/2328227.jpg 1
/home/aistudio/data/foods/beef_carpaccio/1932385.jpg    0
/home/aistudio/data/foods/baby_back_ribs/2275499.jpg    3
/home/aistudio/data/foods/apple_pie/2602468.jpg 1
/home/aistudio/data/foods/baby_back_ribs/2878757.jpg    3
/home/aistudio/data/foods/apple_pie/1097378.jpg 1
/home/aistudio/data/foods/beef_tartare/1577426.jpg 2
```

图 2-2-2 数据集列表展示

接下来，定义一个数据加载器 FoodDataset，用于加载训练和评估时要使用的数据；数据加载器定义方式与 2.1 节中 Reader 定义方式相同，具体代码可参考 2.1 节。

最后，利用 paddle.io.DataLoader()方法定义训练数据加载器 train_loader 和验证数据加载器 eval_loader，并设置 batch_size 大小。

```
#训练数据加载
train_dataset = FoodDataset(data_path='data/',mode='train')
train_loader = paddle.io.DataLoader(train_dataset, batch_size = train_parameters['train_batch_size'], shuffle=True)
#测试数据加载
eval_dataset = FoodDataset(data_path='data/',mode='eval')
eval_loader = paddle.io.DataLoader(eval_dataset, batch_size = 8, shuffle=False)
```

步骤 2：自定义卷积神经网络

本任务使用的 CNN 结构，输入的是归一化后的 RGB 图像数据，每张图像的尺寸被裁切成了 64×64。网络结构采用了三次“卷积-池化”操作的堆叠，最后连接一个全连接输出层，具体模型结构如图 2-2-3 所示。

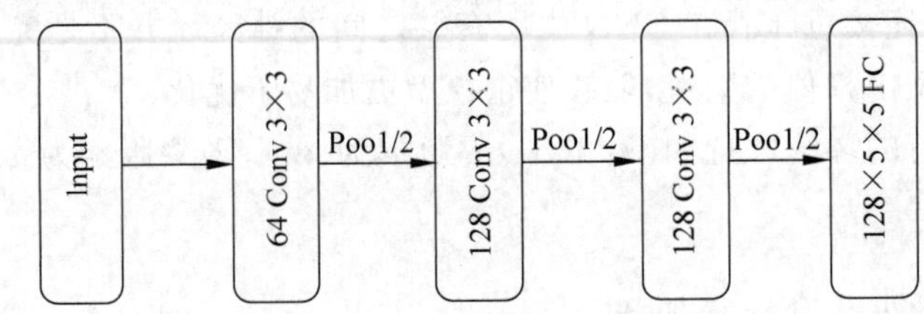

图 2-2-3 CNN 网络结构

在了解了本节实践的网络结构后，接下来就可以使用飞桨深度学习框架搭建该网络来解决美食识别的问题。

本节主要用到的接口如下。

```
paddle.nn.Conv2D(in_channels,
                 out_channels,
                 kernel_size,
                 stride=1,
                 padding=0,
                 dilation=1,
                 groups=1,
                 padding_mode='zeros',
                 weight_attr= None,
```

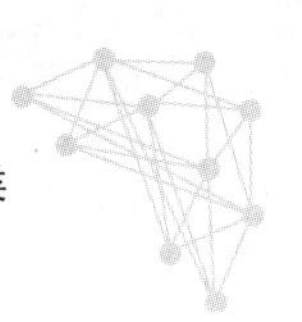


```
bias_attr = None,
data_format = 'NCHW'):
```

用来构建二维卷积层(convolution2d layer)的 API,根据输入、卷积核大小与个数、步长(stride)、填充(padding)、空洞大小(dilations)参数计算并输出特征图。输入和输出是“NCHW”或“NHWC”的格式,其中 N 是批处理的尺寸,C 是通道数,H 是特征高度,W 是特征宽度。卷积核是“MCHW”的格式,其中 M 是输出图像通道数,C 是输入图像通道数,H 是卷积核高度,W 是卷积核宽度。

- in_channels(int):输入图像的通道数。
- out_channels(int):由卷积操作产生的输出的通道数。
- kernel_size(int|list|tuple):卷积核大小。可以为单个整数或包含两个整数的元组或列表,分别表示卷积核的高和宽。如果为单个整数,表示卷积核的高和宽都等于该整数。
- stride(int|list|tuple,可选):步长大小。可以为单个整数或包含两个整数的元组或列表,分别表示卷积沿着高和宽的步长。如果为单个整数,表示沿着高和宽的步长都等于该整数。默认值:1。
- padding(int|list|tuple|str,可选):填充大小。如果它是一个字符串,可以是"VALID"或者"SAME",表示填充算法。如果它是一个元组或列表,它可以有 3 种格式:①包含 4 个二元组,当 data_format 为"NCHW"时为[[0,0],[0,0],[padding_height_top, padding_height_bottom],[padding_width_left, padding_width_right]],当 data_format 为"NHWC"时为[[0,0],[padding_height_top, padding_height_bottom],[padding_width_left, padding_width_right],[0,0]];②包含 4 个整数值,[padding_height_top, padding_height_bottom, padding_width_left, padding_width_right];③包含 2 个整数值,[padding_height, padding_width],此时 padding_height_top=padding_height_bottom=padding_height,padding_width_left=padding_width_right=padding_width。若为一个整数,padding_height=padding_width=padding。默认值:0。
- dilation(int|list|tuple,可选):空洞大小。可以为单个整数或包含两个整数的元组或列表,分别表示卷积核中的元素沿着高和宽的空洞。如果为单个整数,表示高和宽的空洞都等于该整数。默认值:1。
- groups(int,可选):二维卷积层的组数。根据 Alex Krizhevsky 的深度卷积神经网络(CNN)论文中的成组卷积:当 group=n 时,输入和卷积核分别根据通道数量平均分为 n 组,第一组卷积核和第一组输入进行卷积计算,第二组卷积核和第二组输入进行卷积计算……第 n 组卷积核和第 n 组输入进行卷积计算。默认值:1。
- padding_mode(str,可选):填充模式。包括 zeros,reflect,replicate 或者 circular。默认值:zeros。
- weight_attr(ParamAttr,可选):指定权重参数属性的对象。默认值为 None,表示使用默认的权重参数属性。
- bias_attr(ParamAttr|bool,可选):指定偏置参数属性的对象。若 bias_attr 为 bool

类型,只支持 False,表示没有偏置参数。默认值为 None,表示使用默认的偏置参数属性。

- data_format(str,可选)：指定输入的数据格式,输出的数据格式将与输入保持一致,可以是"NCHW"和"NHWC"。N 是批尺寸,C 是通道数,H 是特征高度,W 是特征宽度。默认值："NCHW"。

```
paddle.nn.MaxPool2D(kernel_size,
                    stride = None,
                    padding = 0,
                    ceil_mode = False,
                    return_mask = False,
                    data_format = 'NCHW',
                    name = None):
```

用于构建 MaxPool2D 类的一个可调用对象,其将构建一个二维最大池化层,根据输入参数 kernel_size,stride,padding 等对输入做最大池化操作。

- kernel_size(int|list|tuple)：池化核大小。如果它是一个元组或列表,它必须包含两个整数值,(pool_size_Height, pool_size_Width)。若为一个整数,则它的平方值将作为池化核大小,比如若 pool_size=2,则池化核大小为 2×2。
- stride(int|list|tuple,可选)：池化层的步长。如果它是一个元组或列表,它将包含两个整数,(pool_stride_Height, pool_stride_Width)。若为一个整数,则表示 H 和 W 维度上 stride 均为该值。默认值为 None,这时会使用 kernel_size 作为 stride。
- padding(str|int|list|tuple,可选)：池化填充。如果它是一个字符串,可以是"VALID"或者"SAME",表示填充算法。如果它是一个元组或列表,它可以有 3 种格式。①包含 2 个整数值：[pad_height, pad_width]。②包含 4 个整数值：[pad_height_top, pad_height_bottom, pad_width_left, pad_width_right]。③包含 4 个二元组：当 data_format 为"NCHW"时为 [[0,0], [0,0], [pad_height_top, pad_height_bottom], [pad_width_left, pad_width_right]],当 data_format 为"NHWC"时为[[0,0], [pad_height_top, pad_height_bottom], [pad_width_left, pad_width_right], [0,0]]。若为一个整数,则表示 H 和 W 维度上均为该值。默认值：0。
- ceil_mode(bool,可选)：是否用 ceil()函数计算输出高度和宽度。如果是 True,则使用 ceil 计算输出形状的大小。
- return_mask(bool,可选)：是否返回最大索引和输出。默认为 False。
- data_format(str,可选)：输入和输出的数据格式,可以是"NCHW"和"NHWC"。N 是批尺寸,C 是通道数,H 是特征高度,W 是特征宽度。默认值为 NCHW。
- name(str,可选)：函数的名字,默认为 None。

定义 CNN 网络结构与 2.1 节部分相似,构造 MyCNN()类,其中,init()函数用于定义网络模型中每一层的结构,forward()函数用于前向传播过程,决定网络模型层之间的先后顺序。不同的是,在设计卷积层以及池化层的时候我们要考虑卷积核的大小、步长以及 padding 的方式来计算卷积后特征图的分辨率。因为,在最后我们需要计算特征图的大小以决定用于分类的全连接层的输入维度。同时还要保证前一层的卷积层输出的通道数与后一

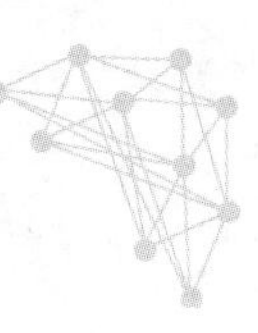

层卷积层输入的通道数相同。

```
import paddle.nn as nn
#定义卷积网络
class MyCNN(nn.Layer):
  def __init__(self):
    super(MyCNN,self).__init__()
    self.conv0 = nn.Conv2D(in_channels = 3,
            out_channels = 64,
            kernel_size = 3,
            padding = 0,
            stride = 1)
    self.pool0 = nn.MaxPool2D(kernel_size = 2, stride = 2)
    self.conv1 = nn.Conv2D(in_channels = 64,
            out_channels = 128,
            kernel_size = 4,
            padding = 0,
            stride = 1)
    self.pool1 = nn.MaxPool2D(kernel_size = 2, stride = 2)
    self.conv2 = nn.Conv2D(in_channels = 128,
            out_channels = 128,
            kernel_size = 5,
            padding = 0)
    self.pool2 = nn.MaxPool2D(kernel_size = 2, stride = 2)
    self.fc1 = nn.Linear(in_features = 128 * 5 * 5, out_features = 5)

  def forward(self,input):
    x = self.conv0(input)
    x = self.pool0(x)
    x = self.conv1(x)
    x = self.pool1(x)
    x = self.conv2(x)
    x = self.pool2(x)
    x = paddle.reshape(x,shape = [ - 1,50 * 5 * 5])
    y = self.fc1(x)
    return y
```

步骤 3：模型训练与评估

上文中我们已经定义好了 MyCNN 的模型结构，接下来实例化一个模型并进行迭代训练，整体流程同 2.1 节类似，具体代码如下。

```
model = MyCNN()                                     # 模型实例化
model.train()                                       # 训练模式
cross_entropy = paddle.nn.CrossEntropyLoss()
opt = paddle.optimizer.SGD(learning_rate = 0.001, parameters = model.parameters())
epochs_num = train_parameters['num_epochs']         #迭代次数
for pass_num in range(train_parameters['num_epochs']):
  for batch_id,data in enumerate(train_loader()):
    image = data[0]
    label = data[1]
    predict = model(image)                          #数据传入 model
    loss = cross_entropy(predict,label)
```

```
        acc = paddle.metric.accuracy(predict,label.reshape([ - 1,1])) #计算精度
        if batch_id!= 0 and batch_id % 10 == 0:
            print("epoch:{},step:{},train_loss:{},train_acc:{}".format(pass_num,batch_id,loss.numpy()[0],acc.numpy()[0]))
        loss.backward()
        opt.step()
        opt.clear_grad()                                    #opt.clear_grad()来重置梯度
paddle.save(model.state_dict(),'MyCNN')                     #保存模型
```

保存好模型之后,接下来我们对模型进行评估,也就是在验证数据集上计算模型输出结果的准确率。在这里,需要使用验证模式,具体代码如下。

```
#模型评估
para_state_dict = paddle.load("MyCNN")
model = MyCNN()
model.set_state_dict(para_state_dict)                       #加载模型参数
model.eval()                                                #验证模式

accs = []

for batch_id,data in enumerate(eval_loader()):              #测试集
    image = data[0]
    label = data[1]
    predict = model(image)
    acc = paddle.metric.accuracy(predict,label)
    accs.append(acc.numpy()[0])
    avg_acc = np.mean(accs)
print("当前模型在验证集上的准确率为:",avg_acc)
```

基于 VGG 系列网络的场景图像分类

2.3 实践三:基于 VGG 系列网络的场景图像分类

本实践我们使用 VGG 网络模型来解决场景图像分类的问题。VGG 是牛津大学计算机视觉组和 Google DeepMind 公司的研究员一起研发的深度卷积神经网络模型。VGG 主要探究了卷积神经网络的深度和其性能之间的关系,通过反复堆叠 3×3 的小卷积核和 2×2 的最大池化层,VGGNet 成功地搭建了 16～19 层的深度卷积神经网络,通过加深网络模型的层数来提升性能。

本实践代码运行的环境配置如下:Python 版本为 3.7,飞桨版本为 2.0.0,操作平台为 AI Studio。

步骤 1:场景图像分类数据集准备

本实践使用的数据集包含 3500 余张格式为 jpg 的三通道彩色图像,共 5 种场景类别。我们在 AI Studio 上提供了本实践的数据集压缩包(https://aistudio.baidu.com/aistudio/datasetdetail/34226/0)。每个类别的图像被存放在单独的文件夹中。

对于本实践中的数据包,具体处理与加载方式和宝石分类实践基本相同,代码可参考 2.1 节的内容,主要步骤如下。

首先,我们定义 unzip_data()对数据集的压缩包进行解压,解压后可以观察到数据集文

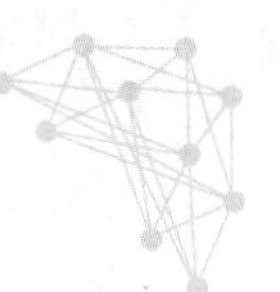

件夹结构如图 2-3-1 所示。

```
⌂ > data > scenes
🗀 river
🗀 lawn
🗀 church
🗀 ice
🗀 desert
```

图 2-3-1　场景图像分类数据集目录结构

然后，定义 get_data_list()函数遍历文件夹和图片，按照一定的比例将数据划分为训练集和验证集，并生成图片 label、train. txt 以及 eval. txt。train. txt 中的部分内容如图 2-3-2 所示。

```
/home/aistudio/data/scenes/ice/880fcc635bb4e552c54a2e8b12c75dacddad10b6.jpg 0
/home/aistudio/data/scenes/lawn/cd6dd50e56855338fbeb2115ee5bbe6e94d533bb.jpg    4
/home/aistudio/data/scenes/ice/a62df1738d6fe7d6829dec2c1ef99df3618a11d9.jpg 0
/home/aistudio/data/scenes/desert/5c7cfd4728ba43aa1937a9f095e8e9c89f3be4d0.jpg  2
/home/aistudio/data/scenes/ice/54b4496e2e16497edda03e009ed92de5cf4ea51d.jpg 0
/home/aistudio/data/scenes/ice/c908cefb69ae2aaa1ce18d705b01d97db3ecbb01.jpg 0
/home/aistudio/data/scenes/ice/8e7783b9f5c93fea0f71a8bd672baeb04f73fd9f.jpg 0
```

图 2-3-2　场景分类数据集数据列表

接下来，定义一个数据加载器 SceneDataset，用于加载模型训练和评估时要使用的数据。数据加载器的定义方式参照 2.1 节，主要包含以下三部分函数。

```
class SceneDataset(paddle.io.Dataset):
    def __init__(self, mode = 'train'):
        assert mode in ['train', 'eval'], 'mode is one of train, eval.'
        self.data = []
        with open('data/{}.txt'.format(mode)) as f:
            for line in f.readlines():
                info = line.strip().split('\t')
                if len(info) > 0:
                    self.data.append([info[0].strip(), info[1].strip()])
        self.transforms = T.Compose([
            T.Resize((224,224)),                # 图像大小修改
            T.ToTensor(),                       # 数据的格式转换和标准化 HWC => CHW
            T.Normalize(mean = [0.485, 0.456, 0.406], std = [0.229, 0.224, 0.225])])

    def __getitem__(self, index):
        image_file, label = self.data[index]
        image = Image.open(image_file)
        if image.mode != 'RGB':
            image = image.convert('RGB')
        image = self.transforms(image)
        return image, np.array(label, dtype = 'int64')

    def __len__(self):
        return len(self.data)
```

之后调用数据加载器，进行实例化。

```
train_dataset = SceneDataset(mode = 'train')
test_dataset = SceneDataset(mode = 'eval')
```

步骤 2：VGG 系列网络搭建

VGGNet 引入“模块化”的设计思想，将不同的层进行简单的组合构成网络模块，再用模块来组装成完整网络，而不再是以“层”为单元组装网络。本实践使用 VGG-16 以及 VGG-19 网络模型，输入是归一化后的 RGB 图像，每张图像的尺寸被裁切成 224×224×3，使用 ReLU 作为激活函数。VGGNet 中所有的 3×3 卷积都是等长卷积（stride＝1，padding＝1），因此特征图经过卷积层后其尺寸是不变的。然而，池化层会改变特征图的维度，具体来说，特征图每经过一次池化，特征图的高度和宽度减少一半。作为弥补，特征图的通道数增加一倍，最后通过全连接与 Softmax 层输出分类的预测结果。以 VGG-16 模型为例，其结构如图 2-3-3 所示。

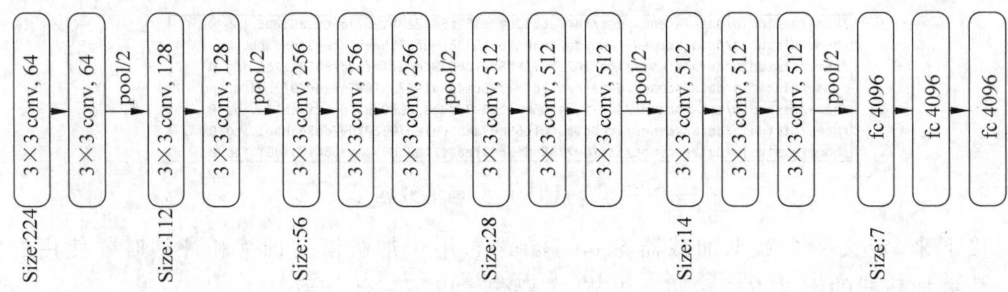

图 2-3-3　VGG-16 网络结构

VGG-19 模型和 VGG-16 模型的整体结构相似，仅在 VGG-16 模型的基础上在后面三组卷积层中增加了三个卷积层。在了解了 VGG 模型系列的网络结构之后，接下来就可以使用飞桨深度学习框架来搭建一个 VGG 网络以解决场景图像分类的问题。

在本节实践中，我们首先介绍主要用到的接口和需要调用父类 paddle. nn. Layer 的一些函数。

add_sublayer(name,sublayer)：添加子层实例。可以通过 self. name 访问该 sublayer。

- name(str)：子层名。
- sublayer(Layer)：Layer 实例。
- sublayers(include_self＝False)：返回一个由所有子层组成的列表。
- include_self(bool，可选)：是否包含本层。如果为 True，则包括本层。默认值：False。

named_children()：返回所有子层的迭代器，生成子层名称和子层的元组。

```
paddle.optimizer.Momentum(learning_rate = 0.001,
                          momentum = 0.9,
                          parameters = None,
                          use_nesterov = False,
                          weight_decay = None,
                          grad_clip = None,
                          name = None):
```

该接口实现含有速度状态的 Simple Momentum 优化器。

- **learning_rate**(float|_LRScheduler,可选):学习率,用于参数更新的计算。可以是一个浮点型值或者一个_LRScheduler 类,默认值:0.001。
- **momentum**(float,可选):动量因子。
- **parameters**(list,可选):指定优化器需要优化的参数。在动态图模式下必须提供该参数;在静态图模式下默认值为 None,这时所有的参数都将被优化。
- **use_nesterov**(bool,可选):赋能牛顿动量,默认值:False。
- **weight_decay**(float|Tensor,可选):权重衰减系数,是一个 float 类型或者 shape 为[1],数据类型为 float32 的 Tensor 类型。默认值:0.01。
- **grad_clip**(GradientClipBase,可选):梯度裁剪的策略,支持三种裁剪策略,即 paddle.nn.ClipGradByGlobalNorm、paddle.nn.ClipGradByNorm、paddle.nn.ClipGradByValue。默认值:None,此时将不进行梯度裁剪。
- **name**(str,可选):该参数供开发人员打印调试信息时使用,具体用法请参见 Name,默认值:None。

```
paddle.optimizer.lr.CosineAnnealingDecay(
            learning_rate,
            T_max,
            eta_min = 0,
            last_epoch = - 1,
            verbose = False):
```

该接口使用 cosine annealing 的策略来动态调整学习率。

- learning_rate(float):初始学习率,也就是公式中的 ηmax,数据类型为 Python float。
- T_max(float|int):训练的上限轮数,是余弦衰减周期的一半。
- eta_min(float|int,可选):学习率的最小值,即公式中的 ηmin。默认值为 0。
- last_epoch(int,可选):上一轮的轮数,重启训练时设置为上一轮的 epoch 数。默认值:−1。则为初始学习率。
- verbose(bool,可选):如果是 True,则在每一轮更新时在标准输出 stdout 输出一条信息。默认值:False。

(1) VGG-16 模型构建。

首先,根据"模块化"的思想,我们定义 VGG-16 要使用的"卷积池化"模块,将其封装到类 Convpool 中。在类中,我们通过 add_sublayer 接口创建 VGG 模块的网络层列表,其中包含卷积层、ReLU 非线性激活层以及池化层,并在 forward()函数中通过 named_children 接口搭建模块中网络层的先后顺序,具体代码如下所示。

```
class ConvPool(paddle.nn.Layer):
  def __init__(self, num_channels, num_filters, filter_size, pool_size, pool_stride, groups, conv_
stride = 1, conv_padding = 1):
    super(ConvPool, self).__init__()
  for i in range(groups):self.add_sublayer(                # 添加子层实例'bb_%d' % i,
        paddle.nn.Conv2D(in_channels = num_channels,        # 通道数
      out_channels = num_filters, kernel_size = filter_size, # 卷积核大小
      stride = conv_stride, padding = conv_padding))
```

```
            self.add_sublayer('relu%d' % i, paddle.nn.ReLU())
            num_channels = num_filters
        self.add_sublayer('Maxpool',
            paddle.nn.MaxPool2D(kernel_size=pool_size,
            stride=pool_stride))

    def forward(self, inputs):
        x = inputs
        for prefix, sub_layer in self.named_children():
            x = sub_layer(x)
        return x
```

接下来，我们利用 Convpool 模块定义 VGG-16 网络模型，在 init 中多次调用 Convpool 模块，生成 VGG16 的每一个模块实例，再通过 forward()函数顺序搭建起来，具体代码如下所示。

```
class VGG16(paddle.nn.Layer):
    def __init__(self):
        super(VGG16, self).__init__()
        self.convpool01 = ConvPool(3, 64, 3, 2, 2, 2)
        self.convpool02 = ConvPool(64, 128, 3, 2, 2, 2)
        self.convpool03 = ConvPool(128, 256, 3, 2, 2, 3)
        self.convpool04 = ConvPool(256, 512, 3, 2, 2, 3)
        self.convpool05 = ConvPool(512, 512, 3, 2, 2, 3)
        self.pool_5_shape = 512 * 7* 7
        self.fc01 = paddle.nn.Linear(self.pool_5_shape, 4096)
        self.fc02 = paddle.nn.Linear(4096, 2048)
        self.fc03 = paddle.nn.Linear(2048, train_parameters['class_dim'])

    def forward(self, inputs, label=None):
        out = self.convpool01(inputs)
        out = self.convpool02(out)
        out = self.convpool03(out)
        out = self.convpool04(out)
        out = self.convpool05(out)
        out = paddle.reshape(out, shape=[-1, 512*7*7])
        out = self.fc01(out)
        out = self.fc02(out)
        out = self.fc03(out)
        if label is not None:
            acc = paddle.metric.accuracy(input=out, label=label)
            return out, acc
        else:
            return out
```

至此，我们成功地搭建了 VGG-16 模型。

(2) VGG-19 模型构建。

VGG-19 模型使用同 VGG-16 模型相同的 Convpool 模块，只是在参数的设置上有所不同，对于 VGG-19 模型，其在 VGG-16 模型的基础上增加了三个卷积层。具体代码如下所示。

```
class VGG19(paddle.nn.Layer):
    def __init__(self):
```

```
        super(VGG19, self).__init__()
        self.convpool01 = ConvPool(3, 64, 3, 2, 2, 2)
        self.convpool02 = ConvPool(64, 128, 3, 2, 2, 2)
        self.convpool03 = ConvPool(128, 256, 3, 2, 2, 4)
        self.convpool04 = ConvPool(256, 512, 3, 2, 2, 4)
        self.convpool05 = ConvPool(512, 512, 3, 2, 2, 4)
        self.pool_5_shape = 512 * 7 * 7
        self.fc01 = paddle.nn.Linear(self.pool_5_shape, 4096)
        self.fc02 = paddle.nn.Linear(4096, 2048)
        self.fc03 = paddle.nn.Linear(2048, train_parameters['class_dim'])

    def forward(self, inputs, label = None):
        """前向计算"""
        out = self.convpool01(inputs)
        out = self.convpool02(out)
        out = self.convpool03(out)
        out = self.convpool04(out)
        out = self.convpool05(out)
        out = paddle.reshape(out, shape = [ - 1, 512 * 7 * 7])
        out = self.fc01(out)
        out = self.fc02(out)
        out = self.fc03(out)
        if label is not None:
            acc = paddle.metric.accuracy(input = out, label = label)
            return out, acc
        else:
            return out
```

步骤 3：模型配置与训练

步骤 2 中我们已经定义好 VGGNet 模型结构，接下来实例化模型并进行迭代训练。在本实践中，区别于 2.1 节的训练代码，我们通过调用高层 API 的方式完成模型的训练过程，使用 paddle.Model()函数将模型进行封装以转变成具有训练、推理以及预测等能力的模型对象，并调用模型对象的 prepare()方法设置模型训练的优化器以及损失函数等。

在完成模型训练前的配置之后，我们调用模型对象的 fit()方法来启动模型训练过程，在 fit()方法的参数中，需要指定至少 3 个关键参数：训练数据集、训练轮次和单次训练数据批次大小。需要注意的是，fit()方法的第一个参数不仅可以传递数据集 paddle.io.Dataset，还可以传递 DataLoader，如果想要实现某个自定义的数据集抽样等逻辑，可以在 fit 外自定义 DataLoader，然后传递给 fit()函数。

以 VGG-16 模型的训练过程为例，具体代码如下所示。

```
vgg16 = VGG16()
model1 = Model(vgg16)
model1.summary((1,3, 224, 224))

def create_optim(parameters):
    step_each_epoch = int(3498// 64)
    lr = paddle.optimizer.lr.CosineAnnealingDecay(learning_rate = 0.001, T_max = step_each_
epoch * 10)
```

```
return paddle.optimizer.Momentum(learning_rate = lr, parameters = parameters, weight_decay = paddle.regularizer.L2Decay(0.000001))

# 模型训练配置
model1.prepare(create_optim(model1.parameters()),        # 优化器
               paddle.nn.CrossEntropyLoss(),             # 损失函数
               paddle.metric.Accuracy(topk = (1, 2)))    # 评估指标

# 启动模型全流程训练
model1.fit(train_dataset,                                # 训练数据集
           test_dataset,                                 # 评估数据集
           epochs = 10,                                  # 总的训练轮次
           batch_size = 32,                              # 批次计算的样本量大小
           shuffle = True,                               # 是否打乱样本集
           verbose = 1,                                  # 日志展示格式
           save_dir = './chk_points16/',                 # 分阶段的训练模型存储路径
    )

model1.save('model_save_dir1')
```

VGG-16 模型以及 VGG-19 模型训练过程中的部分输出结果如图 2-3-4 和图 2-3-5 所示。

```
Epoch 9/10
step 94/94 [==============================] - loss: 1.2577 - acc_top1: 0.6332 - acc_top2: 0.7884 - 287ms/step
save checkpoint at /home/aistudio/chk_points16/8
Eval begin...
step 16/16 [==============================] - loss: 1.1121 - acc_top1: 0.5996 - acc_top2: 0.7530 - 236ms/step
Eval samples: 502
Epoch 10/10
step 94/94 [==============================] - loss: 1.2931 - acc_top1: 0.6702 - acc_top2: 0.8041 - 287ms/step
save checkpoint at /home/aistudio/chk_points16/9
Eval begin...
step 16/16 [==============================] - loss: 1.1942 - acc_top1: 0.5737 - acc_top2: 0.7450 - 235ms/step
Eval samples: 502
save checkpoint at /home/aistudio/chk_points16/final
```

图 2-3-4　VGG-16 模型训练过程中的部分输出结果

```
Epoch 9/10
step 94/94 [==============================] - loss: 1.4021 - acc_top1: 0.6429 - acc_top2: 0.7827 - 287ms/step
save checkpoint at /home/aistudio/chk_points19/8
Eval begin...
step 16/16 [==============================] - loss: 1.2911 - acc_top1: 0.4940 - acc_top2: 0.7072 - 240ms/step
Eval samples: 502
Epoch 10/10
step 94/94 [==============================] - loss: 1.2378 - acc_top1: 0.5871 - acc_top2: 0.7583 - 287ms/step
save checkpoint at /home/aistudio/chk_points19/9
Eval begin...
step 16/16 [==============================] - loss: 1.2695 - acc_top1: 0.5458 - acc_top2: 0.7530 - 236ms/step
Eval samples: 502
save checkpoint at /home/aistudio/chk_points19/final
```

图 2-3-5　VGG-19 模型训练过程中的部分输出结果

步骤 4：模型评估

保存模型之后，接下来我们对模型进行评估。以 VGG-16 模型的评估过程为例，我们打印预测样本的真实标签和预测值，具体代码如下所示。

```
# 执行预测
result1 = model1.predict(test_dataset)
```

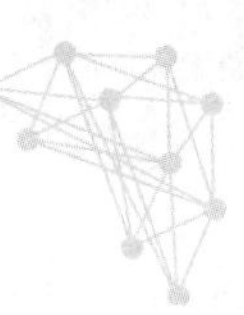


```
# 样本映射
LABEL_MAP = ['ice', 'river','lawn','church','desert']

# 随机取样本展示
indexs = [1, 3, 100, 150, 200, 300]

for idx in indexs:
    predict_label = np.argmax(result1[0][idx])
    real_label = test_dataset.__getitem__(idx)[1]
    print('样本 ID:{}, 真实标签:{}, 预测值:{}'.format(idx, LABEL_MAP[real_label], LABEL_MAP
[predict_label]))
```

VGG-16 模型以及 VGG-19 模型评估过程中的输出结果如图 2-3-6 和图 2-3-7 所示，可以看到，在当前的参数设置下，相比于 VGG-19 模型，VGG-16 模型取得了更好的模型预测结果。

```
样本ID: 1, 真实标签: river, 预测值: river
样本ID: 3, 真实标签: river, 预测值: river
样本ID: 100, 真实标签: river, 预测值: river
样本ID: 150, 真实标签: ice, 预测值: lawn
样本ID: 200, 真实标签: church, 预测值: river
样本ID: 300, 真实标签: desert, 预测值: desert
```

图 2-3-6　VGG-16 模型评估过程中的输出结果

```
样本ID: 1, 真实标签: river, 预测值: river
样本ID: 3, 真实标签: river, 预测值: ice
样本ID: 100, 真实标签: river, 预测值: lawn
样本ID: 150, 真实标签: ice, 预测值: desert
样本ID: 200, 真实标签: church, 预测值: river
样本ID: 300, 真实标签: desert, 预测值: desert
```

图 2-3-7　VGG-19 模型评估过程中的输出结果

2.4　实践四：基于 ResNet 系列模型的车辆图像分类实践

基于 ResNet 系列模型的车辆图像分类实践

本实践使用 ResNet 系列网络模型来完成车辆图像的分类任务。和上一节实践使用的 VGG 系列的网络模型相比，ResNet 系列的网络模型具有更深的层数。这是由于加深神经网络模型的层数可以带来更好的语义特征的抽取能力，因此很多研究人员都致力于增加神经网络模型的层数。然而，梯度消失是神经网络模型训练过程中一个非常关键的问题。由于反向传播过程主要基于链式法则，神经网络模型的层数加深则会加剧梯度的累乘效应，进而引起浅层模型梯度过小甚至消失的问题。ResNet 系列的网络模型提出的目的也是解决深层神经网络模型具有的这样一个问题。

本实践代码运行的环境配置如下：Python 版本为 3.7，飞桨版本为 2.0.0，操作平台为 AI Studio。

步骤 1：车辆图像分类数据集准备

本实践使用的车辆图像分类数据集包含 1500 余张格式为 png 的三通道彩色图像，共 3 种车辆类别，分别是：汽车、摩托车以及货车。AI Studio 上提供了本实践的数据集压缩包（https://aistudio.baidu.com/aistudio/datasetdetail/89559）。每个类别的图像被存放在一个文件夹中。

步骤 2：数据加载及预处理

和实践 2.3 类似，首先我们需要定义 unzip_data()函数对数据集的压缩包进行解压，解压后可以观察到数据集文件夹结构如图 2-4-1 所示。

之后定义 get_data_list()函数遍历文件夹和图片，按照一定的比例将数据划分为训练集和验证集，并生成图片 label、train. txt 以及 eval. txt。

```
⌂ > work > Data
1_101.png
1_104.png
1_100.png
1_103.png
1_102.png
```

图 2-4-1　车辆图像分类数据集目录结构

```
def get_data_list(target_path, train_list_path, eval_list_path):
    data_dir = 'work/Data'
    all_data_list = []

    for im in os.listdir(data_dir):
        img_path = os.path.join(data_dir, im)
        img_label = str(int(im.split('_')[0]) - 1)
        all_data_list.append(img_path + '\t' + img_label + '\n')

    # 对训练列表进行乱序
    random.shuffle(all_data_list)
    with open(train_list_path, 'a') as f1:
        with open(eval_list_path, 'a') as f2:
            for ind, img_path_label in enumerate(all_data_list):
                #划分测试集和训练集
                if ind % 10 == 0:
                    f2.write(img_path_label)
                else:
                    f1.write(img_path_label)
print ('生成数据列表完成!')
```

调用 get_data_list()函数生成数据列表。train. txt 中的部分内容如图 2-4-2 所示。

```
#参数初始化
src_path = train_parameters['src_path']
target_path = train_parameters['target_path']
train_list_path = train_parameters['train_list_path']
eval_list_path = train_parameters['eval_list_path']

#每次生成数据列表前，首先清空 train.txt 和 eval.txt
with open(train_list_path, 'w') as f:
    f.seek(0)
    f.truncate()
with open(eval_list_path, 'w') as f:
    f.seek(0)
    f.truncate()

#生成数据列表
get_data_list(target_path,train_list_path,eval_list_path)
```

```
work/Data/1_649.png 0
work/Data/1_644.png 0
work/Data/2_807.png 1
work/Data/3_375.png 2
work/Data/3_379.png 2
work/Data/1_382.png 0
work/Data/1_109.png 0
work/Data/2_976.png 1
work/Data/3_1463.png    2
work/Data/3_1380.png    2
```

图 2-4-2　数据集列表

接下来，定义一个数据加载器 dataset，用于加载训练和评估时要使用的数据。数据加载器的定义方式与 2.1 节中的定义方式类似，包含以下主要函数，具体代码如下所示。

```
def __init__(self, data_path, mode = 'train'):
    super().__init__()
    self.data_path = data_path
    self.img_paths = []
    self.labels = []
```

```
        if mode == 'train':
            with open(os.path.join(self.data_path,"train.txt"),"r",encoding = "utf - 8") as f:
                self.info = f.readlines()
            for img_info in self.info:
                img_path, label = img_info.strip().split('\t')
                self.img_paths.append(img_path)
                self.labels.append(int(label))
        else:
            with open(os.path.join(self.data_path,"eval.txt"),"r",encoding = "utf - 8") as f:
                self.info = f.readlines()
            for img_info in self.info:
                img_path, label = img_info.strip().split('\t')
                self.img_paths.append(img_path)
                self.labels.append(int(label))

    def __getitem__(self, index):
        img_path = self.img_paths[index]
        img = Image.open(img_path)
        if img.mode != 'RGB':
            img = img.convert('RGB')
        img = np.array(img).astype('float32')
        img = img.transpose((2, 0, 1)) / 255
        label = self.labels[index]
        label = np.array([label], dtype = "int64")
        return img, label

    def __len__(self):
        return len(self.img_paths)
```

调用数据加载器，进行实例化。

```
# 训练数据加载
train_dataset = dataset('/home/aistudio/data',mode = 'train')
# 测试数据加载
eval_dataset = dataset('/home/aistudio/data',mode = 'eval')

train_dataset.print_sample(200)
print(train_dataset.__len__())
eval_dataset.print_sample(0)
print(eval_dataset.__len__())
print(eval_dataset.__getitem__(10)[0].shape)
print(eval_dataset.__getitem__(10)[1].shape)
```

输出结果如图 2-4-3 所示，可以看到，训练集中包含 1414 张图像，验证集中包含 158 张图像。

```
文件名 work/Data/1_81.png        标签值 0
1414
文件名 work/Data/1_680.png       标签值 0
158
(3, 120, 120)
(1,)
```

图 2-4-3　车辆图像分类数据集划分结果

步骤 3：模型配置与训练

本节实践使用 ResNet-34 以及 ResNet-50 模型。在 ResNet-50 模型中，首先是一个卷积核大小为 7×7 的卷积层；然后是 4 个 block 结构，其中每个 block 都包含 3 个卷积层，具体参数如图 2-4-4 所示；最后是一个用于分类的全连接层。

layer name	output size	18-layer	34-layer	50-layer	101-layer	152-layer
conv1	112×112	7×7,64, stride 2				
		3×3 max pool, stride 2				
conv2_x	56×56	$\begin{bmatrix}3\times3,64\\3\times3,64\end{bmatrix}\times2$	$\begin{bmatrix}3\times3,64\\3\times3,64\end{bmatrix}\times3$	$\begin{bmatrix}1\times1,64\\3\times3,64\\1\times1,256\end{bmatrix}\times3$	$\begin{bmatrix}1\times1,64\\3\times3,64\\1\times1,256\end{bmatrix}\times3$	$\begin{bmatrix}1\times1,64\\3\times3,64\\1\times1,256\end{bmatrix}\times3$
conv3_x	28×28	$\begin{bmatrix}3\times3,128\\3\times3,128\end{bmatrix}\times2$	$\begin{bmatrix}3\times3,128\\3\times3,128\end{bmatrix}\times4$	$\begin{bmatrix}1\times1,128\\3\times3,128\\1\times1,512\end{bmatrix}\times4$	$\begin{bmatrix}1\times1,128\\3\times3,128\\1\times1,512\end{bmatrix}\times4$	$\begin{bmatrix}1\times1,128\\3\times3,128\\1\times1,512\end{bmatrix}\times8$
conv4_x	14×14	$\begin{bmatrix}3\times3,256\\3\times3,256\end{bmatrix}\times2$	$\begin{bmatrix}3\times3,256\\3\times3,256\end{bmatrix}\times6$	$\begin{bmatrix}1\times1,256\\3\times3,256\\1\times1,1024\end{bmatrix}\times6$	$\begin{bmatrix}1\times1,256\\3\times3,256\\1\times1,1024\end{bmatrix}\times23$	$\begin{bmatrix}1\times1,256\\3\times3,256\\1\times1,1024\end{bmatrix}\times36$
conv5_x	7×7	$\begin{bmatrix}3\times3,512\\3\times3,512\end{bmatrix}\times2$	$\begin{bmatrix}3\times3,512\\3\times3,512\end{bmatrix}\times3$	$\begin{bmatrix}1\times1,512\\3\times3,512\\1\times1,2048\end{bmatrix}\times3$	$\begin{bmatrix}1\times1,512\\3\times3,512\\1\times1,2048\end{bmatrix}\times3$	$\begin{bmatrix}1\times1,512\\3\times3,512\\1\times1,2048\end{bmatrix}\times3$
	1×1	average pool, 1000-d fc, softmax				
FLOPs		1.8×10^9	3.6×10^9	3.8×10^9	7.6×10^9	11.3×10^9

图 2-4-4 ResNet-50 网络结构

飞桨框架对于计算机视觉领域内置集成了很多经典模型，可以通过如下代码进行查看。

```
print('飞桨内置网络:', paddle.vision.models.__all__)
```

通过查看结果，可以看到 ResNet 系列模型已经内置在了 paddle 中。接下来实例化模型并进行迭代训练，和 2.3 节的训练过程类似，我们仍然通过调用高层 API 的方式来完成模型的训练过程。在本节实践中，我们用到如下优化器。

```
paddle.optimizer.Adam(learning_rate = 0.001,
                      beta1 = 0.9,
                      beta2 = 0.999,
                      epsilon = 1e - 08,
                      parameters = None,
                      weight_decay = None,
                      grad_clip = None,
                      name = None,
                      lazy_mode = False):
```

该接口能够利用梯度的一阶矩估计和二阶矩估计动态调整每个参数的学习率。

- learning_rate(float|_LRScheduler)：学习率，用于参数更新的计算。可以是一个浮点型值或者一个_LRScheduler 类，默认值为 0.001。
- beta1(float|Tensor，可选)：一阶矩估计的指数衰减率，是一个 float 类型或者一个 shape 为[1]，数据类型为 float32 的 Tensor 类型。默认值为 0.9。
- beta2(float|Tensor，可选)：二阶矩估计的指数衰减率，是一个 float 类型或者一个 shape 为[1]，数据类型为 float32 的 Tensor 类型。默认值为 0.999。
- epsilon(float，可选)：保持数值稳定性的短浮点类型值，默认值为 1×10^{-8}。

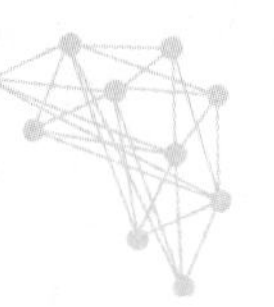

- parameters(list，可选)：指定优化器需要优化的参数。在动态图模式下必须提供该参数；在静态图模式下默认值为 None，这时所有的参数都将被优化。
- weight_decay(float|WeightDecayRegularizer，可选)：正则化方法。可以是 float 类型的 L2 正则化系数或者正则化策略：cn_api_fluid_regularizer_L1Decay、cn_api_fluid_regularizer_L2Decay。如果一个参数已经在 ParamAttr 中设置了正则化，这里的正则化设置将被忽略；如果没有在 ParamAttr 中设置正则化，这里的设置才会生效。默认值为 None，表示没有正则化。
- grad_clip(GradientClipBase，可选)：梯度裁剪的策略，支持 3 种裁剪策略，即 paddle. nn. ClipGradByGlobalNorm、paddle. nn. ClipGradByNorm、paddle. nn. ClipGradByValue。默认值为 None，此时将不进行梯度裁剪。
- name(str，可选)：该参数供开发人员打印调试信息时使用，默认值为 None。
- lazy_mode(bool，可选)：设为 True 时，仅更新当前具有梯度的元素。官方 Adam 算法有两个移动平均累加器(moving-average accumulators)。累加器在每一步都会更新。在密集模式和稀疏模式下，两条移动平均线的每个元素都会更新。如果参数非常大，那么更新可能很慢。lazy mode 仅更新当前具有梯度的元素，所以它会更快。但是这种模式与原始的算法有不同的描述，可能会导致不同的结果，默认为 False。

以 ResNet-34 模型的训练过程为例，具体的训练代码同实践 2.3 类似，代码如下所示。

```
model34 = paddle.vision.models.resnet34() # 获取模型实例
model34 = paddle.Model(model34)

# 定义损失函数
model34.prepare(optimizer = paddle.optimizer.Adam(parameters = model34.parameters()), loss =
paddle.nn.CrossEntropyLoss(), metrics = paddle.metric.Accuracy())

# 启动模型全流程训练
model34.fit(train_dataset,                                       # 训练数据集
            eval_dataset,                                        # 评估数据集
            epochs = train_parameters['num_epochs'],             # 总的训练轮次
            batch_size = train_parameters["train_batch_size"],   # 批计算的样本量
            shuffle = True,                                      # 是否打乱样本集
            verbose = 1)
#保存模型
model34.save('model_save_dir34')
```

ResNet-34 模型以及 ResNet-50 模型训练过程中的部分输出结果分别如图 2-4-5 和图 2-4-6 所示。

```
Epoch 4/5
step 177/177 [==============================] - loss: 0.1590 - acc: 0.8996 - 32ms/step
Eval begin...
step 20/20 [==============================] - loss: 0.0990 - acc: 0.8671 - 15ms/step
Eval samples: 158
Epoch 5/5
step 177/177 [==============================] - loss: 0.0409 - acc: 0.8925 - 33ms/step
Eval begin...
step 20/20 [==============================] - loss: 0.1237 - acc: 0.8924 - 16ms/step
Eval samples: 158
```

图 2-4-5　ResNet-34 模型训练过程中的部分输出结果

```
Epoch 4/5
step 177/177 [==============================] - loss: 0.1363 - acc: 0.8663 - 46ms/step
Eval begin...
step 20/20 [==============================] - loss: 0.1058 - acc: 0.9241 - 19ms/step
Eval samples: 158
Epoch 5/5
step 177/177 [==============================] - loss: 0.2399 - acc: 0.8939 - 46ms/step
Eval begin...
step 20/20 [==============================] - loss: 0.0824 - acc: 0.8101 - 19ms/step
Eval samples: 158
```

图 2-4-6　ResNet-50 模型训练过程中的部分输出结果

步骤 4：模型评估

训练好模型后，可在事先定义好的测试数据集上，调用模型对象的 evaluate 方法完成模型评估操作，结束后根据在模型对象的 prepare 方法中定义的损失函数和评估指标计算并返回相关的评估结果。以 ResNet-34 模型的评估过程为例，具体代码如下所示。

```
model34.evaluate(eval_dataset, verbose = 1)
out1 = model34.predict(eval_dataset)
lab1 = np.argmax(out1, axis = - 1)[0]
for i in range(len(lab1) - 10, len(lab1)):
    gt = eval_dataset.__getitem__(i)[1]
    print('预测值:{}, 真实值:{}'.format(lab1[i][0],gt[0]))
```

ResNet-34 模型以及 ResNet-50 模型评估过程中的输出结果分别如图 2-4-7 和图 2-4-8 所示，可以看到，在当前的参数设置下，ResNet-34 模型以及 ResNet-50 模型都取得了较好的模型预测结果。

```
Eval begin...
step 158/158 [==============================] - loss: 0.0074 - acc: 0.8924 - 13ms/step
Eval samples: 158
Predict begin...
step 158/158 [==============================] - 11ms/step
Predict samples: 158
预测值: 1, 真实值: 1
预测值: 1, 真实值: 1
预测值: 0, 真实值: 0
预测值: 0, 真实值: 0
预测值: 1, 真实值: 1
预测值: 2, 真实值: 2
预测值: 2, 真实值: 2
预测值: 0, 真实值: 0
预测值: 0, 真实值: 0
预测值: 1, 真实值: 1
```

图 2-4-7　ResNet-34 模型评估过程中的输出结果

```
Eval begin...
step 158/158 [==============================] - loss: 5.8842e-04 - acc: 0.8101 - 17ms/step
Eval samples: 158
Predict begin...
step 158/158 [==============================] - 17ms/step
Predict samples: 158
预测值: 1, 真实值: 1
预测值: 1, 真实值: 1
预测值: 0, 真实值: 0
预测值: 0, 真实值: 0
预测值: 1, 真实值: 1
预测值: 2, 真实值: 2
预测值: 2, 真实值: 2
预测值: 0, 真实值: 0
预测值: 0, 真实值: 0
预测值: 1, 真实值: 1
```

图 2-4-8　ResNet-50 模型评估过程中的输出结果

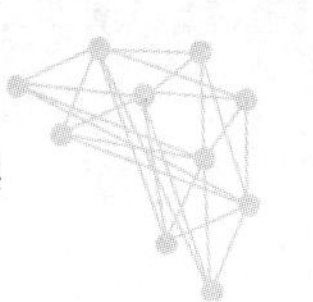

基于 Vision Transformer 的 CIFAR10 分类

2.5 实践五：基于 Vision Transformer 的 CIFAR10 分类

Vision Transformer，简称 ViT，是 2020 年由 Google 提出并将 Transformer 应用在图像分类的模型，在提出之际便引起了巨大的轰动，是如今的一大研究热点。我们先来了解一下 Transformer 模型，有别于 CNN 模型，Transformer 是一个完全基于自注意力的深度学习模型，包含编码器和解码器两大关键部分，如图 2-5-1 所示。其最初被用于自然语言处理领域，改进了循环神经网络(RNN)模型训练慢的特点，能够实现快速并行，同时也能取得很好的模型效果。以机器翻译的简单任务为例，将文本数据输入到 Transformer 模型中，经过

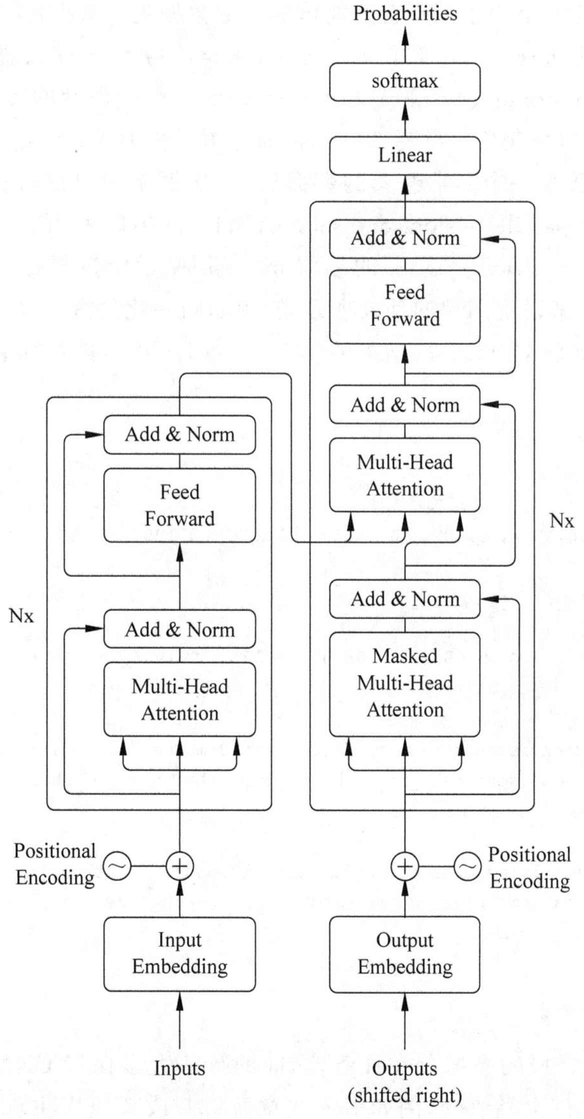

图 2-5-1 Transformer 模型的结构

编码器进行编码，之后将编码后的数据传入解码器进行解码，从而得到翻译后的信息。Transformer在自然语言处理领域取得了极好的效果，其从自然语言处理领域到计算机视觉领域的迁移，使得ViT成为在CV领域应用的里程碑式著作。ViT中蕴含着一个重要思想，当拥有足够多的数据进行预训练的时候，其表现能够超过CNN模型，突破了从前对Transformer缺少归纳偏置的思维定式，也可以在下游任务中获得较好的迁移效果。

本实践应用ViT模型完成CIFAR10分类的任务，代码运行的环境配置如下：Python版本为3.7，飞桨版本为2.0.0，操作平台为AI Studio。

步骤1：CIFAR-10数据集介绍与使用

本实践使用的是CIFAR-10数据集，该数据集是由Hinton的学生Alex Krizhevsky和Ilya Sutskever整理的一个用于识别普适物体的小型数据集。数据集中一共包含10个类别的RGB彩色图片：飞机（airplane）、汽车（automobile）、鸟类（bird）、猫（cat）、鹿（deer）、狗（dog）、蛙类（frog）、马（horse）、船（ship）和卡车（truck）。每个图片的尺寸都为32×32，每个类别有6000个图像，数据集中一共有50000张训练图片和10000张测试图片。

CIFAR-10数据集是一个非常经典的数据集，飞桨框架中对该数据集进行了内置。因此，调用飞桨提供的paddle.vision.datasets.Cifar10()接口就可以直接使用该数据集。paddle.vision.datasets.Cifar10()接口的参数mode用来设定选择加载训练数据或测试数据，参数transform用来设定图像的预处理方式，例如归一化处理以及其余的数据增强操作等。在本实践中，在加载Cifar10数据集的同时进行归一化。数据加载及处理的代码如下所示。

```
#数据增强
transform1 = T.Compose(
    [T.Transpose(), # 格式转换
    T.Normalize((0.4914, 0.4822, 0.4465), (0.2023, 0.1994, 0.2010)) # 归一化]
)
transform2 = T.Compose(
    [T.Transpose(),
    T.Normalize((0.4914, 0.4822, 0.4465), (0.2023, 0.1994, 0.2010)), # 归一化处理]
)

train_data = paddle.vision.datasets.cifar.Cifar10(mode = "train",transform = transform1)
train_loader = DataLoader(train_data, batch_size = batch_size, shuffle = True, num_workers =
8, use_shared_memory = False)

test_data = paddle.vision.datasets.cifar.Cifar10(mode = "test", transform = transform2)
valid_loader = DataLoader(test_data, batch_size = batch_size, shuffle = False, num_workers =
2, use_shared_memory = False)
```

步骤2：模型配置与训练

针对计算机视觉领域的图像分类任务，之前的算法大多保持CNN的整体结构流程不变，只是在CNN的基础上做改变，例如引入注意力机制或者使用注意力机制替换CNN中的某些部分。对于ViT算法，作者提出没有必要总是依赖于CNN，单独使用Transformer

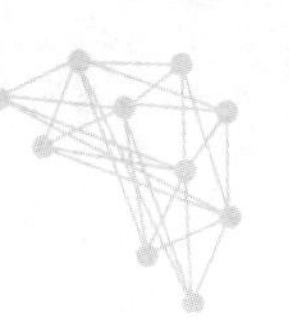

结构也能够在图像分类任务中表现很好。

受到自然语言处理领域中 Transformer 的成功应用的启发，ViT 算法尝试将标准的 Transformer 结构直接应用于图像，并对整个图像分类流程进行最少的修改以完成图像分类的任务。具体来说，ViT 算法会首先将整幅图像拆分成小尺寸的图像块，把这些小尺寸的图像块的表示向量作为 Transformer 的输入送入网络模型，以和自然语言处理领域中词向量的语义表示相对应，然后使用监督学习的方式进行图像分类的训练。ViT 算法的整体结构如图 2-5-2 所示。接下来具体介绍 ViT 算法的各个子模块。

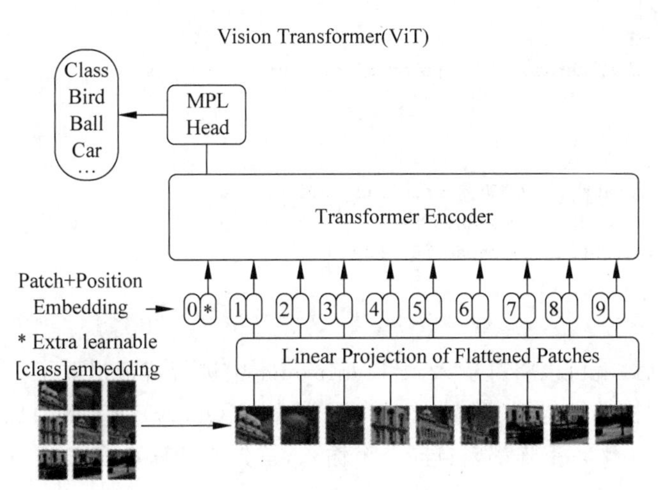

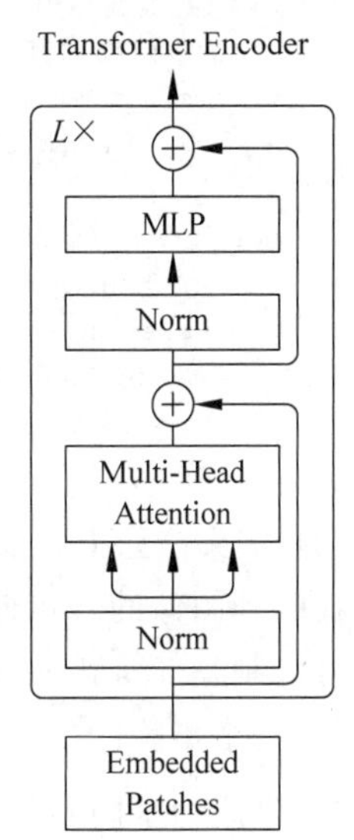

图 2-5-2　ViT 模型的结构

（1）小尺寸图像块的表示向量。

对于通常应用在自然语言处理领域中的经典的 Transformer 结构，和 CNN 模型的输入是一个三维的矩阵不同，其输入是一个二维的矩阵，矩阵的形状可以表示为 $N \times D$，其中 N 为序列的长度，D 是序列中每个向量的表示维度。因此，ViT 算法首先需要解决的就是将原始图像的三维结构转化为适合 Transformer 的二维输入形式。

ViT 采用了对原始图像进行等分切片的思想来构造小尺寸图像块，例如，假设输入尺寸大小为 224×224×3 的图像，小尺寸图像块的大小为 16×16×3，则小尺寸图像块的数量为 196，这种方式相当于把 16×16×3 的小尺寸图像块看作自然语言处理领域的单词，从而通过 Transformer 进行处理。具体的代码实现如下所示。我们定义类 PatchEmbed，其中，参数 img_size 为原始图像的大小，patch_size 为小尺寸图像块的大小，in_chans 为原始图像的通道数，embed_dim 为图像块的表示向量维度。没有使用全连接层进行维度的转换，我们在最后使用大小为 patch_size 的卷积来代替对每个大小为 patch_size 的小尺寸图像块展平后使用全连接层进行运算的过程。

```
class PatchEmbed(nn.Layer):
    def __init__(self, img_size = 224, patch_size = 16, in_chans = 3, embed_dim = 768):
        super().__init__()
        img_size = to_2tuple(img_size)
        patch_size = to_2tuple(patch_size)
```

```
        # 图像块的个数
        num_patches = (img_size[1] // patch_size[1]) * \
            (img_size[0] // patch_size[0])
        self.img_size = img_size
        self.patch_size = patch_size
        self.num_patches = num_patches
        # kernel_size = 块大小,即每个块输出一个值,类似于每个块展平后使用相同的全连接层
进行处理
        # 输入维度为 3,输出维度为块向量长度
        # 与原文中:分块、展平、全连接降维保持一致
        # 输出为[B, C, H, W]
        self.proj = nn.Conv2D(
            in_chans, embed_dim, kernel_size = patch_size, stride = patch_size)

    def forward(self, x):
        B, C, H, W = x.shape
        assert H == self.img_size[0] and W == self.img_size[1], \
        # [B, C, H, W] -> [B, C, H * W] ->[B, H * W, C]
        x = self.proj(x).flatten(2).transpose((0, 2, 1))
        return x
```

(2) 多头注意力机制。

获取到图像的表示向量之后，就可以将其输入到 Tranformer 中进行特征提取了。多头注意力机制是 Tranformer 中的核心结构，如图 2-5-3 所示，包含 $\boldsymbol{Q}$(Query)、$\boldsymbol{K}$(Key)以及 $\boldsymbol{V}$(Value)三个矩阵的变换，$\boldsymbol{Q}$、$\boldsymbol{K}$ 以及 $\boldsymbol{V}$ 矩阵都来自同一个输入，首先要计算 $\boldsymbol{Q}$ 和 $\boldsymbol{K}$ 矩阵之间的点乘，之后为了防止结果较大除以一个尺度标度 $\sqrt{d_k}$，d_k 表示 $\boldsymbol{Q}$ 和 $\boldsymbol{K}$ 矩阵的维度，再通过 softmax 将结果归一化，最后乘以 $\boldsymbol{V}$ 矩阵得到权重表示。多头注意力机制中的多头意味着对同一个小尺寸图像块的表示进行多次映射，每当映射到一个空间时，这个表示就被赋予了新的含义，从而使得 Transformer 注意到子空间的信息，对于算法性能的提升具有重要的作用。具体代码实现如下所示。

```
class Attention(nn.Layer):
    def __init__(self,
                 dim,
                 num_heads = 8,
                 qkv_bias = False,
                 qk_scale = None,
                 attn_drop = 0.,
                 proj_drop = 0.):
        super().__init__()
        self.num_heads = num_heads
        head_dim = dim // num_heads
        self.scale = qk_scale or head_dim ** -0.5
        # 计算 q,k,v 的转移矩阵
        self.qkv = nn.Linear(dim, dim * 3, bias_attr = qkv_bias)
        self.attn_drop = nn.Dropout(attn_drop)
        # 最终的线性层
        self.proj = nn.Linear(dim, dim)
        self.proj_drop = nn.Dropout(proj_drop)
```

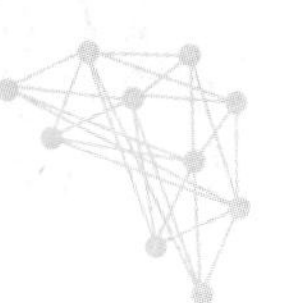


```
    def forward(self, x):
        N, C = x.shape[1:]
        # 线性变换
        qkv = self.qkv(x).reshape((-1, N, 3, self.num_heads, C //
                                   self.num_heads)).transpose((2, 0, 3, 1, 4))
        # 分割 query key value
        q, k, v = qkv[0], qkv[1], qkv[2]
        # Scaled Dot-Product Attention
        # Matmul + Scale
        attn = (q.matmul(k.transpose((0, 1, 3, 2)))) * self.scale
        # SoftMax
        attn = nn.functional.softmax(attn, axis=-1)
        attn = self.attn_drop(attn)
        # Matmul
        x = (attn.matmul(v)).transpose((0, 2, 1, 3)).reshape((-1, N, C))
        # 线性变换
        x = self.proj(x)
        x = self.proj_drop(x)
        return x
```

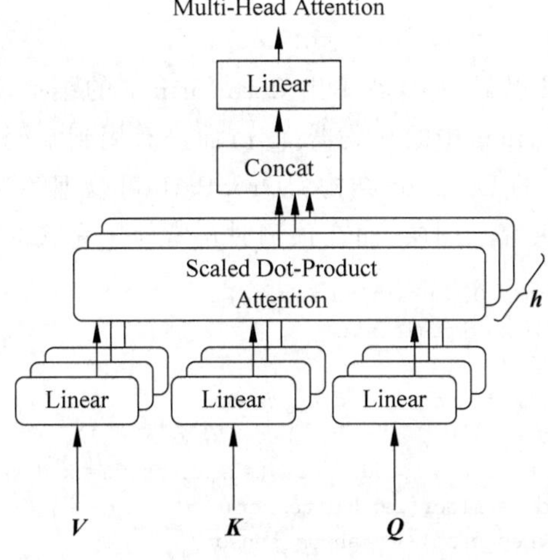

图 2-5-3　多头注意力的结构

(3) 多层感知机。

多层感知机也是 Tranformer 中的重要结构，包含输入层、输出层和至少一层的隐藏层，本质上是多个全连接层的堆叠。单独的全连接层只能完成线性函数的功能，通过连接 ReLU 等非线性激活函数，多层感知机也可以模拟复杂非线性函数功能，所模拟函数的复杂性取决于网络隐藏层数目和各层中的神经元数目。在代码中，我们定义 Mlp 类来实现多层感知机的功能，具体代码实现如下所示。

```
class Mlp(nn.Layer):
    def __init__(self,
                 in_features,
                 hidden_features=None,
                 out_features=None,
                 act_layer=nn.GELU,
                 drop=0.):
```

```
        super().__init__()
        out_features = out_features or in_features
        hidden_features = hidden_features or in_features
        self.fc1 = nn.Linear(in_features, hidden_features)
        self.act = act_layer()
        self.fc2 = nn.Linear(hidden_features, out_features)
        self.drop = nn.Dropout(drop)

    def forward(self, x):
        # 输入层:线性变换
        x = self.fc1(x)
        # 应用激活函数
        x = self.act(x)
        # Dropout
        x = self.drop(x)
        # 输出层:线性变换
        x = self.fc2(x)
        # Dropout
        x = self.drop(x)
        return x
```

（4）基础模块。

基于以上定义的类，可以进一步搭建出 Tranformer 的编码器结构。需要注意的是，ViT 算法只用到了 Transformer 中的编码器部分，而没有用到解码器部分。在搭建之前，首先用 DropPath 来代替传统的 Dropout 结构。DropPath 可以理解为一种特殊的 Dropout，其作用是在训练过程中随机丢弃子图层，而在预测时正常使用完整的图层。

```
def drop_path(x, drop_prob=0., training=False):
    if drop_prob == 0. or not training:
        return x
    keep_prob = paddle.to_tensor(1 - drop_prob)
    shape = (paddle.shape(x)[0], ) + (1, ) * (x.ndim - 1)
    random_tensor = keep_prob + paddle.rand(shape, dtype=x.dtype)
    random_tensor = paddle.floor(random_tensor)
    output = x.divide(keep_prob) * random_tensor
    return output

class DropPath(nn.Layer):
    def __init__(self, drop_prob=None):
        super(DropPath, self).__init__()
        self.drop_prob = drop_prob

    def forward(self, x):
        return drop_path(x, self.drop_prob, self.training)
```

之后组合上述子模块，构建 Block 类作为基础模块。具体代码如下所示。

```
class Block(nn.Layer):
    def __init__(self,
                 dim,
                 num_heads,
                 mlp_ratio=4.,
                 qkv_bias=False,
```

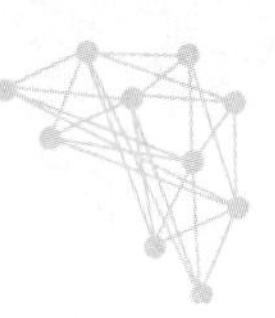

```
                 qk_scale = None,
                 drop = 0.,
                 attn_drop = 0.,
                 drop_path = 0.,
                 act_layer = nn.GELU,
                 norm_layer = 'nn.LayerNorm',
                 epsilon = 1e - 5):
        super().__init__()
        self.norm1 = eval(norm_layer)(dim, epsilon = epsilon)
        # Multi - head Self - attention
        self.attn = Attention(
            dim,
            num_heads = num_heads,
            qkv_bias = qkv_bias,
            qk_scale = qk_scale,
            attn_drop = attn_drop,
            proj_drop = drop)
        # DropPath
        self.drop_path = DropPath(drop_path) if drop_path > 0. else Identity()
        self.norm2 = eval(norm_layer)(dim, epsilon = epsilon)
        mlp_hidden_dim = int(dim * mlp_ratio)
        self.mlp = Mlp(in_features = dim,
                       hidden_features = mlp_hidden_dim,
                       act_layer = act_layer,
                       drop = drop)

    def forward(self, x):
        # Multi - head Self - attention, Add, LayerNorm
        x = x + self.drop_path(self.attn(self.norm1(x)))
        # Feed Forward, Add, LayerNorm
        x = x + self.drop_path(self.mlp(self.norm2(x)))
        return x
```

（5）ViT 的完整网络结构。

构建完成基础模块之后，就可以搭建完整的 ViT 网络模型了。需要注意的是，ViT 中也应用到了位置编码。与经典的 Transformer 结构中的 sin()-cos()的位置编码获取方式不同，ViT 中的位置编码采用了可学习的位置编码。同时，得到输出后，ViT 中使用了多层感知机对输出进行分类处理，这里的多层感知机由层归一化和两层全连接层组成，并且采用了 GeLU 非线性激活函数，GeLU 是另一种常见的激活函数。

首先搭建一些基础的子模块，包含参数初始化设置、独立的不进行任何操作的网络层。具体代码如下所示。

```
# 参数初始化配置
trunc_normal_ = nn.initializer.TruncatedNormal(std = .02)
zeros_ = nn.initializer.Constant(value = 0.)
ones_ = nn.initializer.Constant(value = 1.)

# 将输入 x 由 int 类型转为 tuple 类型
def to_2tuple(x):
    return tuple([x] * 2)
```

```
# 定义一个什么操作都不进行的网络层
class Identity(nn.Layer):
    def __init__(self):
        super(Identity, self).__init__()

    def forward(self, input):
        return input
```

之后搭建完整的网络模型 VisionTransformer，其中包含以下几个关键函数，分别如下所示。

__init__()函数：用于相关参数的初始化，img_size 参数表示图像大小，patch_size 表示小尺寸图像块的大小，in_chans 表示输入图像的大小，class_dim 为分类的类别数，embed_dim 为图像向量的维度，depth 为 Block 模块的深度，num_heads 用于设置多头注意力的头数，mlp_ratio 用于调整 Block 模块的复杂度，qkv_bias、qk_scale 以及 attn_drop_rate 是注意力层的相关参数，drop_rate 以及 drop_path_rate 是 dropout 相关的参数。在本节实践中，由于使用 CIFAR10 数据集，因此将图像大小的默认值设置为 32。

```
def __init__(self, img_size = 32, patch_size = 4, in_chans = 3, class_dim = 1000,
                 embed_dim = 768, depth = 12, num_heads = 12, mlp_ratio = 4,
                 qkv_bias = False, qk_scale = None, drop_rate = 0.,
                 attn_drop_rate = 0., drop_path_rate = 0.,
                 norm_layer = 'nn.LayerNorm', epsilon = 1e-5, **args):
        super().__init__()
        self.class_dim = class_dim

        self.num_features = self.embed_dim = embed_dim
        # 图片分块和降维,块大小为 patch_size,最终块向量维度为 768
        self.patch_embed = PatchEmbed(
            img_size = img_size,
            patch_size = patch_size,
            in_chans = in_chans,
            embed_dim = embed_dim)
        # 分块数量
        num_patches = self.patch_embed.num_patches
        # 可学习的位置编码
        self.pos_embed = self.create_parameter(
            shape = (1, num_patches + 1, embed_dim), default_initializer = zeros_)
        self.add_parameter("pos_embed", self.pos_embed)
        # 人为追加 class token,并使用该向量进行分类预测
        self.cls_token = self.create_parameter(
            shape = (1, 1, embed_dim), default_initializer = zeros_)
        self.add_parameter("cls_token", self.cls_token)
        self.pos_drop = nn.Dropout(p = drop_rate)

        dpr = np.linspace(0, drop_path_rate, depth)
        # transformer
        self.blocks = nn.LayerList([
            Block(
                dim = embed_dim,
                num_heads = num_heads,
                mlp_ratio = mlp_ratio,
```

```
                qkv_bias = qkv_bias,
                qk_scale = qk_scale,
                drop = drop_rate,
                attn_drop = attn_drop_rate,
                drop_path = dpr[i],
                norm_layer = norm_layer,
                epsilon = epsilon) for i in range(depth)
        ])

        self.norm = eval(norm_layer)(embed_dim, epsilon = epsilon)
        # Classifier head
        self.head = nn.Linear(embed_dim,
                              class_dim) if class_dim > 0 else Identity()

        trunc_normal_(self.pos_embed)
        trunc_normal_(self.cls_token)
        self.apply(self._init_weights)
```

__init__weights()函数：用于网络模型参数的初始化。

```
def _init_weights(self, m):
    if isinstance(m, nn.Linear):
        trunc_normal_(m.weight)
        if isinstance(m, nn.Linear) and m.bias is not None:
            zeros_(m.bias)
    elif isinstance(m, nn.LayerNorm):
        zeros_(m.bias)
        ones_(m.weight)
```

forward_features()函数和 forward()：用于前向传播过程以获取图像的特征。

```
def forward_features(self, x):
    B = paddle.shape(x)[0]
    # 将图片分块,并调整每个块向量的维度
    x = self.patch_embed(x)
    # 将 class token 与前面的分块进行拼接
    cls_tokens = self.cls_token.expand((B, -1, -1))
    x = paddle.concat((cls_tokens, x), axis = 1)
    # 将编码向量中加入位置编码
    x = x + self.pos_embed
    x = self.pos_drop(x)
    # 堆叠 transformer 结构
    for blk in self.blocks:
        x = blk(x)
    # LayerNorm
    x = self.norm(x)
    # 提取分类 tokens 的输出
    return x[:, 0]
def forward(self, x):
    # 获取图像特征
    x = self.forward_features(x)
    # 图像分类
    x = self.head(x)
    return x
```

在完成 ViT 模型的定义之后，我们开始进入模型的训练阶段。在本实践中，我们仍待采用调用高阶 API 的方式来完成模型的训练和评估。首先实例化网络模型并封装模型以转变成具有训练、推理以及预测等能力的模型对象。

```
#实例化模型
ViT = VisionTransformer(
        patch_size = 4,
        class_dim = 10,
        embed_dim = 64,
        depth = 4,
        num_heads = 4,
        mlp_ratio = 4,
        qkv_bias = True,
        epsilon = 1e - 6)

#封装模型
model = paddle.Model(ViT)
```

之后定义模型训练过程中的相关的超参数，同时设置应用 Adam 优化器，并设置学习的预热和衰减策略。在此过程中，应用了如下接口。

```
paddle.optimizer.lr.LinearWarmup(
      learing_rate,
      warmup_steps,
      start_lr,
      end_lr,
      last_epoch = - 1,
      verbose = False):
```

该接口提供一种学习率优化策略-线性学习率热身(warm up)对学习率进行初步调整。在正常调整学习率之前，先逐步增大学习率。当训练步数小于热身步数(warmup_steps)时，学习率 lr 按如下方式更新：

$$lr=start\_lr+(end\_lr-start\_lr)\times\frac{epoch}{warmup\_steps}$$

当训练步数大于等于热身步数(warmup_steps)时，学习率 lr 为

$$lr = learning\_rate$$

其中 learning_rate 为热身之后的学习率，可以是 Python 的 float 类型或者_LRScheduler 的任意子类。

- learning rate(float|_LRScheduler)：热启训练之后的学习率，可以是 Python 的 float 类型或者 _LRScheduler 的任意子类。
- warmup_steps(int)：进行热身过程的步数。
- start_lr(float)：热身的起始学习率。
- end_lr(float)：热身的最终学习率。
- last_epoch(int，可选)：上一轮的轮数，重启训练时设置为上一轮的 epoch 数。默认值为－1，则为初始学习率。
- verbose(bool，可选)：如果是 True，则在每一轮更新时在标准输出 stdout 输出一条信息。默认值为 False。

本步骤的具体代码如下所示。

```
#超参数配置
base_lr = 0.001
warmup_setps = 10
weight_decay = 0.005
epochs = 20
image_size = 32
class_dim = 10

def make_optimizer_adam(parameters = None):
    learning_rate = paddle.optimizer.lr.CosineAnnealingDecay(
        learning_rate = base_lr,
        T_max = epochs,
        verbose = False
    )

    learning_rate = paddle.optimizer.lr.LinearWarmup(
        learning_rate = learning_rate,
        warmup_steps = warmup_setps,
        start_lr = base_lr / 5.,
        end_lr = base_lr,
        verbose = False
    )

    optimizer = paddle.optimizer.Adam(
        learning_rate = learning_rate,
        parameters = parameters
    )

    return optimizer
```

接下来进入模型训练过程。首先配置优化器和损失函数，由于这是分类问题，使用交叉熵损失函数，同时设置使用准确率指标进行模型评估。最后调用 fit()函数完成模型的训练过程，在参数中设置训练集和验证集，并设置训练的轮数为 20。

```
# 配置优化器
optimizer = make_optimizer_adam(ViT.parameters())
print(" =========== optimizer_moentum load finished =================== ")
print(" =========== model load finished!============= ")
model.prepare(optimizer = optimizer,
              loss = paddle.nn.CrossEntropyLoss(),
              metrics = paddle.metric.Accuracy())

#开启训练
print(" ========= Start Trainning ========= ")

model.fit(
   train_data = train_loader,
   eval_data = valid_loader,
   epochs = epochs,
   shuffle = True,                                  # 是否打乱样本集
   verbose = 1,                                     # 日志展示格式
   batch_size = 32)
```

模型训练过程中的部分输出结果如图 2-5-4 所示。

```
Epoch 1/20
step 1563/1563 [==============================] - loss: 1.7414 - acc: 0.2674 - 17ms/step
Eval begin...
step 313/313 [==============================] - loss: 1.6637 - acc: 0.3355 - 9ms/step
Eval samples: 10000
Epoch 2/20
step 1563/1563 [==============================] - loss: 1.5130 - acc: 0.3810 - 17ms/step
Eval begin...
step 313/313 [==============================] - loss: 1.5248 - acc: 0.4055 - 9ms/step
Eval samples: 10000
```

图 2-5-4　ViT 算法训练过程中的部分输出结果

步骤 3：模型评估

调用 evaluate()函数进行模型评估，在当前的参数设置下，模型的输出结果如图 2-5-5 所示。

```
model.evaluate(valid_loader, batch_size = 32, verbose = 1)
```

```
Eval begin...
step 313/313 [==============================] - loss: 1.7270 - acc: 0.5290 - 9ms/step
Eval samples: 10000
{'loss': [1.7270281], 'acc': 0.529}
```

图 2-5-5　ViT 算法评估过程中的输出结果

第3章　目标检测

一直以来，目标检测都是计算机视觉领域基本的且具有挑战性的问题，受到了研究学者的广泛关注，它与图像分类以及图像分割任务一起构成了计算机视觉领域的热点性研究问题。图像分类是针对整个图像进行类别的判断，更关注图像整体表达的含义。而目标检测则是识别图像中可能存在的预定义目标实例。如图 3-0-1 所示，在图像分类中，只需要对整个图像给出预测结果，即识别出“猫”。而对于目标检测，则需要识别出图像中存在的预定义的目标实例（猫、狗、鸭子等），并给出每个实例的位置、大小和类别，即通过表达不同类别含义的矩形框包裹图像中的不同实例，通常情况下对于每个目标实例的矩形框使用中心点坐标和长宽(x,y,w,h)或左上角、右下角的坐标(x_1,y_1,x_2,y_2)表示。

图 3-0-1　图像分类和目标检测

近几年，基于深度学习的目标检测取得了突飞猛进的发展，如图 3-0-2 所示，可以在多种不同的场景检测多个目标实例，同时这些目标的类别也变得更加丰富，从最开始的人脸、行人，发展到了可以识别现如今生活中常见的各类物品。伴随着目标检测的发展，其在人脸检测、智能计数、视觉搜索引擎以及航拍图像分析等应用领域中发挥着不可替代的作用。

我们把深度学习广泛地应用于目标检测之前的方法称为传统的目标检测方法。传统的目标检测方法（目标提取方法）一般情况下分为三个阶段：第一阶段，在给定的图像上选择若干候选区域；第二阶段，通过各种方法对候选区域进行所需特征的提取；第三阶段，使用经过预处理的分类器或者回归器对特征进行分类。其中，区域选择是通过使用不同尺寸的窗口在图像中进行滑动操作选取图像的某一部分作为候选区域；特征提取是提取每个候选区域的人工设计的视觉特征，但是由于人工特征是根据目标的形状、颜色、纹理、边缘等因素设计的，具有很强的针对性。因此，为了检测不同的目标会设计和使用不同的特征，比如人脸检测任务中使用的 Haar 特征，行人检测任务中常用 HOG 特征。特征提取器所提取特征的质量将直接影响分类器或者回归器的准确性，但是设计一个适用于多类目标且鲁棒性较

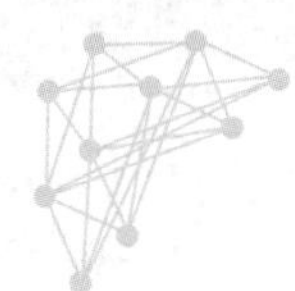

图 3-0-2　多种场景下的目标检测

好的特征是比较难的。综上，可以看出，传统目标提取方法具有两个缺点：一是区域选择策略；二是人工设计特征的局限性。

传统的依靠手工提取特征完成各类任务的方式一度盛行，一直到 2012 年，Krizhevsky 等人提出了一种名为 AlexNet 的深度卷积神经网络（DCNN），它在大规模视觉识别挑战赛（ILSRVC）中突破了图像分类准确性的纪录。从那时起，计算机视觉领域的研究重点开始转移到深度学习的方法。R-CNN 方法可以说是卷积神经网络在目标检测领域的里程碑式的方法，它开启了目标检测领域的新篇章，由此目标检测领域也取得了显著性的突破。基于深度学习的目标检测方法根据其原理有几种不同的划分方式。其中比较经典的划分方式是根据其检测的流程分为一阶段目标检测算法和两阶段目标检测算法。

（1）两阶段目标检测算法，其将目标提取过程主要分为两个阶段：第一个阶段是产生候选区域（region proposals），得到可能存在目标的区域；第二个阶段是修正候选区域中的目标位置并判断目标类别。这类算法的典型代表是基于区域（region-based）的 R-CNN 系列算法，包含 R-CNN、Fast R-CNN 和 Faster R-CNN 等。

（2）一阶段目标检测算法，其移除了产生候选区域的阶段，直接通过图像预测目标的位置和类别，这类算法的典型代表有：SSD、YOLO 等。

目前主流的目标检测算法还可以依据其是否需要先验候选框，划分为基于 Anchor 和不基于 Anchor 的目标检测方法。Anchor 的本质是先验框，在设计了不同尺度和比例的先验框后，网络会学习如何区分和修正这些先验框：是否包含 object、包含什么类别的 object，以及修正先验框的位置。但是，由于 Anchor 要先验地人为设定，设定的数目和尺寸都将会直接影响检测算法的效果。基于这种原因，很多人做了改进，提出了 Anchor Free 的方法，例如，CornerNet、CenterNet、ExtremeNet 等不依赖 Anchor 来实现目标检测的方法。除此之外，近几年基于 Transformer 的目标检测方法大放异彩，取得了不凡的成绩。

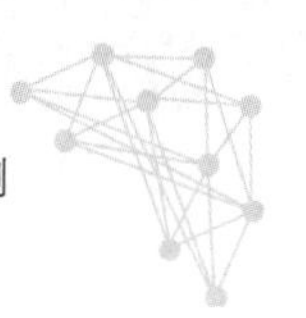

3.1　实践一：基于 Faster RCNN 模型的瓷砖瑕疵检测（两阶段目标检测）

基于 Faster RCNN 模型的瓷砖瑕疵检测

在本节，我们将使用 PaddleDetection 来实现 Faster RCNN 网络进行瓷砖表面瑕疵检测。

Faster RCNN 是两阶段目标检测方法的代表之作。Faster RCNN 丢弃了离线的候选框的提取过程，将目标检测变成一个端到端的过程，从而大大节省了推理时间，并且使得检测任务变得更加容易。如图 3-1-1 所示，Faster RCNN 的方法可分为 4 个步骤。

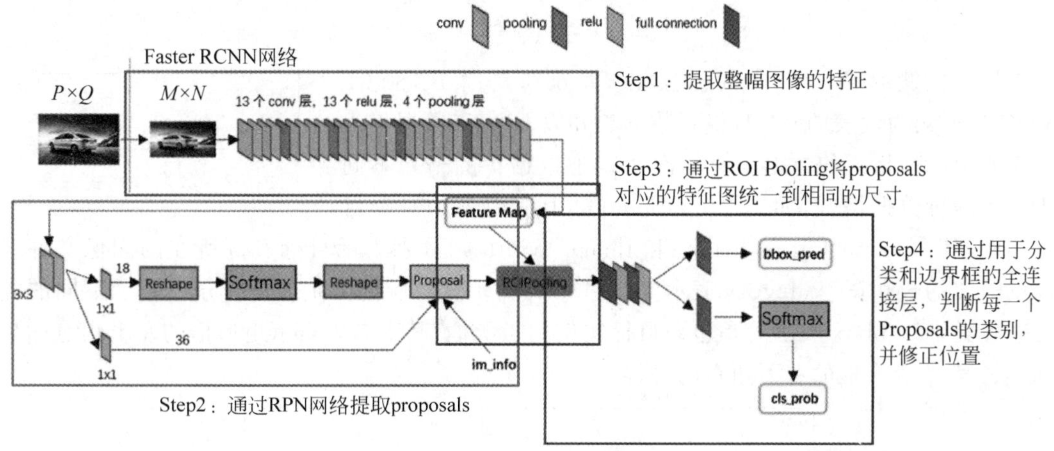

图 3-1-1　Faster RCNN 网络结构

首先，将整张图片作为输入送到卷积神经网络中进行特征提取，得到特征图；其次，将卷积特征图输入到候选框生成网络（Region Proposal Network，RPN）中进行候选框的预测（可能存在目标的区域），这个预测包含两部分，一部分是对预设的默认框进行一个背景和前景的二分类判别，另一部分是对预设的默认框进行一次中心位置偏移量和宽高的回归，从而得到一组稀疏的候选框；再次，将得到的候选框所对应在特征图上的特征区域通过一个 ROI 池化调整到固定尺寸；最后，通过两个全连接层对其进行 $n+1$ 类（n 个目标类+背景类）的分类和中心位置偏移量以及长宽的二次回归。

步骤 1：数据集介绍及预处理

瓷砖经过复杂的工艺生产出来后，需要经过质量检测和包装等步骤才能投放市场。人工智能技术的发展，赋能了越来越多的传统制造业。在质检领域，通过智能化手段代替人工检测，可以大大节约时间和人力成本，并且检测质量也能得到提升。

本次瓷砖瑕疵检测的数据集共包含 5388 张图像。如图 3-1-2 所所示，数据集包括砖渣、落脏、滴墨等 6 个类别，本次实践的任务也就是检测出图像中存在的瑕疵位置并区分瑕疵的种类。

数据集分为图像和标注两个部分。如图 3-1-3 所示，train_imgs 目录下存储着用于训练和验证的图像，train_annos.json 下则存储着所有图像对应的标注。

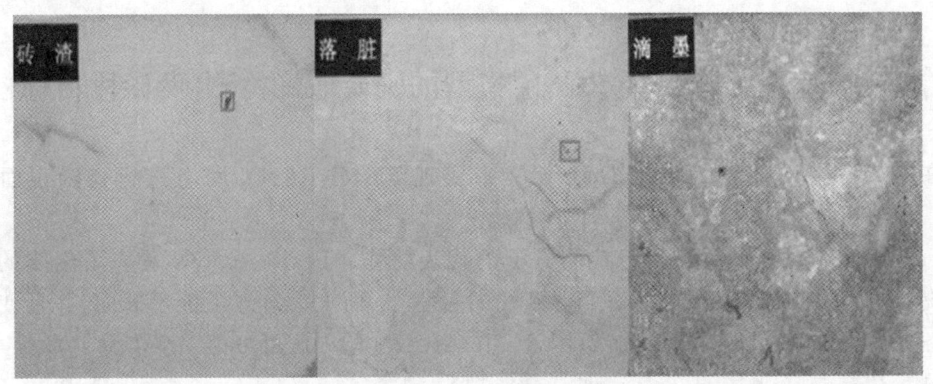

图 3-1-2　瓷砖瑕疵示例

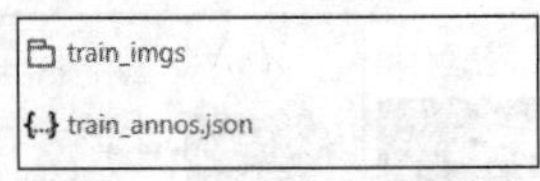

图 3-1-3　数据集格式列表

目标检测有两类经典的标注格式，分别是以 PASCAL VOC 数据集为代表的 XML 格式数据集和以 COCO 数据集为代表的 JSON 格式的数据集。本次实践中数据集的格式不同于上述两种数据格式，如图 3-1-4 所示，每个框内表示一个目标实例，其中 name、image_height 和 image_width 则分别表示目标实例所在的图像文件名以及图像的长和宽；category 表示的是目标实例所有对应的类别（1～6 分别表示不同的瓷砖瑕疵类别）；bbox 表示的是包裹目标实例的矩形框，其中 0、1 表示矩形框的左上角点的坐标，2、3 表示矩形框的右下角点的坐标。

```
root" :  15230 items
  [  100 items
    0 : {  5 items
      "name" : string "223_89_t20201125085855802_CAM3.jpg"
      "image_height" : int 3500
      "image_width" : int 4096
      "category" : int 4
      "bbox" : [  4 items
        0 : float 1702.79
        1 : float 2826.53
        2 : float 1730.79
        3 : float 2844.53
      ]
    }
    1 : {  5 items
      "name" : string "235_2_t20201127123021723_CAM2.jpg"
      "image_height" : int 6000
      "image_width" : int 8192
      "category" : int 5
      "bbox" : [  4 items
        0 : float 1876.06
        1 : float 998.04
        2 : float 1883.06
        3 : float 1004.04
      ]
    }
```

图 3-1-4　标注文件示例

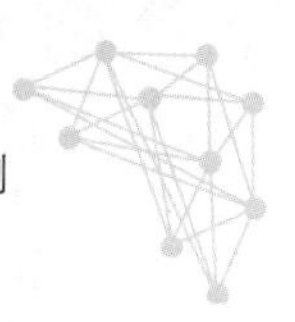

我们在使用 PaddleDetection 进行目标检测之前,需要将标注文件转换为 COCO 的标注格,并按照 9∶1 的比例划分训练集和测试集。在这里我们通过 Fabric2COCO 类来实现数据标注格式的转化和数据集的划分。

```
#训练集,划分 90%作为验证集
fabric2coco = Fabric2COCO()
train_instance = fabric2coco.to_coco(anno_dir,img_dir)
fabric2coco.save_coco_json(train_instance, "/home/aistudio/work/PaddleDetection-release-
2.2/dataset/coco/annotations/" + 'instances_{}.json'.
format("train"))
#验证集,划分 10%作为验证集
fabric2coco_val = Fabric2COCO(is_mode = "val")
val_instance = fabric2coco_val.to_coco(anno_dir,img_dir)
fabric2coco_val.save_coco_json(train_instance, "/home/aistudio/work/PaddleDetection-
release-2.2/dataset/coco/annotations/" + 'instances_{}.json'
.format("val"))
```

进行转换后,会得到如图 3-1-5 所示的目录。其中 train 和 val 目录下存储的是分别用于训练和验证的图像,annotations 目录下存储的则是 instances_train.json 和 instances_val.json 两个文件分别对应转换后的训练集和验证集合的标注文件。

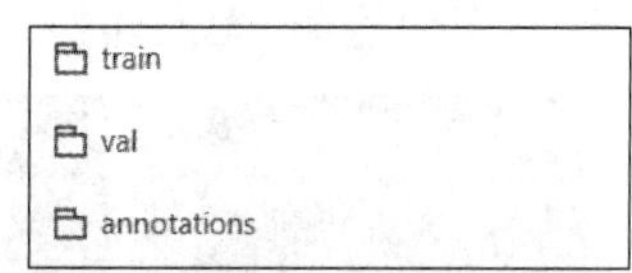

图 3-1-5　生成目录

以 instances_train.json 为例,转换后得到的数据标注如图 3-1-6 所示,左侧框内表示训练集中用于训练的图像名称、ID 和图像对应的长和宽。右侧框内表示的则是单个目标实


```
"images" : 4778 items
  [ 100 items
    0 : { 4 items
      "height" : int 3500
      "width" : int 4096
      "id" : int 0
      "file_name" : string "223_89_t20201125085855802_CAM3.jpg"
    }
    1 : { 4 items
      "height" : int 6000
      "width" : int 8192
      "id" : int 1
      "file_name" : string "235_2_t20201127123021723_CAM2.jpg"
    }
    2 : { 4 items
      "height" : int 6000
      "width" : int 8192
      "id" : int 2
      "file_name" : string "254_129_t20201130154420465_CAM1.jpg"
    }
    3 : { 4 items
      "height" : int 6000
      "width" : int 8192
      "id" : int 3
      "file_name" : string "253_201_t20201130134329446_CAM1.jpg"

"annotations" : 13707 items
  [ 100 items
    0 : { 8 items
      "id" : int 0
      "image_id" : int 0
      "category_id" : int 4
      "segmentation" : [] 0 items
      "bbox" : [ 4 items
        0 : float 1702.79
        1 : float 2826.53
        2 : int 28
        3 : int 18
      ]
      "iscrowd" : int 0
      "ignore" : int 0
      "area" : int 504
    }
    1 : { 8 items
      "id" : int 1
      "image_id" : int 1
      "category_id" : int 5
      "segmentation" : [] 0 items
      "bbox" : [ 4 items
        0 : float 1876.06
        1 : float 998.04
        2 : int 7
        3 : int 6
      ]
```


图 3-1-6　生成标注示例

例，其中 image_id 表示的是目标实例所存在的图像（与右侧图像 ID 相对应），categoory_id 表示的则是目标实例所对应的类别（1～6 分别表示不同的瓷砖瑕疵类别），bbox 中存储的由原来的矩形框角点坐标转换成中心点坐标和矩形框的长宽，area 表示的是矩形框的面积。

步骤 2：PaddleDection 及环境安装

PaddleDetection 为基于飞桨 PaddlePaddle 的端到端目标检测套件，内置 30 多个模型算法及 250 多个预训练模型，覆盖目标检测、实例分割、跟踪、关键点检测等方向，其中包括服务器端和移动端高精度、轻量级产业级 SOTA 模型、冠军方案和学术前沿算法，并提供配置化的网络模块组件、十余种数据增强策略和损失函数等高阶优化支持和多种部署方案，在打通数据处理、模型开发、训练、压缩、部署全流程的基础上，提供丰富的案例及教程，加速算法产业落地应用。

经过长时间的产业实践打磨，PaddleDetection 已拥有顺畅、卓越的使用体验，被工业质检、遥感图像检测、无人巡检、新零售、互联网、科研等十多个行业广泛使用，如图 3-1-7 所示。

图 3-1-7　PaddleDetection 应用示例

PaddleDetection 具有以下特点。

模型丰富：包含目标检测、实例分割、人脸检测、关键点检测、多目标跟踪等 250 多个预训练模型，涵盖多种全球竞赛冠军方案。

使用简洁：模块化设计，解耦各个网络组件，开发者轻松搭建、试用各种检测模型及优化策略，快速得到高性能、定制化的算法。

端到端打通：从数据增强、组网、训练、压缩、部署端到端打通，并完备支持云端/边缘端多架构、多设备部署。

高性能：基于飞桨的高性能内核，模型训练速度及显存占用优势明显。支持 FP16 训练，支持多机训练。

在使用 PaddleDetection 时我们可以根据任务的需要，在图 3-1-8 中选择不同的模型、特征提取网络、组件和数据增强方式。比如，我们在进行目标检测可以选择两阶段的 Faster

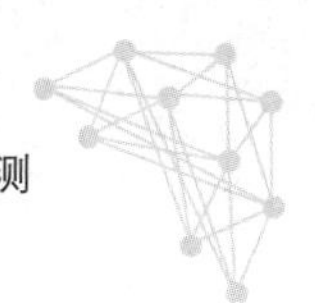

Architectures	Backbones	Components	Data Augmentation
• **Object Detection** 　○ Faster RCNN 　○ FPN 　○ Cascade-RCNN 　○ Libra RCNN 　○ Hybrid Task RCNN 　○ PSS-Det 　○ RetinaNet 　○ YOLOv3 　○ YOLOv4 　○ PP-YOLOv1/v2 　○ PP-YOLO-Tiny 　○ PP-YOLOE 　○ YOLOX 　○ SSD 　○ CornerNet-Squeeze 　○ FCOS 　○ TTFNet 　○ PP-PicoDet 　○ DETR 　○ Deformable DETR 　○ Swin Transformer 　○ Sparse RCNN • **Instance Segmentation** 　○ Mask RCNN 　○ SOLOv2 • **Face Detection** 　○ FaceBoxes 　○ BlazeFace 　○ BlazeFace-NAS • **Multi-Object-Tracking** 　○ JDE 　○ FairMOT 　○ DeepSORT • **KeyPoint-Detection** 　○ HRNet 　○ HigherHRNet	• ResNet(&vd) • ResNeXt(&vd) • SENet • Res2Net • HRNet • Hourglass • CBNet • GCNet • DarkNet • CSPDarkNet • VGG • MobileNetv1/v3 • GhostNet • Efficientnet • BlazeNet	• **Common** 　○ Sync-BN 　○ Group Norm 　○ DCNv2 　○ Non-local • **KeyPoint** 　○ DarkPose • **FPN** 　○ BiFPN 　○ BFP 　○ HRFPN 　○ ACFPN • **Loss** 　○ Smooth-L1 　○ GIoU/DIoU/CIoU 　○ IoUAware • **Post-processing** 　○ SoftNMS 　○ MatrixNMS • **Speed** 　○ FP16 training 　○ Multi-machine training	• Resize • Lighting • Flipping • Expand • Crop • Color Distort • Random Erasing • Mixup • AugmentHSV • Mosaic • Cutmix • Grid Mask • Auto Augment • Random Perspective

图 3-1-8　PaddleDetection 组件

RCNN、一阶段的 YOLO 系列以及基于 Transformer 的目标检测模型 DETR、Swin Transformer 等，同时也可以根据我们对精度和速度的要求选择不同的特征提取网络和组件（对小目标要求较高时使用 HRNet，对速度要求较高时使用 MobileNet 等）。除此之外，还可以根据实际的需求选择不同的数据增强方法等。

在使用 PaddleDetection 进行目标检测之前，我们首先要下载 PaddleDetection 的源码（可以通过 git 下载，也可以解压下载好的压缩包），然后安装 PaddleDetection 所需要的依赖并编译安装 paddledet。

```
#下载
git clone https://github.com/PaddlePaddle/PaddleDetection.git
#解压
!unzip -o /home/aistudio/data/data113827/PaddleDetection-release-2.2_tile.zip -d /home/aistudio/work/
!pip install -r requirements.txt
!python setup.py install
```

步骤 3：模型训练及验证

在处理好数据和部署好环境后，我们就可以通过 train.py 开始训练网络。在使用 train.py() 函数训练网络的时候，我们还需要通过加载配置文件来配置我们的训练过程。如图 3-1-9 所示，在配置文件中可以设置迭代的总轮数、预训练的权重、检测类别、数据集路径、优化器以及 Faster RCNN 网络中的各种参数配置（特征提取网络、网络深度、FPN 网络参数、RPN 网络参数设置等），同时还可以通过--eval 参数表示在训练过程中在验证集上验证模型。

```
!python tools/train.py \
    -c /home/aistudio/work/faster_rcnn_r50_fpn_2x.yml -eval
```

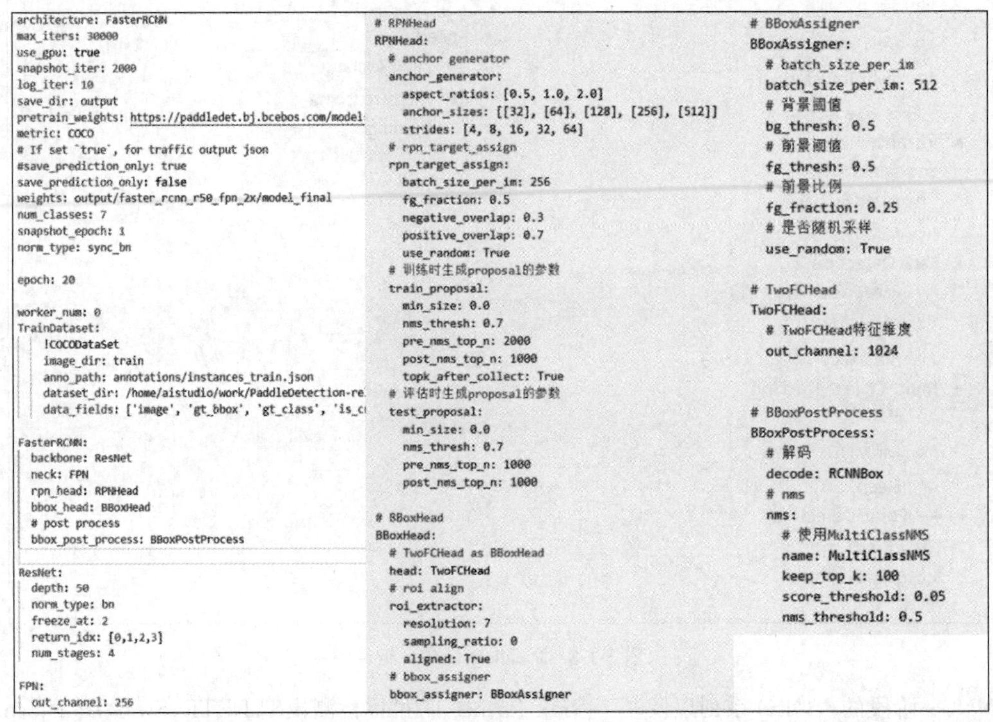

```
architecture: FasterRCNN
max_iters: 30000
use_gpu: true
snapshot_iter: 2000
log_iter: 10
save_dir: output
pretrain_weights: https://paddledet.bj.bcebos.com/model
metric: COCO
# If set `true`, for traffic output json
#save_prediction_only: true
save_prediction_only: false
weights: output/faster_rcnn_r50_fpn_2x/model_final
num_classes: 7
snapshot_epoch: 1
norm_type: sync_bn

epoch: 20

worker_num: 0
TrainDataset:
    !COCODataSet
    image_dir: train
    anno_path: annotations/instances_train.json
    dataset_dir: /home/aistudio/work/PaddleDetection-re
    data_fields: ['image', 'gt_bbox', 'gt_class', 'is_c

FasterRCNN:
  backbone: ResNet
  neck: FPN
  rpn_head: RPNHead
  bbox_head: BBoxHead
  # post process
  bbox_post_process: BBoxPostProcess

ResNet:
  depth: 50
  norm_type: bn
  freeze_at: 2
  return_idx: [0,1,2,3]
  num_stages: 4

FPN:
  out_channel: 256

# RPNHead
RPNHead:
  # anchor generator
  anchor_generator:
    aspect_ratios: [0.5, 1.0, 2.0]
    anchor_sizes: [[32], [64], [128], [256], [512]]
    strides: [4, 8, 16, 32, 64]
  # rpn_target_assign
  rpn_target_assign:
    batch_size_per_im: 256
    fg_fraction: 0.5
    negative_overlap: 0.3
    positive_overlap: 0.7
    use_random: True
  # 训练时生成proposal的参数
  train_proposal:
    min_size: 0.0
    nms_thresh: 0.7
    pre_nms_top_n: 2000
    post_nms_top_n: 1000
    topk_after_collect: True
  # 评估时生成proposal的参数
  test_proposal:
    min_size: 0.0
    nms_thresh: 0.7
    pre_nms_top_n: 1000
    post_nms_top_n: 1000

# BBoxHead
BBoxHead:
  # TwoFCHead as BBoxHead
  head: TwoFCHead
  # roi align
  roi_extractor:
    resolution: 7
    sampling_ratio: 0
    aligned: True
  # bbox_assigner
  bbox_assigner: BBoxAssigner

# BBoxAssigner
BBoxAssigner:
  # batch_size_per_im
  batch_size_per_im: 512
  # 背景阈值
  bg_thresh: 0.5
  # 前景阈值
  fg_thresh: 0.5
  # 前景比例
  fg_fraction: 0.25
  # 是否随机采样
  use_random: True

# TwoFCHead
TwoFCHead:
  # TwoFCHead特征维度
  out_channel: 1024

# BBoxPostProcess
BBoxPostProcess:
  # 解码
  decode: RCNNBox
  # nms
  nms:
    # 使用MultiClassNMS
    name: MultiClassNMS
    keep_top_k: 100
    score_threshold: 0.05
    nms_threshold: 0.5
```

图 3-1-9　配置文件

训练开始后会随着训练的进行，输出迭代的轮数、batch 的批次、学习率、Faster RCNN 网络中 RPN 网络和预测网络的分类、回归损失，以及总损失等，如图 3-1-10 所示。

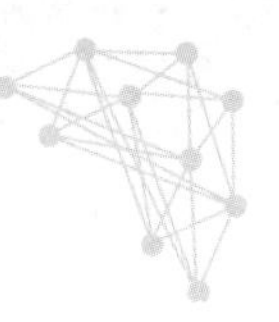

```
[06/06 22:16:31] ppdet.engine INFO: Epoch: [0] [  10/2389] learning_rate: 0.000347 loss_rpn_cls: 0.689849 loss_rpn_reg: 0.113589 loss_bbox_c
ls: 0.264905 loss_bbox_reg: 0.000366 loss: 1.077134 eta: 3 days, 1:12:20 batch_cost: 5.7971 data_cost: 4.3453 ips: 0.3450 images/s
[06/06 22:17:25] ppdet.engine INFO: Epoch: [0] [  20/2389] learning_rate: 0.000360 loss_rpn_cls: 0.584538 loss_rpn_reg: 0.095285 loss_bbox_c
ls: 0.084861 loss_bbox_reg: 0.000559 loss: 0.764139 eta: 3 days, 0:06:37 batch_cost: 5.3459 data_cost: 3.8599 ips: 0.3741 images/s
```

图 3-1-10 训练过程中的部分输出结果

训练完成后可以通过执行 eval. py 开启验证模型，与训练时相似，也需要给定模型的配置文件，除此之外还需要给定训练阶段得到权重文件。

```
!python tools/eval.py \
    -c /home/aistudio/work/faster_rcnn_r50_fpn_2x.yml -o weights=
   output/faster_rcnn_r50_fpn_2x/best_model.pdparams
```

也可以通过执行 infer. py 用训练好的模型进行预测。在这里，需要给定模型的配置文件、训练好的权重和用于预测的图像路径。

```
!python -u tools/infer.py \
  -c /home/aistudio/work/faster_rcnn_r50_fpn_2x.yml \
  --output_dir=infer_output/ \
  --save_txt=True \
     -o weights=
   output/faster_rcnn_r50_fpn_2x/best_model.pdparams \
    --infer_img=/home/aistudio/work/235_7_t20201127123214965_CAM2.jpg
```

将预测后的图片局部放大后可以看到图 3-1-11 的检测结果。

图 3-1-11 检测结果示例

3.2 实践二：基于 YOLOV3/PP-YOLO 模型的昆虫检测（一阶段目标检测）

本节将使用 YOLOV3 和 PP-YOLO 来实现昆虫识别。

R-CNN 系列算法需要先产生候选区域，再对候选区域进行分类和位置的预测，这类算法被称为两阶段目标检测算法。近几年，很多研究人员相继提出一系列一阶段的检测算法，直接从图像中预测目标，从而涉及候选区域提议的过程。

Joseph Redmon 等人在 2015 年提出 YOLO(You Only Look Once)算法，该算法通常也被称为 YOLOV1；2016 年，他们对算法进行改进，又提出 YOLOV2 版本；2018 年该算法发展出 YOLOV3 版本。YOLO3 采用了 Darknet-53 的网络结构(含有 53 个卷积层)，它借鉴了残差网络的做法，在一些层之间设置了跳跃链接，并在三个不同的尺度上进行预测。

PP-YOLO 是 PaddleDetecion 中基于 YOLOV3 精度速度优化的实战实践，通过几乎不增加预测计算量的优化方法尽可能地提高 YOLOV3 模型的精度，最终在 COCO test-dev2017 数据集上精度达到 45.9%，单卡 V100 预测速度为 72.9FPS。图 3-2-1 是 PP-YOLO 模型和当时 SOTA 的目标检测算法在 COCO test-dev 数据集的精度和 V100 上预测速度的对比图。

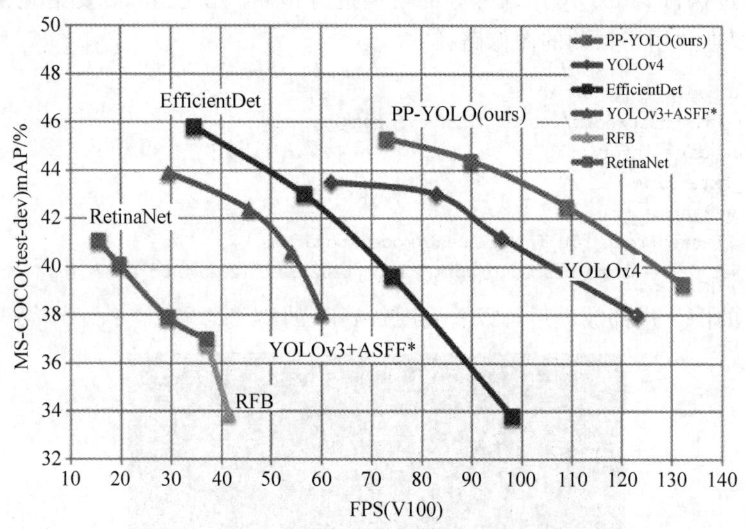

图 3-2-1 网络效果对比

基于 YOLOV3 模型的昆虫检测

3.2.1 基于 YOLOV3 模型的昆虫检测

步骤 1：认识 AI 识虫数据集与数据下载

本次实践采用百度与北京林业大学合作开发的林业病虫害防治项目用到的 AI 识虫数据集，如图 3-2-2 所示，图片中有不同种类的昆虫，本次实践的目标就是检测出图像中昆虫的位置并区分它们的类别。数据集可以在 AIstudio 中下载：https://aistudio.baidu.com/aistudio/datasetdetail/19638。

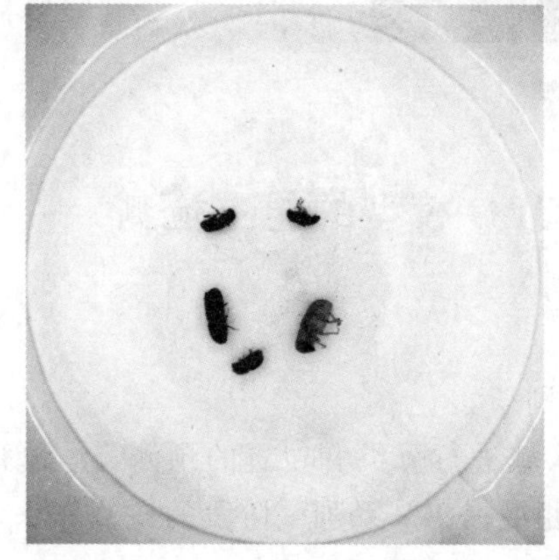

图 3-2-2 数据集图像示例

该数据集提供了 2183 张图像，其中训练集 1693 张，验证集 245 张，测试集 245 张，共包含 Boerner、Leconte、Linnaeus、acuminatus、armandi、coleoptera 等多种昆虫。数据集格式如图 3-2-3 所示，分为 train、val 和 test 三个文件夹，每个文件夹下图像和标注文件分别存储在 annotations 和 images 下。

昆虫数据集采用了与 PASCAL VOC 数据集相同

```
insects
    |---train
    |           |---annotations
    |           |           |---xmls
    |           |                       |---100.xml
    |           |                       |---101.xml
    |           |                       |---...
    |           |
    |           |---images
    |                       |---100.jpeg
    |                       |---101.jpeg
    |                       |---...
    |
    |---val
    |           |---annotations
    |           |           |---xmls
    |           |                       |---1221.xml
    |           |                       |---1277.xml
    |           |                       |---...
    |           |
    |           |---images
    |                       |---1221.jpeg
    |                       |---1277.jpeg
    |                       |---...
    |
    |---test
                |---images
                            |---1833.jpeg
                            |---1838.jpeg
                            |---...
```

图 3-2-3　数据集结构

的 XML 标注格式,如图 3-2-4 所示,filename 标签对下记录的是图像名称; size 标签对下记录的是图像的宽、高和图像的通道数; 每个 object 标签对下记录的是图像中每个目标实例

```
<annotation>
    <folder>石胥宇</folder>
    <filename>581.jpeg</filename>
    <path>/home/sxy/已拍摄图片/石胥宇/石胥宇/石胥宇/581.jpeg</path>
    <source>
        <database>Unknown</database>
    </source>
    <size>
        <width>1274</width>
        <height>1274</height>
        <depth>3</depth>
    </size>
    <segmented>0</segmented>
    <object>
        <name>Boerner</name>
        <pose>Unspecified</pose>
        <truncated>0</truncated>
        <difficult>0</difficult>
        <bndbox>
            <xmin>812</xmin>
            <ymin>566</ymin>
            <xmax>866</xmax>
            <ymax>694</ymax>
        </bndbox>
    </object>
    <object>
        <name>Leconte</name>
        <pose>Unspecified</pose>
        <truncated>0</truncated>
        <difficult>0</difficult>
        <bndbox>
            <xmin>632</xmin>
            <ymin>415</ymin>
            <xmax>753</xmax>
            <ymax>523</ymax>
        </bndbox>
    </object>
</annotation>
```

图 3-2-4　标注文件

的信息。其中，name 标签对表示目标实例的类别，bndbox 标签对则是记录的目标实例矩形框的左上角和右下角坐标。

步骤 2：数据加载

(1) 数据读取。

在本次实践中，我们需要通过编写代码从 xml 文件中提取标注信息。首先，通过 get_annotations 读取 xml 中的标注信息，并返回一个图像中所有目标实例的类别和位置(x，y，w，h)，在这里我们需要用 ElementTree 来解析 xml 格式的文件，获取图像的名称、宽、高以及通道数。

```
def get_annotations(cname2cid, datadir):
    filenames = os.listdir(os.path.join(datadir, 'annotations', 'xmls'))
    records = []
    ct = 0
    for fname in filenames:
        fid = fname.split('.')[0]
        fpath = os.path.join(datadir, 'annotations', 'xmls', fname)
        img_file = os.path.join(datadir, 'images', fid + '.jpeg')
        tree = ET.parse(fpath)
        if tree.find('id') is None:
            im_id = np.array([ct])
        else:
            im_id = np.array([int(tree.find('id').text)])
        objs = tree.findall('object')
        im_w = float(tree.find('size').find('width').text)
        im_h = float(tree.find('size').find('height').text)
        gt_bbox = np.zeros((len(objs), 4), dtype = np.float32)
        gt_class = np.zeros((len(objs), ), dtype = np.int32)
        is_crowd = np.zeros((len(objs), ), dtype = np.int32)
        difficult = np.zeros((len(objs), ), dtype = np.int32)
```

通过遍历所有的 object 标签对，依次读取图像中每个目标实例的标注，并针对每个实例构建一个字典。最终对于图像中所有的目标实例返回一个实例列表：

```
for i, obj in enumerate(objs):
    cname = obj.find('name').text
    gt_class[i] = cname2cid[cname]
    _difficult = int(obj.find('difficult').text)
    x1 = float(obj.find('bndbox').find('xmin').text)
    y1 = float(obj.find('bndbox').find('ymin').text)
    x2 = float(obj.find('bndbox').find('xmax').text)
    y2 = float(obj.find('bndbox').find('ymax').text)
    x1 = max(0, x1)
    y1 = max(0, y1)
    x2 = min(im_w - 1, x2)
    y2 = min(im_h - 1, y2)
    # 这里使用 xywh 格式来表示目标物体真实框
    gt_bbox[i] = [(x1 + x2)/2.0 , (y1 + y2)/2.0, x2 - x1 + 1., y2 - y1 + 1.]
    is_crowd[i] = 0
    difficult[i] = _difficult
```

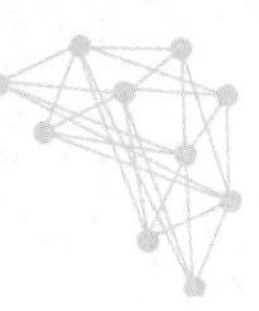


```
voc_rec = {
  'im_file': img_file,
  'im_id': im_id,
  'h': im_h,
    'w': im_w,
    'is_crowd': is_crowd,
  'gt_class': gt_class,
  'gt_bbox': gt_bbox,
  'gt_poly': [],
  'difficult': difficult
  }
if len(objs) != 0:
  records.append(voc_rec)
```

检测网络训练的过程中，需要同时输入图像、目标矩形框和目标类别，因此需要通过 get_img_data_from_file()函数，使用 cv2.imread()函数加载图像，并将目标实例的坐标转化为相对值。最终返回图像矩阵、图像的大小以及图像中所有目标实例位置和类别。

```
def get_img_data_from_file(record):
  im_file = record['im_file']
  h = record['h']
  w = record['w']
  is_crowd = record['is_crowd']
  gt_class = record['gt_class']
  gt_bbox = record['gt_bbox']
  difficult = record['difficult']
  img = cv2.imread(im_file)
  img = cv2.cvtColor(img, cv2.COLOR_BGR2RGB)
  # check if h and w in record equals that read from img
  assert img.shape[0] == int(h)
  assert img.shape[1] == int(w)
  gt_boxes, gt_labels = get_bbox(gt_bbox, gt_class)
  # gt_bbox 用相对值
  gt_boxes[:, 0] = gt_boxes[:, 0] / float(w)
  gt_boxes[:, 1] = gt_boxes[:, 1] / float(h)
  gt_boxes[:, 2] = gt_boxes[:, 2] / float(w)
  gt_boxes[:, 3] = gt_boxes[:, 3] / float(h)
  return img, gt_boxes, gt_labels, (h, w)
```

对于一般的检测任务来说，一幅图像上往往会有多个目标物体(每幅图像上的目标数目并不固定)，这样就无法固定每幅图像的目标实例列表的长度(以坐标位置为例，长度为 4×目标数目)。因此在输入网络之前需要统一所有图像的标注长度，通过 get_bbox 将目标矩形框和标签都填充至 50，对于多出图像中目标的部分用 0 补齐。

```
def get_bbox(gt_bbox, gt_class):
  MAX_NUM = 50
  gt_bbox2 = np.zeros((MAX_NUM, 4))
  gt_class2 = np.zeros((MAX_NUM,))
  for i in range(len(gt_bbox)):
    gt_bbox2[i, :] = gt_bbox[i, :]
    gt_class2[i] = gt_class[i]
    if i >= MAX_NUM:
```

```
        break
    return gt_bbox2, gt_class2
```

（2）数据预处理。

在训练之前，通常会对图像做一些随机的变化，产生相似但又不完全相同的样本。其主要作用是扩大训练数据集，抑制过拟合，提升模型的泛化能力，在检测任务中常用的方法主要有以下几种。

随机改变亮度、对比度和颜色：每次加载数据时，在一定范围内随机改变图像的亮度、对比度和颜色的值。

```
def random_distort(img):
    # 随机改变亮度
    def random_brightness(img, lower = 0.5, upper = 1.5):
        e = np.random.uniform(lower, upper)
        return ImageEnhance.Brightness(img).enhance(e)
    # 随机改变对比度
    def random_contrast(img, lower = 0.5, upper = 1.5):
        e = np.random.uniform(lower, upper)
        return ImageEnhance.Contrast(img).enhance(e)
    # 随机改变颜色
    def random_color(img, lower = 0.5, upper = 1.5):
        e = np.random.uniform(lower, upper)
        return ImageEnhance.Color(img).enhance(e)
    ops = [random_brightness, random_contrast, random_color]
    np.random.shuffle(ops)
    img = Image.fromarray(img)
    img = ops[0](img)
    img = ops[1](img)
    img = ops[2](img)
    img = np.asarray(img)
    return img
```

随机填充：每次加载数据时，以一定的概率在图像边缘处添加一定范围内的随机边框。但需要注意的是，填充会改变图像的大小，因此标注也要相应地做出调整(如图 3-2-5 所示)。

```
def random_expand(img,gtboxes,max_ratio = 4.,fill = None, keep_ratio = True, thresh = 0.5):
    if random.random() > thresh:
        return img, gtboxes
    if max_ratio < 1.0:
        return img, gtboxes
    h, w, c = img.shape
    ratio_x = random.uniform(1, max_ratio)
    if keep_ratio:
        ratio_y = ratio_x
    else:
        ratio_y = random.uniform(1, max_ratio)
    oh = int(h * ratio_y)
    ow = int(w * ratio_x)
    off_x = random.randint(0, ow - w)
    off_y = random.randint(0, oh - h)
    out_img = np.zeros((oh, ow, c))
    if fill and len(fill) == c:
```

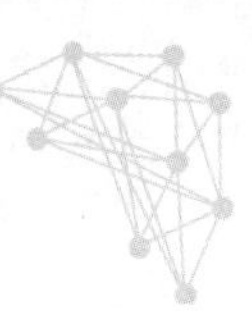

```
    for i in range(c):
      out_img[:, :, i] = fill[i] * 255.0
  out_img[off_y:off_y + h, off_x:off_x + w, :] = img
  gtboxes[:, 0] = ((gtboxes[:, 0] * w) + off_x) / float(ow)
  gtboxes[:, 1] = ((gtboxes[:, 1] * h) + off_y) / float(oh)
  gtboxes[:, 2] = gtboxes[:, 2] / ratio_x
  gtboxes[:, 3] = gtboxes[:, 3] / ratio_y
  return out_img.astype('uint8'), gtboxes
```

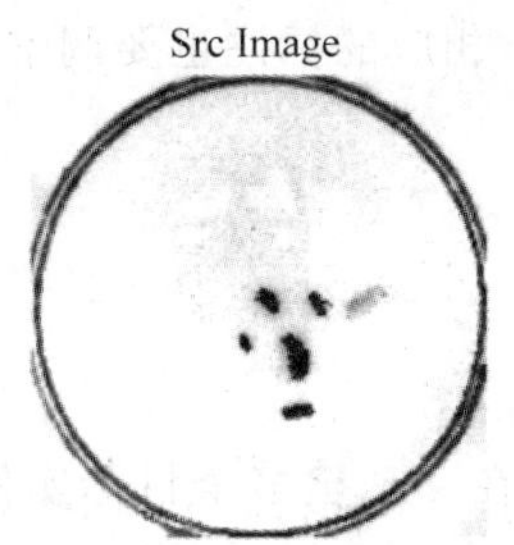

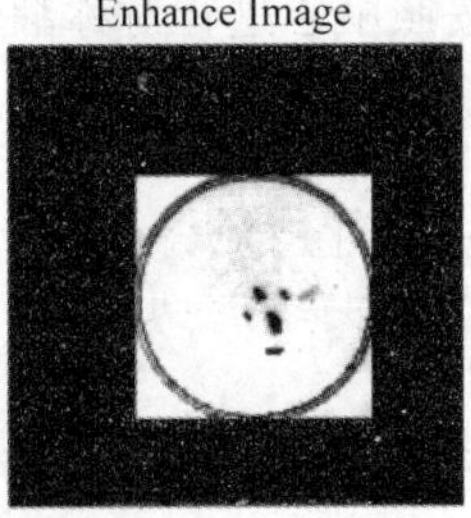

图 3-2-5 随机填充效果

随机裁剪：对图像进行随机的裁剪，但需要注意的是，裁剪会改变图像的大小，因此标注也要相应地调整。

```
def box_crop(boxes, labels, crop, img_shape):
  x, y, w, h = map(float, crop)
  im_w, im_h = map(float, img_shape)
  boxes = boxes.copy()
boxes[:, 0], boxes[:, 2] = (boxes[:, 0] - boxes[:, 2] / 2) * im_w, (boxes[:, 0] + boxes[:, 2] /
2) * im_wboxes[:, 1], boxes[:, 3] = (boxes[:, 1] - boxes[:, 3] / 2) * im_h, (boxes[:, 1] +
boxes[:, 3] / 2) * im_hcrop_box = np.array([x, y, x + w, y + h])
centers = (boxes[:, :2] + boxes[:, 2:]) / 2.0
  mask = np.logical_and(crop_box[:2] <= centers, centers <= crop_box[2:]).all(axis=1)
  boxes[:, :2] = np.maximum(boxes[:, :2], crop_box[:2])
  boxes[:, 2:] = np.minimum(boxes[:, 2:], crop_box[2:])
  boxes[:, :2] -= crop_box[:2]
  boxes[:, 2:] -= crop_box[:2]
  mask = np.logical_and(mask, (boxes[:, :2] < boxes[:, 2:]).all(axis=1))
  boxes = boxes * np.expand_dims(mask.astype('float32'), axis=1)
  labels = labels * mask.astype('float32')
  boxes[:, 0], boxes[:, 2] = (boxes[:, 0] + boxes[:, 2]) / 2 / w, ( boxes[:, 2] - boxes[:, 0]) /
  w boxes[:, 1], boxes[:, 3] = (boxes[:, 1] + boxes[:, 3]) / 2 / h, (boxes[:, 3] - boxes[:, 1]) /
  h return boxes, labels, mask.sum()
```

随机缩放：对图像的大小进行调整。因为标注会转换成图像中相对坐标位置的形式，因此缩放不会对标注造成影响。

```
def random_interp(img, size, interp=None):
  interp_method = [
    cv2.INTER_NEAREST,
    cv2.INTER_LINEAR,
    cv2.INTER_AREA,
    cv2.INTER_CUBIC,
    cv2.INTER_LANCZOS4,
  ]
```

```
    if not interp or interp not in interp_method:
      interp = interp_method[random.randint(0, len(interp_method) - 1)]
    h, w, _ = img.shape
    im_scale_x = size / float(w)
    im_scale_y = size / float(h)
    img = cv2.resize(
      img, None, None, fx = im_scale_x, fy = im_scale_y, interpolation = interp)
    return img
```

随机翻转：对图像按照中心进行对称翻转，相应的标注也要调整。

```
def random_flip(img, gtboxes, thresh = 0.5):
  if random.random() > thresh:
    img = img[:, ::-1, :]
    gtboxes[:, 0] = 1.0 - gtboxes[:, 0]
  return img, gtboxes
```

随机打乱标注框的排列顺序：每幅图像存在一个至多个目标实例，每次训练时，随机打乱这些实例标注的顺序。

```
def shuffle_gtbox(gtbox, gtlabel):
  gt = np.concatenate([gtbox, gtlabel[:, np.newaxis]], axis = 1)
  idx = np.arange(gt.shape[0])
  np.random.shuffle(idx)
  gt = gt[idx, :]
  return gt[:, :4], gt[:, 4]
```

在读取数据的过程中，我们会按顺序进行上述的数据增强方法，以扩充样本的多样性。通过这种方式每次送入网络的数据都不尽相同：

```
def image_augment(img, gtboxes, gtlabels, size, means = None):
  # 随机改变亮暗、对比度和颜色等
  img = random_distort(img)
  # 随机填充
  img, gtboxes = random_expand(img, gtboxes, fill = means)
  # 随机裁剪
  img, gtboxes, gtlabels, = random_crop(img, gtboxes, gtlabels)
  # 随机缩放
  img = random_interp(img, size)
  # 随机翻转
  img, gtboxes = random_flip(img, gtboxes)
  # 随机打乱真实框排列顺序
  gtboxes, gtlabels = shuffle_gtbox(gtboxes, gtlabels)
  return img.astype('float32'), gtboxes.astype('float32'), gtlabels.astype('int32')
```

接下来，我们通过 get_img_data 来调用前面的函数，实现数据的读入，首先通过 get_img_data_from_file 读取图像、标注文件和图像尺寸，之后通过 image_augment 对图像进行数据增广，最后再将得到的图像进行归一化，并将维度从[H, W, C]调整为[C, H, W]。

```
def get_img_data(record, size = 640):
  img, gt_boxes, gt_labels, scales = get_img_data_from_file(record)
  img, gt_boxes, gt_labels = image_augment(img, gt_boxes, gt_labels, size)
  mean = [0.485, 0.456, 0.406]
  std = [0.229, 0.224, 0.225]
```

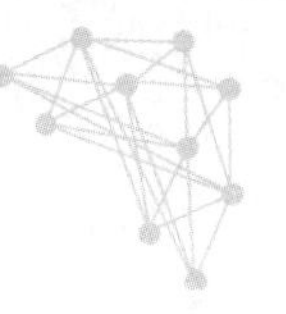


```
    mean = np.array(mean).reshape((1, 1, -1))
    std = np.array(std).reshape((1, 1, -1))
    img = (img / 255.0 - mean) / std
    img = img.astype('float32').transpose((2, 0, 1))
    return img, gt_boxes, gt_labels, scales
```

最后,是数据加载的最后一步,也是最重要的一步,定义数据读取类 TrainDataset。在 init()函数中,我们通过 get_annotations 获取所有图像的标注和图像所在的路径;在 getitem()函数中通过 get_img_data 返回图像和标注。

```
class TrainDataset(paddle.io.Dataset):
  def __init__(self, datadir, mode = 'train'):
    self.datadir = datadir
    cname2cid = get_insect_names()
    self.records = get_annotations(cname2cid, datadir)
    self.img_size = 640 #get_img_size(mode)
  def __getitem__(self, idx):
    record = self.records[idx]
    # print("print: ", record)
    img, gt_bbox, gt_labels, im_shape = get_img_data(record, size = self.img_size)
    return img, gt_bbox, gt_labels, np.array(im_shape)
```

步骤 3:搭建 YOLOV3 网络

首先介绍在本实践中使用到的 API 接口。

```
paddle.nn.functional.leaky_relu(x,
                                negative_slope = 0.01,
                                name = None):
```

该接口用于实现 leaky_relu 的激活层。

- x(Tensor):输入 Tensor,数据类型为 float32、float64。
- negative_slope(float,可选):x<0 时的斜率。默认值为 0.01。
- name(str,可选):操作的名称(可选,默认值为 None)。

paddle.add(x,y,name = None):该接口是逐元素相加算子,输入 x 与输入 y 逐元素相加,并将各个位置的输出元素保存到返回结果中。

- x(Tensor):输入 Tensor,数据类型为 float32、float64、int32、int64。
- y(Tensor):输入 Tensor,数据类型为 float32、float64、int32、int64。
- name(str,可选):操作的名称(可选,默认值为 None)。

```
paddle.vision.ops.yolo_loss(x,
                            gt_box,
                            gt_label,
                            anchors,
                            anchor_mask,
                            class_num,
                            ignore_thresh,
                            downsample_ratio,
                            gt_score = None,
                            use_label_smooth = True,
```

```
                name = None,
                scale_x_y = 1.0):
```

该运算通过给定的预测结果和真实框计算 YOLOV3 损失。

- x(Tensor)：YOLOV3 损失运算的输入张量，这是一个形状为[N,C,H,W]的四维 Tensor。H 和 W 应该相同，第二维(C)存储框的位置信息，以及每个 anchor box 的置信度得分和 one-hot 分类。数据类型为 float32 或 float64。
- gt_box(Tensor)：真实框，应该是[N,B,4]的形状。第三维用来承载 x、y、w、h，其中 x、y 是真实框的中心坐标，w、h 是框的宽度和高度，且 x、y、w、h 将除以输入图片的尺寸，缩放到[0,1]区间内。N 是 batch size，B 是图像中所含有的的最多的 box 数目。数据类型为 float32 或 float64。
- gt_label(Tensor)：真实框的类 id，应该形为[N,B]。数据类型为 int32。
- anchors(list|tuple)：指定 anchor 框的宽度和高度，将逐对进行解析。
- anchor_mask(list|tuple)：当前 YOLOV3 损失计算中使用 anchor 的 mask 索引。
- class_num(int)：要预测的类别数。
- ignore_thresh(float)：一定条件下忽略某框置信度损失的忽略阈值。
- downsample_ratio(int)：网络输入 YOLOV3 loss 中的下采样率，因此第一、第二和第三个 loss 的下采样率应分别为 32,16,8。
- gt_score(Tensor)：真实框的混合得分，形为[N,B]。默认为 None。数据类型为 float32 或 float64。
- use_label_smooth(bool)：是否使用平滑标签。默认为 True。
- name(str,可选)：操作的名称(可选，默认值为 None)。
- scale_x_y(float,可选)：缩放解码边界框的中心点。默认值为 1.0。

(1) YOLOV3 标签分配。

IoU 是目标检测过程中常用的标准，用于反映两个框之间的交并比。因此，在进行网络搭建之前，首先要定义用于计算 IoU 的函数 box_iou_xywh。

```
def box_iou_xywh(box1, box2):
    x1min, y1min = box1[0] - box1[2]/2.0, box1[1] - box1[3]/2.0
    x1max, y1max = box1[0] + box1[2]/2.0, box1[1] + box1[3]/2.0
    s1 = box1[2] * box1[3]
    x2min, y2min = box2[0] - box2[2]/2.0, box2[1] - box2[3]/2.0
    x2max, y2max = box2[0] + box2[2]/2.0, box2[1] + box2[3]/2.0
    s2 = box2[2] * box2[3]
    xmin = np.maximum(x1min, x2min)
    ymin = np.maximum(y1min, y2min)
    xmax = np.minimum(x1max, x2max)
    ymax = np.minimum(y1max, y2max)
    inter_h = np.maximum(ymax - ymin, 0.)
    inter_w = np.maximum(xmax - xmin, 0.)
    intersection = inter_h * inter_w
    union = s1 + s2 - intersection
    iou = intersection / union
    return iou
```

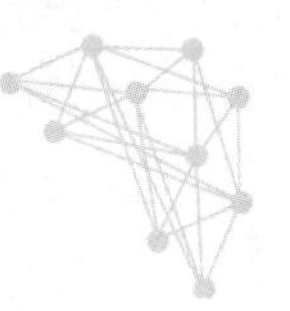

YOLOV3 在训练的过程中首先需要产生锚框，并根据标注对候选框分配标签。每一个 objectness 标注为 1 的锚框，会有一个真实的标注框跟它对应，该锚框所属物体类别，是其所对应的真实框包含的物体类别。这里使用 one-hot 向量来表示类别标签 label。比如一共有 10 个分类，而真实的标注框里面包含的物体类别是第 2 类，则 label 为(0,1,0,0,0,0,0,0,0,0)，具体的过程如图 3-2-6 所示。

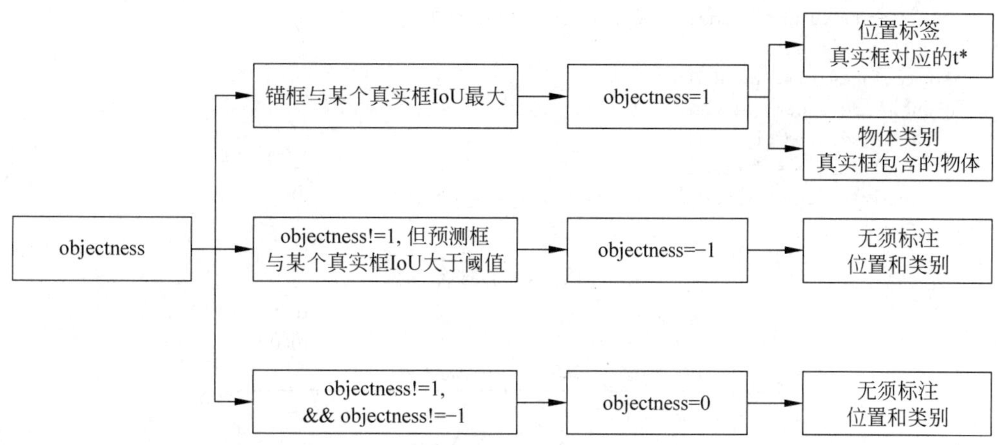

图 3-2-6 标签分配过程

(2) YOLOV3 特征提取网络。

YOLOV3 算法使用的特征提取网络是 Darknet53。Darknet53 在 ImageNet 图像分类任务上取得了很好的成绩，网络的具体结构如图 3-2-7 所示。在检测任务中，将图中 C0 后面的平均池化、全连接层和 Softmax 去掉，保留从输入到 C0 部分的网络结构，作为检测模型的基础网络结构，也称为骨干网络。YOLOV3 模型会在骨干网络的基础上，再添加检测相关的网络模块。

因为 DarkNet53 的网络层数比较多，因此我们采用了模块化的搭建形式。首先，搭建卷积+批归一化层的子模块 ConvBNLayer()函数，它由一层卷积和一层批归一化层组成，根据输入可以选择是否使用 leaky_relu 作为激活函数。

```
class ConvBNLayer(paddle.nn.Layer):
  def __init__(self, ch_in, ch_out,
          kernel_size=3, stride=1, groups=1,
          padding=0, act="leaky"):
    super(ConvBNLayer, self).__init__()

    self.conv = paddle.nn.Conv2D(
      in_channels=ch_in,
      out_channels=ch_out,
      kernel_size=kernel_size,
      stride=stride,
      padding=padding,
      groups=groups,
      weight_attr=paddle.ParamAttr(
        initializer=paddle.nn.initializer.Normal(0., 0.02)),
      bias_attr=False)
```

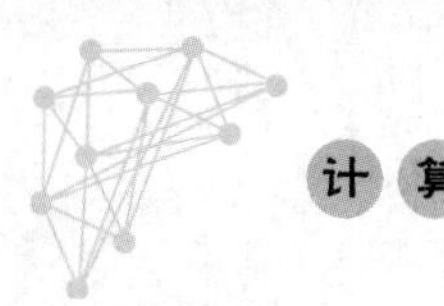


```
        self.batch_norm = paddle.nn.BatchNorm2D(
            num_features=ch_out,
            weight_attr=paddle.ParamAttr(
                initializer=paddle.nn.initializer.Normal(0.,0.02),
                regularizer=paddle.regularizer.L2Decay(0.)),
            bias_attr=paddle.ParamAttr(
                initializer=paddle.nn.initializer.Constant(0.0),
                regularizer=paddle.regularizer.L2Decay(0.)))
        self.act = act
    def forward(self, inputs):
        out = self.conv(inputs)
        out = self.batch_norm(out)
        if self.act == 'leaky':
            out = F.leaky_relu(x=out, negative_slope=0.1)
        return out
```

DarkNet53网络结构图

	类型	输出通道数	卷积核	输出特征图大小	
	Softmax			1000	
	全连接			1000	
	平均池化	1024	全局池化	1×1	
4×残差块	残差			8×8	C0
	卷积	1024	3×3		
	卷积	512	1×1		
	卷积	1024	3×3/2	8×8	
8×残差块	残差			16×16	C1
	卷积	512	3×3		
	卷积	256	1×1		
	卷积	512	3×3/2	16×16	
8×残差块	残差			32×32	C2
	卷积	256	3×3		
	卷积	128	1×1		
	卷积	256	3×3/2	32×32	
2×残差块	残差			64×64	
	卷积	128	3×3		
	卷积	64	1×1		
	卷积	128	3×3/2	64×64	
1×残差块	残差			128×128	
	卷积	64	3×3		
	卷积	32	1×1		
	卷积	64	3×3/2	128×128	
	卷积	32	3×3	256×256	

图 3-2-7　Darknet53 网络结构

DownSample 类是在网络中用于下采样的模块，在 DarkNet53 中下采样是通过步长为 2

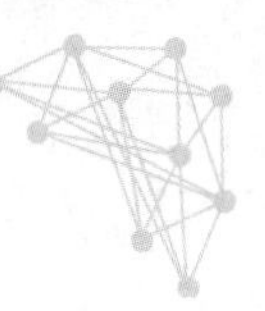

的卷积层实现的,可以实现特征分别率减半。

```
class DownSample(paddle.nn.Layer):
  # 下采样,图片尺寸减半,具体实现方式是使用 stirde = 2 的卷积
  def __init__(self,
          ch_in,
          ch_out,
          kernel_size = 3,
          stride = 2,
          padding = 1):
    super(DownSample, self).__init__()
    self.conv_bn_layer = ConvBNLayer(
      ch_in = ch_in,
      ch_out = ch_out,
      kernel_size = kernel_size,
      stride = stride,
      padding = padding)
    self.ch_out = ch_out
  def forward(self, inputs):
    out = self.conv_bn_layer(inputs)
    return out
```

在 DarkNet53 中,引入了 ResNet 跳跃连接的思路和残差结构。通过 BasicBlock 类定义 DarkNet53 中的基本残差结构。对于输入 x,经过两次卷积+批归一化结构后,通过 paddle.add 与原始的输入 x 相加。

```
class BasicBlock(paddle.nn.Layer):
  def __init__(self, ch_in, ch_out):
    super(BasicBlock, self).__init__()
    self.conv1 = ConvBNLayer(
      ch_in = ch_in,
      ch_out = ch_out,
      kernel_size = 1,
      stride = 1,
      padding = 0
      )
    self.conv2 = ConvBNLayer(
      ch_in = ch_out,
      ch_out = ch_out * 2,
      kernel_size = 3,
      stride = 1,
      padding = 1
      )
  def forward(self, inputs):
    conv1 = self.conv1(inputs)
    conv2 = self.conv2(conv1)
    out = paddle.add(x = inputs, y = conv2)
    return out
```

LayerWarp 类以 BasicBlock 为基础,组合多个残差结构,构成 Darknet53 网络的一个层级。

```
class LayerWarp(paddle.nn.Layer):
  def __init__(self, ch_in, ch_out, count, is_test = True):
```

```
        super(LayerWarp,self).__init__()
        self.basicblock0 = BasicBlock(ch_in,
          ch_out)
        self.res_out_list = []
        for i in range(1, count):
          res_out = self.add_sublayer("basic_block_%d" % (i), # 使用 add_sublayer 添加子层
            BasicBlock(ch_out * 2,
              ch_out))
          self.res_out_list.append(res_out)
    def forward(self,inputs):
        y = self.basicblock0(inputs)
        for basic_block_i in self.res_out_list:
          y = basic_block_i(y)
        return y
```

设计完用于构建网络的各个子模块后,接下来就要通过这些模块来搭建 DarkNet53,构建 YOLOV3 的特征提取网络。具体地,根据图 3-2-7 的网络结构示意,首先通过 ConvBNLayer 实现第一个卷积层,再通过 DownSample 实现特征图的下采样。

```
# DarkNet 每组残差块的个数,来自 DarkNet 的网络结构图
DarkNet_cfg = {53: ([1, 2, 8, 8, 4])}
class DarkNet53_conv_body(paddle.nn.Layer):
    def __init__(self):
        super(DarkNet53_conv_body, self).__init__()
        self.stages = DarkNet_cfg[53]
        self.stages = self.stages[0:5]
        # 第一层卷积
        self.conv0 = ConvBNLayer(
          ch_in=3,
          ch_out=32,
          kernel_size=3,
          stride=1,
          padding=1)
        # 下采样,使用 stride=2 的卷积来实现
        self.downsample0 = DownSample(
          ch_in=32,
          ch_out=32 * 2)
```

接下来通过循环地调用 LayerWarp 实现图 3-2-7 中的由不同数量残差结构组成的卷积单元(框线内的部分),每两个单元之间通过 DownSample(带有步长的卷积)实现特征图的下采样。同时考虑后面网络结构的需要,把 C0,C1,C2 特征图都作为返回值。

```
# 添加各个层级的实现
self.darknet53_conv_block_list = []
self.downsample_list = []
for i, stage in enumerate(self.stages):
    conv_block = self.add_sublayer(
      "stage_%d" % (i),
      LayerWarp(32 * (2 ** (i+1)),
      32 * (2 ** i),
      stage))
    self.darknet53_conv_block_list.append(conv_block)
# 两个层级之间使用 DownSample 将尺寸减半
```

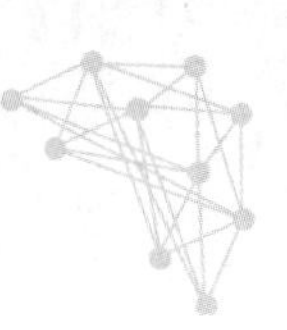

```
    for i in range(len(self.stages) - 1):
      downsample = self.add_sublayer(
        "stage_%d_downsample" % i,
        DownSample(ch_in=32*(2**(i+1)),
          ch_out=32*(2**(i+2))))
      self.downsample_list.append(downsample)
    def forward(self, inputs):
      out = self.conv0(inputs)
      out = self.downsample0(out)
      blocks = []
      for i, conv_block_i in enumerate(self.darknet53_conv_block_list):
                                                     #依次将各个层级作用在输入上面
        out = conv_block_i(out)
        blocks.append(out)
        if i < len(self.stages) - 1:
          out = self.downsample_list[i](out)
      return blocks[-1:-4:-1]                        # 将 C0, C1, C2 作为返回值
```

(3) YOLOV3 预测网络特征提取。

通过 Darknet53 和上采样得到的特征,并不能直接用于模型预测,还需要经过一系列的卷积过程。因此,通过 YOLODetectionBlock 来进一步提取特征,YOLODetectionBlock 由 6 组卷积和批归一化的结构组成,同时返回中间和最后的特征图。

```
class YOLODetectionBlock(paddle.nn.Layer):
  def __init__(self,ch_in,ch_out,is_test=True):
    super(YOLODetectionBlock, self).__init__()
    self.conv0 = ConvBNLayer(
      ch_in=ch_in,ch_out=ch_out,kernel_size=1,stride=1,padding=0)
    self.conv1 = ConvBNLayer(
      ch_in=ch_out,
      ch_out=ch_out*2,
      kernel_size=3,
      stride=1,
      padding=1)
    self.conv2 = ConvBNLayer(
      ch_in=ch_out*2,
      ch_out=ch_out,
      kernel_size=1,
      stride=1,
      padding=0)
    self.conv3 = ConvBNLayer(
      ch_in=ch_out,
      ch_out=ch_out*2,
      kernel_size=3,
      stride=1,
      padding=1)
    self.route = ConvBNLayer(
      ch_in=ch_out*2,
      ch_out=ch_out,
      kernel_size=1,
      stride=1,
      padding=0)
    self.tip = ConvBNLayer(
```

```
        ch_in = ch_out,
        ch_out = ch_out * 2,
        kernel_size = 3,
        stride = 1,
        padding = 1)
    def forward(self, inputs):
      out = self.conv0(inputs)
      out = self.conv1(out)
      out = self.conv2(out)
      out = self.conv3(out)
      route = self.route(out)
      tip = self.tip(route)
      return route, tip
```

（4）YOLOV3 上采样部分。

YOLOV3 将在三个不同尺度的特征图上进行预测，因此需要根据 Darknet53 提取的特征图和 Upsample 类构建用于预测的多个尺度的特征图：

```
class Upsample(paddle.nn.Layer):
  def __init__(self, scale = 2):
    super(Upsample,self).__init__()
    self.scale = scale

  def forward(self, inputs):
    # get dynamic upsample output shape
    shape_nchw = paddle.shape(inputs)
    shape_hw = paddle.slice(shape_nchw, axes = [0], starts = [2], ends = [4])
    shape_hw.stop_gradient = True
    in_shape = paddle.cast(shape_hw, dtype = 'int32')
    out_shape = in_shape * self.scale
    out_shape.stop_gradient = True

    # reisze by actual_shape
    out = paddle.nn.functional.interpolate(
      x = inputs, scale_factor = self.scale, mode = "NEAREST")
    return out
```

（5）YOLOV3 整体结构。

在实现 YOLOV3 的各个组件之后，接下来要定义 YOLOV3 模型的整体结构，其中包括 init、forward 和 get_loss。

在 init 部分，通过 DarkNet53_conv_body()搭建特征提取网络 DarkNet53，并通过 YOLODetectionBlock 和 Upsample 构建用于预测的三种尺度的特征图。对于每种尺度特种图使用 $K(C+5)$的 1×1 卷积进行预测，其中 C 是预测类别，K 是每个尺度特征图上预设的锚点种类数量。

其中损失部分调用了飞桨平台用于计算 YOLOV3 损失的接口 paddle.vision.ops.yolo_loss，YOLOV3 损失包括三个主要部分：框位置损失、目标性损失、分类损失。L1 损失用于框坐标(w,h)，同时，sigmoid 交叉熵损失用于框坐标(x,y)、目标性损失和分类损失。

每个真实框将在所有 anchor 中找到最匹配的 anchor，对该 anchor 的预测将会计算全部（三种）损失，但是没有匹配 GT box(ground truth box，真实框)的 anchor 的预测只会产生目

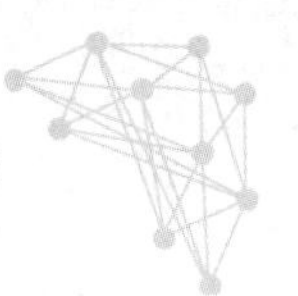

标性损失。为了权衡大框(box)和小框(box)之间的框坐标损失,框坐标损失将与比例权重相乘而得。

$$\text{loss}=(\text{loss}_{xy}+\text{loss}_{wh})\times \text{weight}_{\text{box}}+\text{loss}_{\text{conf}}+\text{loss}_{\text{class}}$$

YOLOV3 loss 前的网络输出形状为$[N,C,H,W]$,H 和 W 应该相同,用来指定网格(grid)大小。每个网格点预测 S 个边界框(bounding boxes),S 由每个尺度中 anchors 簇的个数指定。在第二维(表示通道的维度)中,C 的值应为 $S\times(\text{class\_num}+5)$,class_num 是源数据集的对象种类数(如 coco 中为 80),另外,除了存储 4 个边界框位置坐标 x,y,w,h,还包括边界框以及每个 anchor 框的 one-hot 关键字的置信度得分。

```
class YOLOV3(paddle.nn.Layer):
  def __init__(self, num_classes = 7):
    super(YOLOV3,self).__init__()
    self.num_classes = num_classes
    # 提取图像特征的骨干代码
    self.block = DarkNet53_conv_body()
    self.block_outputs = []
    self.YOLO_blocks = []
    self.route_blocks_2 = []
    # 生成 3 个层级的特征图 P0, P1, P2
    for i in range(3):
      # 添加从 ci 生成 ri 和 ti 的模块
      YOLO_block = self.add_sublayer(
        "YOLO_detecton_block_%d" % (i),
        YOLODetectionBlock(
                ch_in = 512//(2**i)*2 if i == 0 else 512//(2**i)*2 + 512//(2**i),
                ch_out = 512//(2**i)))
      self.YOLO_blocks.append(YOLO_block)
      num_filters = 3 * (self.num_classes + 5)
      block_out = self.add_sublayer(
        "block_out_%d" % (i),
        paddle.nn.Conv2D(in_channels = 512//(2**i)*2,
            out_channels = num_filters,
            kernel_size = 1,
            stride = 1,
            padding = 0,
            weight_attr = paddle.ParamAttr(
              initializer = paddle.nn.initializer.Normal(0., 0.02)),
            bias_attr = paddle.ParamAttr(
              initializer = paddle.nn.initializer.Constant(0.0),
              regularizer = paddle.regularizer.L2Decay(0.))))
      self.block_outputs.append(block_out)
      if i < 2:
        # 对 ri 进行卷积
        route = self.add_sublayer("route2_%d" % i,
                        ConvBNLayer(ch_in = 512//(2**i),
                            ch_out = 256//(2**i),
                            kernel_size = 1,
                            stride = 1,
                            padding = 0))
        self.route_blocks_2.append(route)
```

```
    # 将ri放大以便跟c_{i+1}保持同样的尺寸
    self.upsample = Upsample()
```

在forward()函数中确定YOLOV3网络结构的各层之间前向传播的先后顺序。

```
def forward(self, inputs):
  outputs = []
  blocks = self.block(inputs)
  for i, block in enumerate(blocks):
    if i > 0:
      # 将r_{i-1}经过卷积和上采样之后得到特征图,与这一级的ci进行拼接
      block = paddle.concat([route, block], axis=1)
    # 从ci生成ti和ri
    route, tip = self.YOLO_blocks[i](block)
    # 从ti生成pi
    block_out = self.block_outputs[i](tip)
    # 将pi放入列表
    outputs.append(block_out)
    if i < 2:
      # 对ri进行卷积调整通道数
      route = self.route_blocks_2[i](route)
      # 对ri进行放大,使其尺寸和c_{i+1}保持一致
      route = self.upsample(route)
  return outputs
```

通过paddle.vision.ops.YOLO_loss直接计算损失函数,过程更简洁,速度也更快。

```
def get_loss(self, outputs, gtbox, gtlabel, gtscore=None,
      anchors = [10, 13, 16, 30, 33, 23, 30, 61, 62, 45, 59, 119, 116, 90, 156, 198, 373, 326],
      anchor_masks = [[6, 7, 8], [3, 4, 5], [0, 1, 2]],
      ignore_thresh=0.7,
      use_label_smooth=False):
    self.losses = []
    downsample = 32
    for i, out in enumerate(outputs): # 对三个层级分别求损失函数
      anchor_mask_i = anchor_masks[i]
      loss = paddle.vision.ops.YOLO_loss(
          x=out, # out是P0, P1, P2中的一个
          gt_box=gtbox,                        # 真实框坐标
          gt_label=gtlabel,                    # 真实框类别
          gt_score=gtscore,                    # 真实框得分,使用mixup训练技巧时需要
          anchors=anchors,                     # 锚框尺寸,包含[w0, h0, w1, h1, ..., w8, h8]共
                                               9个锚框的尺寸
          anchor_mask=anchor_mask_i,           # 筛选锚框的mask
          class_num=self.num_classes,          # 分类类别数
          ignore_thresh=ignore_thresh,         # 当预测框与真实框IoU > ignore_thresh,标注
                                               objectness = -1
          downsample_ratio=downsample,         # 特征图相对于原图缩小倍数
          use_label_smooth=False)              # 使用label_smooth
      self.losses.append(paddle.mean(loss))    #mean对每张图片求和
      downsample = downsample // 2             # 下一级特征图的缩放倍数会减半
    return sum(self.losses)                    # 对每个层级求和
```

步骤4：训练YOLOV3网络

训练过程如图3-2-8所示,输入图片经过特征提取后得到三个层级的输出特征图P0

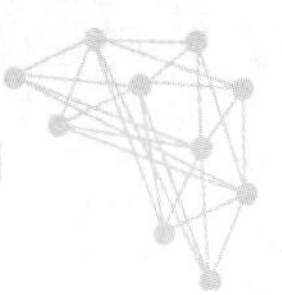

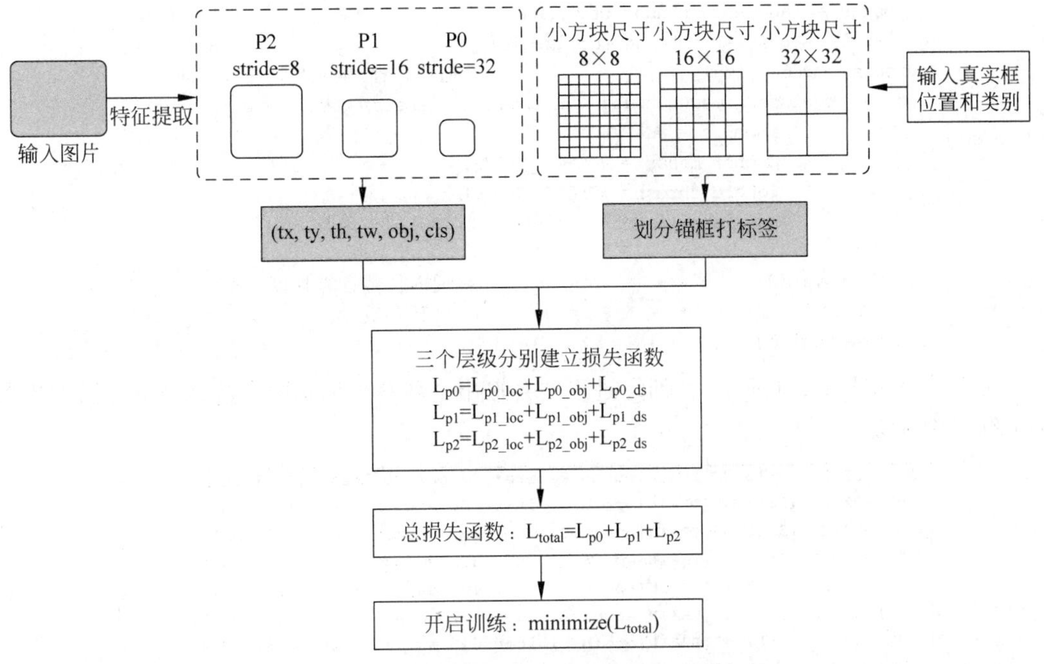

图 3-2-8　YOLOV3 训练过程流程图

(stride=32)、P1(stride=16)和 P2(stride=8)，相应地分别使用不同大小的小方块区域去生成对应的锚框和预测框，并对这些锚框进行标注。

P0 层级特征图，对应使用 32×32 大小的小方块，在每个区域中心生成大小分别为[116,90]、[156,198]、[373,326]的三种锚框。

P1 层级特征图，对应使用 16×16 大小的小方块，在每个区域中心生成大小分别为[30,61]、[62,45]、[59,119]的三种锚框。

P2 层级特征图，对应使用 8×8 大小的小方块，在每个区域中心生成大小分别为[10,13]、[16,30]、[33,23]的三种锚框。

将三个层级的特征图与对应锚框之间的标签关联起来，并建立损失函数，总的损失函数等于三个层级的损失函数相加。通过极小化损失函数，可以开启端到端的训练过程。

```
def train():
  model = YOLOV3(num_classes = NUM_CLASSES)   # 创建模型
  learning_rate = get_lr()
  opt = paddle.optimizer.Momentum(
          learning_rate = learning_rate,
          momentum = 0.9,
          weight_decay = paddle.regularizer.L2Decay(0.0005),
          parameters = model.parameters())      # 创建优化器
  MAX_EPOCH = 1
  for epoch in range(MAX_EPOCH):
    for i, data in enumerate(train_loader()):
      img, gt_boxes, gt_labels, img_scale = data
      gt_scores = np.ones(gt_labels.shape).astype('float32')
      gt_scores = paddle.to_tensor(gt_scores)
      img = paddle.to_tensor(img)
```

```
    gt_boxes = paddle.to_tensor(gt_boxes)
    gt_labels = paddle.to_tensor(gt_labels)
    outputs = model(img)                          #前向传播,输出[P0, P1, P2]
    loss = model.get_loss(outputs, gt_boxes, gt_labels, gtscore = gt_scores,
                anchors = ANCHORS,
                anchor_masks = ANCHOR_MASKS,
                ignore_thresh = IGNORE_THRESH,
                use_label_smooth = False)     # 计算损失函数

    loss.backward()                               # 反向传播计算梯度
    opt.step()                                    # 更新参数
    opt.clear_grad()
```

训练过程如图 3-2-9 所示，在训练过程中会输出全部数据训练的轮数、batch 迭代的次数和训练时的损失。

```
2021-02-21 13:16:32[TRAIN]epoch 0, iter 0, output loss: [17515.46]
2021-02-21 13:16:45[TRAIN]epoch 0, iter 10, output loss: [711.6523]
2021-02-21 13:16:58[TRAIN]epoch 0, iter 20, output loss: [177.56128]
2021-02-21 13:17:09[TRAIN]epoch 0, iter 30, output loss: [100.74901]
2021-02-21 13:17:22[TRAIN]epoch 0, iter 40, output loss: [109.4012]
2021-02-21 13:17:36[TRAIN]epoch 0, iter 50, output loss: [86.60315]
2021-02-21 13:17:49[TRAIN]epoch 0, iter 60, output loss: [73.88124]
2021-02-21 13:18:02[TRAIN]epoch 0, iter 70, output loss: [51.598812]
2021-02-21 13:18:15[TRAIN]epoch 0, iter 80, output loss: [66.547485]
2021-02-21 13:18:27[TRAIN]epoch 0, iter 90, output loss: [65.25056]
2021-02-21 13:18:40[TRAIN]epoch 0, iter 100, output loss: [87.08785]
2021-02-21 13:18:52[TRAIN]epoch 0, iter 110, output loss: [76.32029]
2021-02-21 13:19:06[TRAIN]epoch 0, iter 120, output loss: [72.307175]
2021-02-21 13:19:20[TRAIN]epoch 0, iter 130, output loss: [78.60363]
2021-02-21 13:19:34[TRAIN]epoch 0, iter 140, output loss: [61.50921]
2021-02-21 13:19:47[TRAIN]epoch 0, iter 150, output loss: [57.60893]
2021-02-21 13:20:00[TRAIN]epoch 0, iter 160, output loss: [48.932396]
2021-02-21 13:20:14[TRAIN]epoch 0, iter 170, output loss: [70.52108]
2021-02-21 13:20:28[TRAIN]epoch 0, iter 180, output loss: [57.51571]
2021-02-21 13:20:42[TRAIN]epoch 0, iter 190, output loss: [54.175972]
2021-02-21 13:20:54[TRAIN]epoch 0, iter 200, output loss: [55.90041]
2021-02-21 13:21:07[TRAIN]epoch 0, iter 210, output loss: [52.864914]
```

图 3-2-9　YOLOV3 训练过程中的部分输出

步骤 5：YOLOV3 预测模型

模型的预测过程如图 3-2-10 所示，可以分为两步：

（1）通过网络输出计算出预测框位置和所属类别的得分；

（2）使用非极大值抑制来消除重叠较大的预测框。

在 YOLOV3 类中添加 get_pred()函数，将网络输出的特征转换成网络预测的矩形框坐标和矩形框对应的类别：

```
def get_pred(self,
        outputs,
        im_shape = None,
        anchors = [10, 13, 16, 30, 33, 23, 30, 61, 62, 45, 59, 119, 116, 90, 156, 198, 373, 326],
        anchor_masks = [[6, 7, 8], [3, 4, 5], [0, 1, 2]],
```

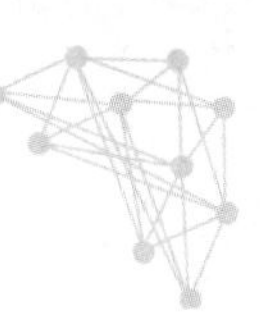

```
        valid_thresh = 0.01):
    downsample = 32
    total_boxes = []
    total_scores = []
    for i, out in enumerate(outputs):
      anchor_mask = anchor_masks[i]
      anchors_this_level = []
      for m in anchor_mask:
        anchors_this_level.append(anchors[2 * m])
        anchors_this_level.append(anchors[2 * m + 1])
      boxes, scores = paddle.vision.ops.YOLO_box(
          x = out,
          img_size = im_shape,
          anchors = anchors_this_level,
          class_num = self.num_classes,
          conf_thresh = valid_thresh,
          downsample_ratio = downsample,
          name = "YOLO_box" + str(i))
      total_boxes.append(boxes)
      total_scores.append(
            paddle.transpose(
            scores, perm = [0, 2, 1]))
      downsample = downsample // 2
    YOLO_boxes = paddle.concat(total_boxes, axis = 1)
    YOLO_scores = paddle.concat(total_scores, axis = 2)
    return YOLO_boxes, YOLO_scores
```

输入图片
尺寸：608×608
特征提取
P2
P1
P0
(tx, ty, th, tw, obj_logits, cls_logits)
计算预测框和得分
三个层级的
预测框和得分
bbox: (x1, y1, x2, y2), P0: [N, 1083, 4],
P1: [N, 4332, 4], P2: [N, 17328, 4]
score: (Pc1, Pc2…, Pc), P0: [N, 7, 1083],
P1: [N, 7, 4332], P2: [N, 7, 17328]
不同层级结果拼接起来
bbox: (x1, y1, x2, y2), [N, 22743, 4]
score: (Pc1, Pc2…, Pc), [N, 7, 22743]
使用多分类非极大值
抑制来消除重合较大的框
输出预测框和得分

图 3-2-10　YOLOV3 网络预测过程流程图

因为每个目标可能会被不同的锚框覆盖，可能会被预测出多次，因此需要定义 multiclass_nms()函数，对 YOLOV3 的预测结果进行非极大值抑制，对于重叠的矩形框只保留置信度最高的目标：

```
def multiclass_nms(bboxes, scores, score_thresh = 0.01, nms_thresh = 0.45, pre_nms_topk = 1000,
pos_nms_topk = 100):
  batch_size = bboxes.shape[0]
  class_num = scores.shape[1]
  rets = []
  for i in range(batch_size):
    bboxes_i = bboxes[i]
    scores_i = scores[i]
    ret = []
    for c in range(class_num):
      scores_i_c = scores_i[c]
      keep_inds = nms(bboxes_i, scores_i_c, score_thresh, nms_thresh, pre_nms_topk, i = i, c = c)
      if len(keep_inds) < 1:
        continue
      keep_bboxes = bboxes_i[keep_inds]
      keep_scores = scores_i_c[keep_inds]
      keep_results = np.zeros([keep_scores.shape[0], 6])
      keep_results[:, 0] = c
      keep_results[:, 1] = keep_scores[:]
      keep_results[:, 2:6] = keep_bboxes[:, :]
      ret.append(keep_results)
    if len(ret) < 1:
      rets.append(ret)
      continue
    ret_i = np.concatenate(ret, axis = 0)
    scores_i = ret_i[:, 1]
    if len(scores_i) > pos_nms_topk:
      inds = np.argsort(scores_i)[::-1]
      inds = inds[:pos_nms_topk]
      ret_i = ret_i[inds]
    rets.append(ret_i)
  return rets
```

最后我们通过定义 test()函数使用训练好的 YOLOV3 模型进行预测。首先使用 YOLOV3 中的 forward()函数提取图像的预测特征，然后通过 get_pred 将预测特征转换为网络预测的矩形框和对应的类别，最后通过 multiclass_nms 去除重叠的预测结果，得到网络最终的预测结果。

```
def test():
  model = YOLOV3(num_classes = NUM_CLASSES)
  params_file_path = '/home/aistudio/YOLO_epoch0'
  model_state_dict = paddle.load(params_file_path)
  model.load_dict(model_state_dict)
  model.eval()
  total_results = []
  test_loader = test_data_loader(TESTDIR, batch_size = 1, mode = 'test')
  for i, data in enumerate(test_loader()):
    img_name, img_data, img_scale_data = data
```

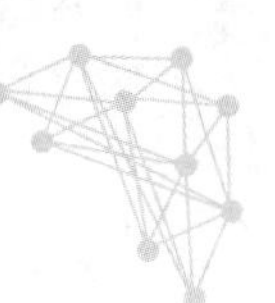


```
    img = paddle.to_tensor(img_data)
    img_scale = paddle.to_tensor(img_scale_data)
    outputs = model.forward(img)
    bboxes, scores = model.get_pred(outputs,
                        im_shape=img_scale,
                        anchors=ANCHORS,
                        anchor_masks=ANCHOR_MASKS,
                        valid_thresh = VALID_THRESH)
    bboxes_data = bboxes.numpy()
    scores_data = scores.numpy()
    result = multiclass_nms(bboxes_data, scores_data,
                  score_thresh=VALID_THRESH,
                  nms_thresh=NMS_THRESH,
                  pre_nms_topk=NMS_TOPK,
                  pos_nms_topk=NMS_POSK)
    for j in range(len(result)):
      result_j = result[j]
      img_name_j = img_name[j]
      total_results.append([img_name_j, result_j.tolist()])
```

预测完成后，通过可视化，可以得到如图 3-2-11 所示的结果，不同类型的昆虫被表示为由不同类别的矩形框包裹着，看起来训练的结果还不错。

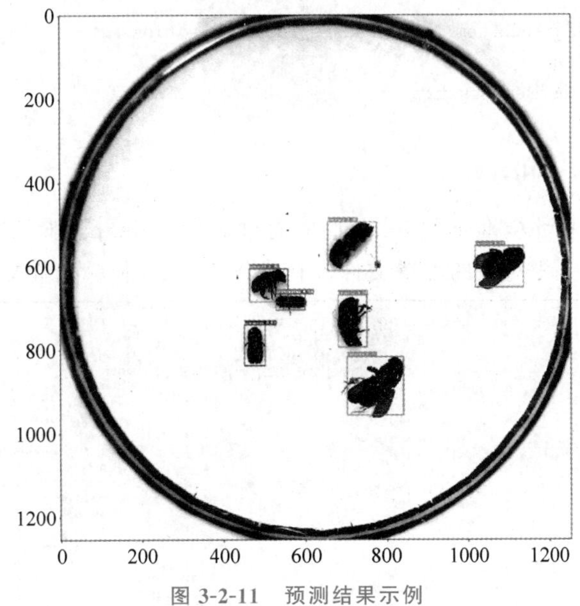

图 3-2-11　预测结果示例

至此，我们就完成了 YOLOV3 网络的搭建、训练和预测过程，你学会了吗？

3.2.2　基于 PP-YOLO 模型的昆虫检测

基于 PP-YOLO 模型的昆虫检测

在使用 YOLOV3 实现昆虫识别的实践中，我们通过大量的代码实现了数据预处理、数据加载、模型构建，以及模型训练测试的过程。在这里我们将使用 PaddleDetection 快速地实现基于 PP-YOLO 进行昆虫识别。

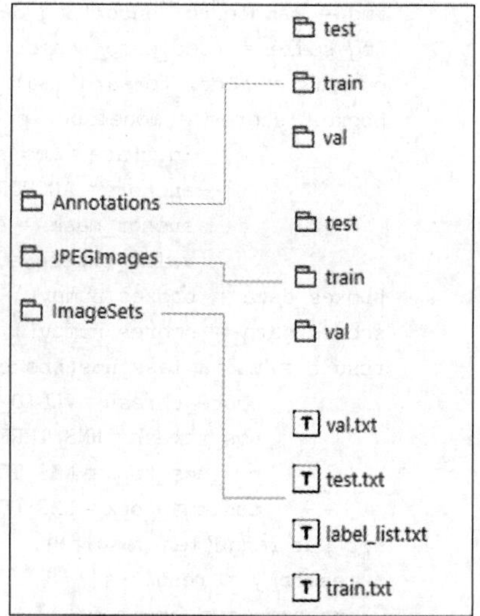

图 3-2-12　数据存储的目录结构

步骤 1：认识 AI 识虫数据集

这里使用的数据集也是昆虫识别的数据集，包含 1693 张训练图像、245 张验证图像和 245 张测试图像。与之前不同的是，数据存储的目录结构做出相应的调整，与 PASCAL VOC 的目录结构相匹配。如图 3-2-12 所示，目录下有标注、图像和图像划分设置三个文件夹。其中，标注文件夹和图像文件夹下各自分为测试、训练和验证三个文件夹，并分别存储对应测试、训练和验证集的标注和图像。图像划分设置文件夹下存储训练、验证和测试的名单以及类别列表。

步骤 2：环境安装

在本次实践中，我们要使用 PaddleDetection，因此首先要下载并安装 PaddleDetection 的环境。与 3.1 节的实践一样，通过 git clone 命令下载 PaddleDetection 源码，并安装 PaddleDetection 所需的依赖。

```
!git clone https://github.com/PaddlePaddle/PaddleDetection
%cd PaddleDetection
!pip install -r requirements.txt
```

步骤 3：模型训练、验证和评估

在完成数据部署和环境准备后，可以直接通过执行 train.py 来训练网络。在这里我们需要使用与 PP-YOLO 相对应的配置文件。在如图 3-2-13 所示配置文件中，可以设置数据

```
architecture: YOLOv3
use_gpu: true
max_iters: 25000
log_smooth_window: 20
log_iter: 20
save_dir: output
snapshot_iter: 1000
metric: VOC
pretrain_weights: https://paddle-image
weights: output/ppyolo/model_final
num_classes: 7
use_fine_grained_loss: true
use_ema: true
ema_decay: 0.9998

YOLOv3:
  backbone: ResNet
  yolo_head: YOLOv3Head
  use_fine_grained_loss: true

ResNet:
  norm_type: sync_bn
  freeze_at: 0
  freeze_norm: false
  norm_decay: 0.
  depth: 50
  feature_maps: [3, 4, 5]
  variant: d
  dcn_v2_stages: [5]
```

```
YOLOv3Head:
  anchor_masks: [[6, 7, 8], [3, 4, 5], [0, 1, 2]]
  anchors: [[10, 13], [16, 30], [33, 23],
            [30, 61], [62, 45], [59, 119],
            [116, 90], [156, 198], [373, 326]]
  norm_decay: 0.
  coord_conv: true
  iou_aware: true
  iou_aware_factor: 0.4
  scale_x_y: 1.05
  spp: true
  yolo_loss: YOLOv3Loss
  nms: MatrixNMS
  drop_block: true

YOLOv3Loss:
  batch_size: 12
  ignore_thresh: 0.7
  scale_x_y: 1.05
  label_smooth: false
  use_fine_grained_loss: true
  iou_loss: IouLoss
  iou_aware_loss: IouAwareLoss

IouLoss:
  loss_weight: 2.5
  max_height: 608
  max_width: 608

IouAwareLoss:
  loss_weight: 1.0
  max_height: 608
  max_width: 608
```

```
TrainReader:
  inputs_def:
    fields: ['image', 'gt_bbox', 'gt_class', 'gt_score']
    num_max_boxes: 50
  dataset:
    !VOCDataSet
      dataset_dir: dataset/insect
      anno_path: ImageSets/train.txt
      image_dir: ImageSets
      label_list: ImageSets/label_list.txt
      use_default_label: false
      with_background: false
  sample_transforms:
    - !DecodeImage
      to_rgb: True
      with_mixup: True
    - !MixupImage
      alpha: 1.5
      beta: 1.5
    - !ColorDistort {}
    - !RandomExpand
      fill_value: [123.675, 116.28, 103.53]
    - !RandomCrop {}
    - !RandomFlipImage
      is_normalized: false
    - !NormalizeBox {}
    - !PadBox
      num_max_boxes: 50
    - !BboxXYXY2XYWH {}
  batch_transforms:
  - !RandomShape
    sizes: [320, 352, 384, 416, 448, 480, 512, 544, 576, 608]
    random_inter: True
  - !NormalizeImage
    mean: [0.485, 0.456, 0.406]
    std: [0.229, 0.224, 0.225]
```

图 3-2-13　PP-YOLO 配置文件

集的数据格式、数据读取阶段的各种数据增强方法和 PP-YOLO 的各种网络结构、参数配置等。

```
! python tools/train.py -c ../../work/ppyolo.yml --eval
```

训练完成后可以通过执行 eval.py 和 infer.py 来进行模型的验证和预测。与训练阶段不同的是，除了要给定配置文件外，在验证阶段还需要给出训练好的权重、预测时需要给出训练好的权重和需要预测的图像。

```
! python tools/eval.py -c ../../work/ppyolo.yml -o weights=../../work/best_model
! python tools/infer.py -c ../../work/ppyolo.yml --infer_img=dataset/insect/JPEGImages/
test/1898.jpeg -o weights=../../work/best_model
```

3.3　实践三：基于 DETR 模型的目标检测

基于 DETR 模型的目标检测

本节将使用 DETR 来实现 COCO 数据集上的目标检测。

DETR 即 Detection Transformer，是 Facebook AI 的研究者提出的一种借助基于 Transformer 的编码器-解码器体系结构进行目标检测的方法。它是第一个将 Transformer 成功整合为检测 pipeline 中心构建块的目标检测框架。与之前的目标检测方法相比，DETR 有效地消除了对许多手工设计的组件的需求，例如非最大抑制（Non-Maximum Suppression，NMS）、锚点（Anchor）生成等。

本书提出了一个非常简单的端到端的框架，DETR 的网络结构很简单，分为三个部分：第一部分是一个传统 CNN，用于提取图片特征到更高维度；第二部分是一个 Transformer 的 Encoder 和 Decoder，用来提取 Bounding Box；第三部分是 Bipartite matching loss，用来训练网络。

步骤 1：COCO 数据集与数据下载

MS COCO 的全称是 Microsoft Common Objects in Context，是微软团队提供的一个可以用来进行图像识别的数据集，与 ImageNet 竞赛一样，被视为计算机视觉领域最受关注和最权威的比赛之一。

COCO 数据集是一个大型的、丰富的目标检测（Image Detection）、语义分割（Semantic Segmentation）和图像标题（Image Captioning）数据集。其数据主要来源于复杂的日常场景（如图 3-3-1 所示），共包含超过 33 万张图像（其中 22 万张是有标注的图像），150 万个目标，80 个目标类别（Object Categories，例如行人、汽车、大象等），91 种类别（Stuff Categoris，例如，草、墙、天空等），每张图像包含 5 句图像的语句描述，且有 250000 个带关键点标注的行人。

本次实践采用的是 COCO2017 的目标检测数据，训练集 118287 张图，验证集 5000 张图，共计 123287 张图。如图 3-3-2 所示，训练图像和验证图像分别存储在 train2017 和 val2017 文件夹中，annotations 存储的是对应训练集和验证集的标注，其中 instances_train2017 和 instances_val2017 是需要的标注文件，其余的文件分别对应图像标题和人体关键点的标注（本次实践不需要）。

在本次实践中，并不需要 instances_train2017 中所有的标注信息。如图 3-3-3 所示，在

图 3-3-1　COCO 数据集示例

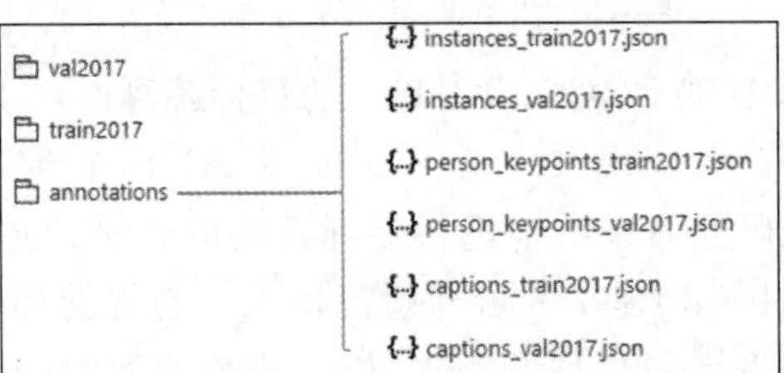

图 3-3-2　目录结构


```
"images": [
    {
        "license": 4,
        "file_name": "000000397133.jpg",
        "coco_url": "http://images.cocodataset.org/val2017/000000397133.jpg",
        "height": 427,
        "width": 640,
        "date_captured": "2013-11-14 17:02:52",
        "flickr_url": "http://farm7.staticflickr.com/6116/6255196340_da26cf2c9e_z.jpg",
        "id": 397133
    },
    {
        "license": 1,
        "file_name": "000000037777.jpg",
        "coco_url": "http://images.cocodataset.org/val2017/000000037777.jpg",
        "height": 230,
        "width": 352,
        "date_captured": "2013-11-14 20:55:31",
        "flickr_url": "http://farm9.staticflickr.com/8429/7839199426_f6d48aa585_z.jpg",
        "id": 37777
    },
    {
        "license": 4,
        "file_name": "000000252219.jpg",
        "coco_url": "http://images.cocodataset.org/val2017/000000252219.jpg",
        "height": 428,
        "width": 640,
        "date_captured": "2013-11-14 22:32:02",
        "flickr_url": "http://farm4.staticflickr.com/3446/3232237447_13d84bd0a1_z.jpg",
        "id": 252219
    },
    {
        "license": 1,
        "file_name": "000000087038.jpg",
        "coco_url": "http://images.cocodataset.org/val2017/000000087038.jpg",
        "height": 480,
        "width": 640,
        "date_captured": "2013-11-14 23:11:37",
        "flickr_url": "http://farm8.staticflickr.com/7355/8825114508_b0fa4d7168_z.jpg",
        "id": 87038
    },
    {
        "license": 6,
        "file_name": "000000174482.jpg",
        "coco_url": "http://images.cocodataset.org/val2017/000000174482.jpg",
        "height": 388,
        "width": 640,
        "date_captured": "2013-11-14 23:16:55",
        "flickr_url": "http://farm8.staticflickr.com/7020/6478877255_242f741dd1_z.jpg",
        "id": 174482
    },
```

```
{
    "segmentation": [
        [
            364.34,
            399.94,
            356.67,
            402.07,
            350.85,
            402.21,
            347.72,
            401.64,
            346.16,
            398.52,
            345.03,
            394.26,
            347.44,
            391.56,
            350.42,
            389.01,
            354.96,
            387.87,
            360.08,
            389.72,
            363.91,
            392.56,
            365.75,
            395.11
        ]
    ],
    "area": 219.91114999999954,
    "iscrowd": 0,
    "image_id": 535523,
    "bbox": [
        345.03,
        387.87,
        20.72,
        14.34
    ],
    "category_id": 60,
    "id": 1082722
},
```


图 3-3-3　标注示例

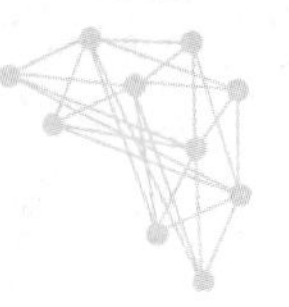

本次实践中需要用到图像信息中 file_name 记录的图片名称、height 和 width 记录的图像高和宽和标注文件中 category_id 记录的标注框对应类别、bbox 记录的标注框坐标以及 image_id 中记录的标注框所对应的图像 id。

步骤 2：数据加载

接下来，我们要实现网络训练过程中的数据加载部分。在网络训练中，数据加载部分除了需要提供图像和标注加载的功能外，还需要提供数据增强和分布式读取的功能，分别来实现这些功能。

本次实践使用的 COCO 数据集，标注通过 JSON 的格式存储。因此，要实现一个 COCODataSet 类。COCODataSet 类要完成：①解析标注文件，构建图像、标签数据；②对图像进行数据增强，并相应地对标注进行调整。

COCODataSet 类的主要函数包括 init、getitem 和 parse_dataset。接下来，分别针对这几个函数展开介绍。因为 COCODataSet 类是针对兼容 COCO 数据集多个任务设计的，所以代码中不仅考虑了检测的部分，也考虑了分割、关键点等任务。本节的内容将主要针对实践所涉及的目标检测部分。

init()函数用于在构建 COCODataSet 实例时进行初始化，确定数据存放的目录、图像路径、标注路径以及需要加载的数据内容（COCO 数据集除了包含检测标注外还包含分割、关键点等标注，因此我们需要给定需要加载的数据内容）。

```
def __init__(self,
             dataset_dir = None,
             image_dir = None,
             anno_path = None,
             data_fields = ['image'],
             sample_num = -1,
             load_crowd = False,
             allow_empty = False,
             empty_ratio = 1.,
   use_default_label = None):
   super(COCODataSet, self).__init__()
   self.dataset_dir = dataset_dir if dataset_dir is not None else ''
   self.anno_path = anno_path
   self.image_dir = image_dir if image_dir is not None else ''
   self.data_fields = data_fields
   self.sample_num = sample_num
   ……
```

parse_dataset()函数是 COCODataSet 中用于加载并解析所有标注信息的函数。在这里将分段介绍 parse_dataset()函数。

在 parse_dataset()函数中，需要使用 COCO 数据集提供的方法来读取标注文件中的一些信息。具体地，COCO 标注中的目标实例通过绑定图像 ID 来确定与图像的对应关系。因此，通过 getImgIds()函数来获取所有图像的 ID。除此之外，COCO 数据集 80 个类的编号并不是 0～79，所以需要构建顺序编号的类别 ID。这里就需要通过 getCatIds()函数来获取所有 COCO 数据集中的所有类别编号。

```
from pycocotools.coco import COCO
coco = COCO(anno_path)
img_ids = coco.getImgIds()
img_ids.sort()
cat_ids = coco.getCatIds()
records = []
self.catid2clsid = dict({catid: i for i, catid in enumerate(cat_ids)})
self.cname2cid = dict({
  coco.loadCats(catid)[0]['name']: clsid
  for catid, clsid in self.catid2clsid.items()
})
```

在获取完所有图像ID和对类别进行编码之后，就需要针对每个图象构建它的标注信息。在遍历图像内存在的标注之前，先构建针对图像的初始字典，其中包括图像的存储路径、图像的ID以及图像的长宽。

```
for img_id in img_ids:
    img_anno = coco.loadImgs([img_id])[0]      # 加载存储图像信息的字典
im_fname = img_anno['file_name']
    im_w = float(img_anno['width'])
    im_h = float(img_anno['height'])
    im_path = os.path.join(image_dir,
                 im_fname) if image_dir else im_fname
    coco_rec = {
      'im_file': im_path,
      'im_id': np.array([img_id]),
      'h': im_h,
      'w': im_w,
    } if 'image' in self.data_fields else {}      # 构建单张图像的字典
```

接下来，通过给定图像ID，使用coco.getAnnIds读取与图像关联的所有目标的标注信息。一张图像往往存在多个目标实例，也就对应着多个目标标注信息。针对每个目标矩形框，将中心点坐标和框长宽转化为左上角和右下角点坐标后，添加进bboxes中。

```
if not self.load_image_only:
  ins_anno_ids = coco.getAnnIds(                    # 获取图像中包含的目标 ID
    imgIds = [img_id], iscrowd = None if self.load_crowd else False)
  instances = coco.loadAnns(ins_anno_ids)      # 提取图像中的目标标注信息
  bboxes = []
  for inst in instances:                            # 获得每一个实例目标
    x1, y1, box_w, box_h = inst['bbox']
    x2 = x1 + box_w
    y2 = y1 + box_h
    eps = 1e-5
    if inst['area'] > 0 and x2 - x1 > eps and y2 - y1 > eps:
      inst['clean_bbox'] = [
        round(float(x), 3) for x in [x1, y1, x2, y2]
      ]
      bboxes.append(inst)
```

对于图像中的实例，除了需要包裹目标实例矩形框的坐标外，还需要矩形框所对应的类别。因此针对一张图像所有的目标实例，我们构建存储目标矩形框坐标和标注的数组，并生

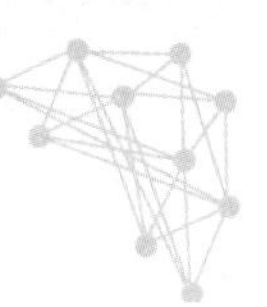

成单张图像的标注字典。

```
num_bbox = len(bboxes)
gt_bbox = np.zeros((num_bbox, 4), dtype=np.float32)
gt_theta = np.zeros((num_bbox, 1), dtype=np.int32)
gt_class = np.zeros((num_bbox, 1), dtype=np.int32)
is_crowd = np.zeros((num_bbox, 1), dtype=np.int32)
gt_poly = [None] * num_bbox
for i, box in enumerate(bboxes):
  catid = box['category_id']
  gt_class[i][0] = self.catid2clsid[catid]        #得到标注类别
  gt_bbox[i, :] = box['clean_bbox']               #得到标注 box 坐标
  # xc, yc, w, h, theta
gt_rec = {                                        #生成单张图像的标注信息(字典的形式)
  'is_crowd': is_crowd,                           #区分是单个实例还是一组对象
  'gt_class': gt_class,
  'gt_bbox': gt_bbox,
  'gt_poly': gt_poly,
}
```

最后，将图像的信息字典和图像内的标注字典合并在一起就完成了单张图像的所有信息加载。遍历所有训练的图像，就得到了训练过程中需要的信息。

```
    for k, v in gt_rec.items():
      if k in self.data_fields:
          coco_rec[k] = v
    records.append(coco_rec)
self.roidbs = records
```

getitem()函数用于在网络训练迭代的过程中提供训练所需要的数据。在 DETR 中返回的是图像、图像的宽高信息和图像中存在的目标矩形框的位置和类别。在 getitem 中还会随着迭代轮数的变化，根据设定的 Mixup 数据增强方式，对返回的图像和标注进行调整。

```
def __getitem__(self, idx):
  roidb = copy.deepcopy(self.roidbs[idx])
  if self.mixup_epoch == 0 or self._epoch < self.mixup_epoch:
    n = len(self.roidbs)
    idx = np.random.randint(n)
    roidb = [roidb, copy.deepcopy(self.roidbs[idx])]
  elif self.cutmix_epoch == 0 or self._epoch < self.cutmix_epoch:
    n = len(self.roidbs)
    idx = np.random.randint(n)
    roidb = [roidb, copy.deepcopy(self.roidbs[idx])]
  elif self.mosaic_epoch == 0 or self._epoch < self.mosaic_epoch:
    n = len(self.roidbs)
    roidb = [roidb, ] + [
      copy.deepcopy(self.roidbs[np.random.randint(n)])
      for _ in range(3)
    ]
  if isinstance(roidb, Sequence):
    for r in roidb:
      r['curr_iter'] = self._curr_iter
  else:
    roidb['curr_iter'] = self._curr_iter
```

```
    self._curr_iter += 1
    return self.transform(roidb)
```

我们可能会觉得奇怪，在 getitem()函数中，我们通过索引得到的是 parse_dataset()函数中生成的图像存储路径，并没有直接得到图像。其实，在 getitem()函数中是通过 transform(roidb)来实现图像的加载和数据增强的过程的。在 COCODataSet 类实例化后，我们会调用 set_transform 设置对图像和标注的加载以及增强方式。

```
def set_transform(self, transform):
    self.transform = transform
```

还要定义用于数据处理的各个类。目标检测网络对输入图片的格式、大小有一定的要求，数据灌入模型前，需要对数据进行预处理操作，使图片满足网络训练以及预测的需要。同时，为了使网络见过更多富有变化的数据，增强网络的泛化能力，还会进行一些数据增广。

本次实践中用到的数据预处理方法如下。

- 图像解码：将图像转为 Numpy 格式。
- 图像翻转：将图像进行翻转。
- 随机选择：在不同的预处理随机之间随机选择一个转换。
- 调整图片大小：将原图片中短边尺寸统一缩放到 384。
- 图像裁剪：将图像的长宽统一裁剪为 384×384，确保模型读入的图片数据大小统一。
- 归一化(Normalization)：通过规范化手段，把神经网络每层中任意神经元的输入值分布改变成均值为 0、方差为 1 的标准正态分布，使得最优解的寻优过程明显会变得平缓，训练过程更容易收敛。
- 通道变换：图像的数据格式为[H, W, C](高度、宽度和通道数)，而神经网络使用的训练数据的格式为[C, H, W]，因此需要对图像数据重新排列，例如[384, 384, 3]变为[3, 384, 384]。

在实现这些方法之前，要先定义一个预处理的父类 BaseOperator，其他的数据预处理类都要继承这个父类。在 BaseOperator 类中，通过__call__的 BaseOperator 类实例对象可以像调用普通函数那样，以“对象名()”的形式使用。其他类在继承 BaseOperator 类后，只需要重新 apply 方法即可。

```
class BaseOperator(object):
    def __init__(self, name = None):
        if name is None:
            name = self.__class__.__name__
        self._id = name + '_' + str(uuid.uuid4())[-6:]
    def apply(self, sample, context = None):
        return sample
    def __call__(self, sample, context = None):
        if isinstance(sample, Sequence):
            for i in range(len(sample)):
                sample[i] = self.apply(sample[i], context)
        else:
            sample = self.apply(sample, context)
        return sample
    def __str__(self):
        return str(self._id)
```

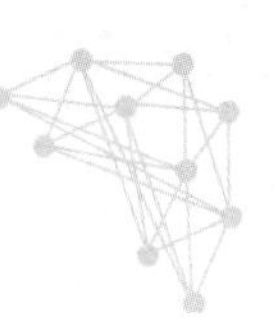

图像解码类 Decode：用于加载图像，并将图像转化为 Numpy 的格式。因为继承了 BaseOperator 的方法，在 Decode 类中只需要通过重写 apply()函数就可以实现图像的加载。具体地，使用 opencv 通过图像路径加载图形，确保加载的图像为 RGB 格式，并根据加载图像的长宽补充、修正通过 COCO 提供的 JSON 标注文件得到的图像长宽。最后，将图像转换为 Numpy 的格式。

```
class Decode(BaseOperator):
  def __init__(self):
    super(Decode, self).__init__()
  def apply(self, sample, context = None):
    """ load image if 'im_file' field is not empty but 'image' is"""
    im = sample['image']
    data = np.frombuffer(im, dtype = 'uint8')
    im = cv2.imdecode(data, 1) # BGR mode, but need RGB mode
    if 'keep_ori_im' in sample and sample['keep_ori_im']:
      sample['ori_image'] = im
    im = cv2.cvtColor(im, cv2.COLOR_BGR2RGB)
    sample['image'] = im
    if 'h' not in sample:
      sample['h'] = im.shape[0]
    elif sample['h'] != im.shape[0]:
      sample['h'] = im.shape[0]
    if 'w' not in sample:
      sample['w'] = im.shape[1]
    elif sample['w'] != im.shape[1]:
      sample['w'] = im.shape[1]
    sample['im_shape'] = np.array(im.shape[:2], dtype = np.float32)
    sample['scale_factor'] = np.array([1., 1.], dtype = np.float32)
    return sample
```

图像翻转类 RandomFlip 类：用于对图像进行反转。同时，对于标注的矩形框也要做出相应的调整，确保无论图像怎么变化，矩形框总能正确地包裹住目标。

```
class RandomFlip(BaseOperator):
  def __init__(self, prob = 0.5):
    super(RandomFlip, self).__init__()
    self.prob = prob
  def apply_image(self, image):
    return image[:, :: -1, :]
  def apply_bbox(self, bbox, width):
    oldx1 = bbox[:, 0].copy()
    oldx2 = bbox[:, 2].copy()
    bbox[:, 0] = width - oldx2
    bbox[:, 2] = width - oldx1
    return bbox
  def apply(self, sample, context = None):
    if np.random.uniform(0, 1) < self.prob:
      im = sample['image']
      height, width = im.shape[:2]
      im = self.apply_image(im)
      if 'gt_bbox' in sample and len(sample['gt_bbox']) > 0:
        sample['gt_bbox'] = self.apply_bbox(sample['gt_bbox'], width)
```

```
        sample['flipped'] = True
        sample['image'] = im
    return sample
```

根据短边随机调整图像类 RandomShortSideResize：以图像的最短边为基础，随机放大或缩小短边的长度。在所缩放短边的同时，保证整个图像的长宽比例不变，进而缩放整个图像，从而实现图像分辨率随机调整。与图像反转相同，标注的矩形框也要做出相应的调整。其中，get_size_with_aspect_ratio()函数用于计算缩放因子，resize()函数根据缩放因子实现图像的调整，apply_bbox 则对应地调整标注的信息。

```
class RandomShortSideResize(BaseOperator):
  def __init__(self,
          short_side_sizes,
          max_size = None,
          interp = cv2.INTER_LINEAR,
          random_interp = False):
    super(RandomShortSideResize, self).__init__()
    ...

  def get_size_with_aspect_ratio(self, image_shape, size, max_size = None):
    ...
    return (ow, oh)
  def resize(self,
        sample,
        target_size,
        max_size = None,
        interp = cv2.INTER_LINEAR):
    ...
    return sample

  def apply_bbox(self, bbox, scale, size):
    im_scale_x, im_scale_y = scale
    resize_w, resize_h = size
    bbox[:, 0::2] *= im_scale_x
    bbox[:, 1::2] *= im_scale_y
    bbox[:, 0::2] = np.clip(bbox[:, 0::2], 0, resize_w)
    bbox[:, 1::2] = np.clip(bbox[:, 1::2], 0, resize_h)
    return bbox.astype('float32')

  def apply(self, sample, context = None):
    target_size = random.choice(self.short_side_sizes)
    interp = random.choice(
      self.interps) if self.random_interp else self.interp
    return self.resize(sample, target_size, self.max_size, interp)
```

随机裁剪类 RandomSizeCrop：根据给定的 min_size 和 max_size 对图像进裁剪。在 RandomSizeCrop 中通过 get_crop_params()函数获得裁剪过程中所必需的参数(裁剪位置、大小)，并通过 crop 实现图像的裁剪。同样地，在对图像进行裁剪的时候，标注的矩形框也要通过 apply_bbox()函数做出相应地调整。

```
class RandomSizeCrop(BaseOperator):
  def __init__(self, min_size, max_size):
```

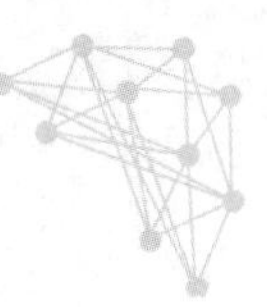


```
        super(RandomSizeCrop, self).__init__()
        self.min_size = min_size
        self.max_size = max_size
        from paddle.vision.transforms.functional import crop as paddle_crop
        self.paddle_crop = paddle_crop
    @staticmethod
    def get_crop_params(img_shape, output_size):
        h, w = img_shape
        th, tw = output_size
        if w == tw and h == th:
            return 0, 0, h, w
        i = random.randint(0, h - th + 1)
        j = random.randint(0, w - tw + 1)
        return i, j, th, tw

    def crop(self, sample, region):
        image_shape = sample['image'].shape[:2]
        sample['image'] = self.paddle_crop(sample['image'], *region)
        keep_index = None
        if 'gt_bbox' in sample and len(sample['gt_bbox']) > 0:
            sample['gt_bbox'] = self.apply_bbox(sample['gt_bbox'], region)
            bbox = sample['gt_bbox'].reshape([-1, 2, 2])
            area = (bbox[:, 1, :] - bbox[:, 0, :]).prod(axis=1)
            keep_index = np.where(area > 0)[0]
            sample['gt_bbox'] = sample['gt_bbox'][keep_index] if len(
                keep_index) > 0 else np.zeros(
                    [0, 4], dtype=np.float32)
            sample['gt_class'] = sample['gt_class'][keep_index] if len(
                keep_index) > 0 else np.zeros(
                    [0, 1], dtype=np.float32)
        return sample

    def apply_bbox(self, bbox, region):
        i, j, h, w = region
        region_size = np.asarray([w, h])
        crop_bbox = bbox - np.asarray([j, i, j, i])
        crop_bbox = np.minimum(crop_bbox.reshape([-1, 2, 2]), region_size)
        crop_bbox = crop_bbox.clip(min=0)
        return crop_bbox.reshape([-1, 4]).astype('float32')

    def apply(self, sample, context=None):
        h = random.randint(self.min_size,
                   min(sample['image'].shape[0], self.max_size))
        w = random.randint(self.min_size,
                   min(sample['image'].shape[1], self.max_size))
        region = self.get_crop_params(sample['image'].shape[:2], [h, w])
        return self.crop(sample, region)
```

随机选择预处理类 RandomSelect：从两种数据预处理方式组合中随机选择一种。可以根据输入 p 控制两种预处理组合的倾向性。

```
class RandomSelect(BaseOperator):
    def __init__(self, transforms1, transforms2, p=0.5):
```

```
        super(RandomSelect, self).__init__()
        self.transforms1 = Compose(transforms1)
        self.transforms2 = Compose(transforms2)
        self.p = p

    def apply(self, sample, context = None):
        if random.random() < self.p:
            return self.transforms1(sample)
        return self.transforms2(sample)
```

图像归一化类 NormalizeImage：对输入的图像进行归一化。NormalizeImage 类提供了两种选项：①将图像的像素值映射到 0 到 1；②每个像素点减去均值再除以方差。

```
class NormalizeImage(BaseOperator):
    def __init__(self, mean = [0.485, 0.456, 0.406], std = [1, 1, 1],
                 is_scale = True):
        super(NormalizeImage, self).__init__()
        self.mean = mean
        self.std = std
        self.is_scale = is_scale
        from functools import reduce
        if reduce(lambda x, y: x * y, self.std) == 0:
            raise ValueError('{}: std is invalid!'.format(self))

    def apply(self, sample, context = None):
        im = sample['image']
        im = im.astype(np.float32, copy = False)
        mean = np.array(self.mean)[np.newaxis, np.newaxis, :]
        std = np.array(self.std)[np.newaxis, np.newaxis, :]
        if self.is_scale:
            im = im / 255.0
        im -= mean
        im /= std
        sample['image'] = im
        return sample
```

标注矩形框坐标归一化类 NormalizeBox：将标注矩形框的坐标归一化，由原来的绝对坐标位置转化为相对整个图像而言的相对坐标位置。简单来说，就是坐标点分别除以图像的长或宽。

```
class NormalizeBox(BaseOperator):

    def __init__(self):
        super(NormalizeBox, self).__init__()
    def apply(self, sample, context):
        im = sample['image']
        gt_bbox = sample['gt_bbox']
        height, width, _ = im.shape
        for i in range(gt_bbox.shape[0]):
            gt_bbox[i][0] = gt_bbox[i][0] / width
            gt_bbox[i][1] = gt_bbox[i][1] / height
            gt_bbox[i][2] = gt_bbox[i][2] / width
            gt_bbox[i][3] = gt_bbox[i][3] / height
```

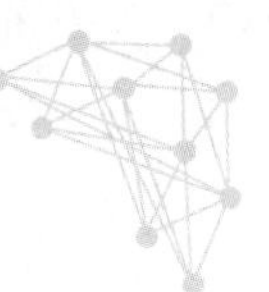

```
    sample['gt_bbox'] = gt_bbox
    return sample
```

Permute类：用于更改图片通道为(C,H,W)。图像在加载进来后通道为(H,W,C)并不满足网络的输入要求，因此需要通过Permute类调将其调整为(C,H,W)。

```
class Permute(BaseOperator):
  def __init__(self):
    super(Permute, self).__init__()

  def apply(self, sample, context = None):
    im = sample['image']
    im = im.transpose((2, 0, 1))
    sample['image'] = im
    return sample
```

在完成COCODataSet和各种预处理类后，我们就要实现最终的数据读取类BaseDataLoader。BaseDataLoader通过接收COCODataSet的实例，调用COCODataSet的方法和paddle.io.DataLoader实现DETR网络数据的加载，根据batch的设置为DETR批量地提供预处理后的图像和标注数据。其中，Compose、BatchCompose类分别根据接收到预处理参数组合构建预处理的过程。

```
class BaseDataLoader(object):
  def __init__(self,
          sample_transforms = [],
          batch_transforms = [],
          batch_size = 1,
          shuffle = False,
          drop_last = True,
          num_classes = 80,
          collate_batch = True,
          use_shared_memory = False,
          **kwargs):
    self._sample_transforms = Compose(
      sample_transforms, num_classes = num_classes)
    self._batch_transforms = BatchCompose(batch_transforms, num_classes,
                    collate_batch)
    ...
  def __call__(self,
          dataset,
          worker_num,
          batch_sampler = None,
          return_list = False):
    self.dataset = dataset
    self.dataset.parse_dataset()
    self.dataset.set_transform(self._sample_transforms)
    self.dataset.set_kwargs(**self.kwargs)
    ...
    self.dataloader = DataLoader(
      dataset = self.dataset,
      batch_sampler = self._batch_sampler,
      collate_fn = self._batch_transforms,
```

```
            num_workers = worker_num,
            return_list = return_list,
            use_shared_memory = use_shared_memory)
        self.loader = iter(self.dataloader)
        return self
    ...
```

步骤 3：DETR 模型构建

在这部分，我们要开始构建 DETR 的模型。如图 3-3-4 所示，DETR 首先将一张三通道图片输入到 backbone 为 CNN 的网络中，提取图片特征；其次，把图像特征和位置信息结合后输入到 transformer 模型的编码器和解码器中；最后，通过预测网络得到最终的检测结果，每个结果就是一个 box，每个 box 表示一个元组，包含物体的类别和检测框位置。接下来将分别实现 DETR 的每个部分。

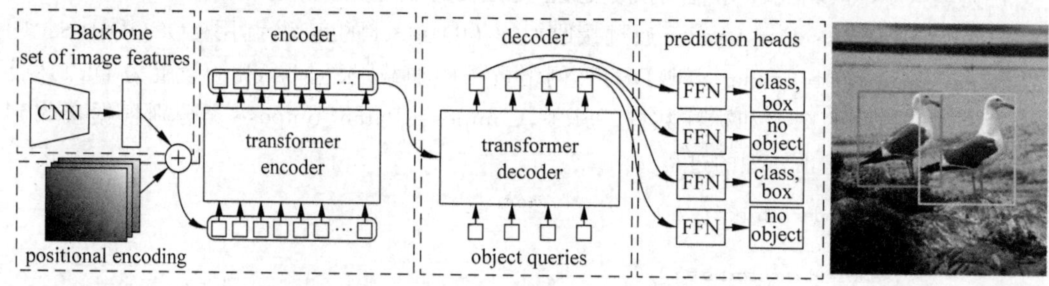

图 3-3-4　DETR 详细网络结构

（1）Resnet 特征提取网络。

在这里，我们使用 ResNet 作为 backbone 来提取图片的特征。ResNet 网络在 2015 年由微软实验室的何凯明等提出，斩获当年 ImageNet 竞赛中分类、目标检测任务的第一名、COCO 数据集中目标检测、图像分割的第一名。

在此过程中，我们主要使用如下接口进行网络结构的堆叠。

paddle. nn. Sequential(* layers)：顺序容器。子 Layer 将按构造函数参数的顺序添加到此容器中。传递给构造函数的参数可以是 Layers 或可迭代的 name Layer 元组。

- layers(tuple)：Layers 或可迭代的 name Layer 对。

通过定义一个继承了 paddle. nn. Layer 的 ResNet 类来实现 ResNet 网络。在 init() 函数中我们需要输入搭建 ResNet 网络的一些必要参数。

```
class ResNet(nn.Layer):
    def __init__(self,
                 depth = 50, # ResNet depth, should be 18, 34, 50, 101, 152.
                 ch_in = 64, # output channel of first stage, default 64
                 variant = 'b', # ResNet variant,
                 lr_mult_list = [1.0, 1.0, 1.0, 1.0], # learning rate ratio
                 groups = 1, # group convolution cardinality
                 base_width = 64, # base width of each group convolution
                 norm_type = 'bn', # normalization type
                 norm_decay = 0, # weight decay
                 freeze_norm = True, # freeze normalization layers
```

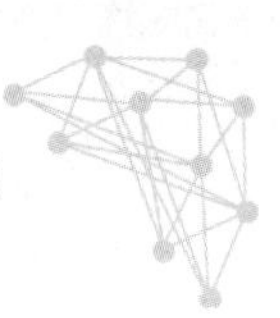

```
                freeze_at = 0, # freeze the backbone at which stage
                return_idx = [0, 1, 2, 3], # freeze the backbone
                dcn_v2_stages = [-1], # deformable conv v2
                num_stages = 4, # total num of stages
                std_senet = False):
        super(ResNet, self).__init__()
        self._model_type = 'ResNet' if groups == 1 else 'ResNeXt'
        self.depth = depth
        self.variant = variant
        self.groups = groups
        self.base_width = base_width
        self.norm_type = norm_type
        self.norm_decay = norm_decay
        self.freeze_norm = freeze_norm
        self.freeze_at = freeze_at
        self.return_idx = return_idx
        self.num_stages = num_stages
        self.dcn_v2_stages = dcn_v2_stages
```

在 init()函数中，还需要完成 ResNet 各个网络层的搭建。通过调用 resnet.py 文件中的 NameAdapter 方法获取网络层的名称以匹配预训练权重。因为 Resnet 的第一个卷积层与后面的网络层都不相同，因此，要通过 ConvNormLayer()函数单独实现第卷积＋BN 层（步长为 2，大小为 7×7 的卷积核）。

```
na = NameAdapter(self)
conv1_name = na.fix_c1_stage_name()
conv_def = [[3, ch_in, 7, 2, conv1_name]]
self.conv1 = nn.Sequential()
for (c_in, c_out, k, s, _name) in conv_def:
  self.conv1.add_sublayer(
    _name,
    ConvNormLayer(
      ch_in = c_in,
      ch_out = c_out,
      filter_size = k,
      stride = s,
      groups = 1,
      act = 'relu',
      norm_type = norm_type,
      norm_decay = norm_decay,
      freeze_norm = freeze_norm,
      lr = 1.0))
```

ResNet 除第一层网络参数需要单独设定之外，其余的网络层都有着相似的结构。因此通过循环调用 Blocks()类，并赋予不同的参数来快速实现。最终网络层的结构被存储在 res_layers 中（具体可参考 2.4 节和 resnet.py 文件）。

```
ch_out_list = [64, 128, 256, 512]
    block = BottleNeck if depth >= 50 else BasicBlock
    self._out_channels = [block.expansion * v for v in ch_out_list]
    self._out_strides = [4, 8, 16, 32]
    self.res_layers = []
```

```
for i in range(num_stages):
  lr_mult = lr_mult_list[i]
  stage_num = i + 2
  res_name = "res{}".format(stage_num)
  res_layer = self.add_sublayer(
    res_name,
    Blocks(
      block,
      self.ch_in,
      ch_out_list[i],
      count = block_nums[i],
      name_adapter = na,
      stage_num = stage_num,
      variant = variant,
      groups = groups,
      base_width = base_width,
      lr = lr_mult,
      norm_type = norm_type,
      norm_decay = norm_decay,
      freeze_norm = freeze_norm,
      dcn_v2 = (i in self.dcn_v2_stages),
      std_senet = std_senet))
  self.res_layers.append(res_layer)
  self.ch_in = self._out_channels[i]
```

ResNet 前向传播比较简单,只需要将我们第一层网络结构和 res_layers 的网络结构按顺序传播就可以(残差的结构在 Blocks 类中已经实现了)。

```
def forward(self, inputs):
  x = inputs['image']
  conv1 = self.conv1(x)
  x = F.max_pool2d(conv1, kernel_size = 3, stride = 2, padding = 1)
  outs = []
  for idx, stage in enumerate(self.res_layers):
    x = stage(x)
    if idx in self.return_idx:
      outs.append(x)
  return outs
```

(2) 位置编码。

在 DETR 中与 2.5 节相似地使用了位置编码(PositionEmbedding)。在 DETR 实践中通过 PositionEmbedding 类来实现 DETR 的位置编码。PositionEmbedding 提供了 sine 和 learned 两种位置编码方式。learned 是一种可学习的方法,即 emmbeding 向量从网络中学习;sine 方法对于特征图 $z_0 \in R^{d\times H\times W}$,构建相应的位置编码 $\mathrm{PE}\in R^{d\times H\times W}$,对于位置$(h,w)$,前 $d/2$ 维表示 H 方向的位置编码,后 $d/2$ 维表示 W 方向的位置编码:

$$\mathrm{PE}_{(\mathrm{POS},2i)}=\sin\left(\frac{\mathrm{pos}}{\mathrm{temperature}^{2i/d}}\right)$$

$$\mathrm{PE}_{(\mathrm{POS},2i+1)}=\cos\left(\frac{\mathrm{pos}}{\mathrm{temperature}^{2i/d}}\right)$$

在 PositionEmbedding 类中,init()函数需要根据选定 sine()或者 learned 的方法进行设

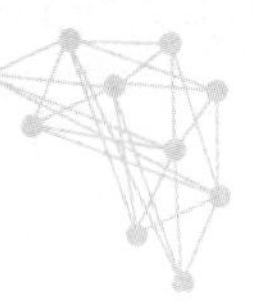

置。如果是 sine()的方法，要给定特征的维度 d、sin()中的分母底数 temperature。而 learned 的方法则通过 paddle.nn.Embedding 来实现。

```
class PositionEmbedding(nn.Layer):
  def __init__(self,
          num_pos_feats = 128,
          temperature = 10000,
          normalize = True,
          scale = None,
          embed_type = 'sine',
          num_embeddings = 50,
          offset = 0.):
    super(PositionEmbedding, self).__init__()
    assert embed_type in ['sine', 'learned']
    self.embed_type = embed_type
    self.offset = offset
    self.eps = 1e-6
    if self.embed_type == 'sine':
      self.num_pos_feats = num_pos_feats
      self.temperature = temperature
      self.normalize = normalize
      if scale is not None and normalize is False:
        raise ValueError("normalize should be True if scale is passed")
      if scale is None:
        scale = 2 * math.pi
      self.scale = scale
    elif self.embed_type == 'learned':
      self.row_embed = nn.Embedding(num_embeddings, num_pos_feats)
      self.col_embed = nn.Embedding(num_embeddings, num_pos_feats)
```

在 forward()函数中，sine 的方法通过 cumsum 方法分别计算 W、H 两个方向上 pos 值的信息，再分别根据公式计算得到对应的矩阵；而 learned 方法则根据输入特征的 W、H，分别通过 init 中的 row_embed 和 col_embed 构建对应的矩阵。最后，得到的两个方向的矩阵经过连接和维度变化后就得到了位置编码。

```
def forward(self, mask):
  if self.embed_type == 'sine':
    mask = mask.astype('float32')
    y_embed = mask.cumsum(1, dtype = 'float32')
    x_embed = mask.cumsum(2, dtype = 'float32')
    if self.normalize:
      y_embed = (y_embed + self.offset) / (
        y_embed[:, -1:, :] + self.eps) * self.scale
      x_embed = (x_embed + self.offset) / (
        x_embed[:, :, -1:] + self.eps) * self.scale
    dim_t = 2 * (paddle.arange(self.num_pos_feats) //
            2).astype('float32')
    dim_t = self.temperature ** (dim_t / self.num_pos_feats)
    pos_x = x_embed.unsqueeze(-1) / dim_t
    pos_y = y_embed.unsqueeze(-1) / dim_t
    pos_x = paddle.stack(
      (pos_x[:, :, :, 0::2].sin(), pos_x[:, :, :, 1::2].cos()),
```

```
            axis = 4).flatten(3)
        pos_y = paddle.stack(
            (pos_y[:, :, :, 0::2].sin(), pos_y[:, :, :, 1::2].cos()),
            axis = 4).flatten(3)
        pos = paddle.concat((pos_y, pos_x), axis = 3).transpose([0, 3, 1, 2])
        return pos
    elif self.embed_type == 'learned':
        h, w = mask.shape[-2:]
        i = paddle.arange(w)
        j = paddle.arange(h)
        x_emb = self.col_embed(i)
        y_emb = self.row_embed(j)
        pos = paddle.concat(
            [x_emb.unsqueeze(0).repeat(h, 1, 1),
             y_emb.unsqueeze(1).repeat(1, w, 1)],
            axis = -1).transpose([2, 0, 1]).unsqueeze(0).tile(mask.shape[0],
                                                          1, 1, 1)
        return pos
```

(3) Transformer 结构。

接下来要完成 Transformer 的结构。如图 3-3-5 所示，Transformer 分为 Encoder 和 Decoder 两部分，具体实现过程如下。

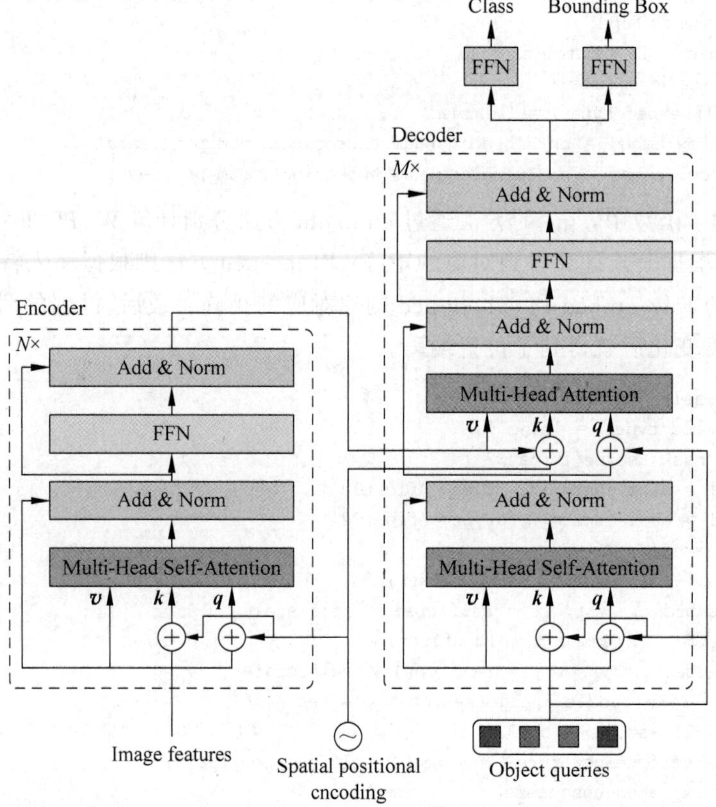

图 3-3-5　Transformer 结构示意图

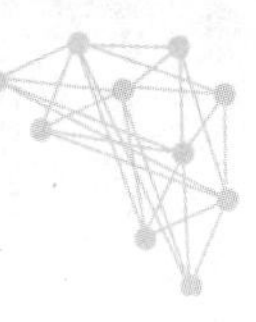

在 Transformer 中,一个非常重要的部分是实现多头自注意力。因此,通过 MultiHeadAttention 类来实现多头自注意力的网络结构。在 init()函数中我们需要给定输入以及输出特征的维度 embed_dim、多头自注意力机制中头的数目 num_heads 和是否使用 dropout 等,并生成 $\boldsymbol{q}$、$\boldsymbol{k}$、$\boldsymbol{v}$ 所需要的 Linear 层。

```
class MultiHeadAttention(nn.Layer):
  def __init__(self,
          embed_dim,
          num_heads,
          dropout = 0.,
          kdim = None,
          vdim = None,
          need_weights = False):
    super(MultiHeadAttention, self).__init__()
    self.embed_dim = embed_dim
    ...
    self.head_dim = embed_dim // num_heads
    if self._qkv_same_embed_dim:
      self.in_proj_weight = self.create_parameter(
          shape = [embed_dim, 3 * embed_dim],
          attr = None,
          dtype = self._dtype,
          is_bias = False)
      self.in_proj_bias = self.create_parameter(
        shape = [3 * embed_dim],
        attr = None,
        dtype = self._dtype,
        is_bias = True)
    else:
      self.q_proj = nn.Linear(embed_dim, embed_dim)
      self.k_proj = nn.Linear(self.kdim, embed_dim)
      self.v_proj = nn.Linear(self.vdim, embed_dim)
    self.out_proj = nn.Linear(embed_dim, embed_dim)
    self._type_list = ('q_proj', 'k_proj', 'v_proj')
    self._reset_parameters()
```

接下来,在前向传播 forward()函数中实现自注意力的过程: $\boldsymbol{q}$ 乘以 $\boldsymbol{k}$ 的转置,在进行 scaling 和 softmax 后跟 $\boldsymbol{v}$ 做乘积就完成了 self. attention 的过程。

```
def forward(self, query, key = None, value = None, attn_mask = None):
  key = query if key is None else key
  value = query if value is None else value
  q, k, v = (self.compute_qkv(t, i)
         for i, t in enumerate([query, key, value]))
  product = paddle.matmul(x = q, y = k, transpose_y = True)
  scaling = float(self.head_dim) * * - 0.5
  product = product * scaling
  if attn_mask is not None:
     attn_mask = _convert_attention_mask(attn_mask, product.dtype)
     product = product + attn_mask
  weights = F.softmax(product)
  if self.dropout:
```

```
        weights = F.dropout(
            weights,
            self.dropout,
            training = self.training,
            mode = "upscale_in_train")
    out = paddle.matmul(weights, v)
    out = paddle.transpose(out, perm = [0, 2, 1, 3])
    out = paddle.reshape(x = out, shape = [0, 0, out.shape[2] * out.shape[3]])
    out = self.out_proj(out)
    outs = [out]
    if self.need_weights:
      outs.append(weights)
    return out if len(outs) == 1 else tuple(outs)
```

Encoder 部分如下。

Transformer 编码的过程由多个如图 3-3-6 所示的 Encoder 结构组成，其中包含多头自注意力、残差、归一化和前馈神经网络。接下来我们通过 TransformerEncoderLayer 来实现单个 Encoder。

在 TransformerEncoderLayer 的 init()函数中，要实例化 Encoder 结构中所需要的各个网络层，主要包括多头自注意力层、FFN、归一化和 Dropout 层。

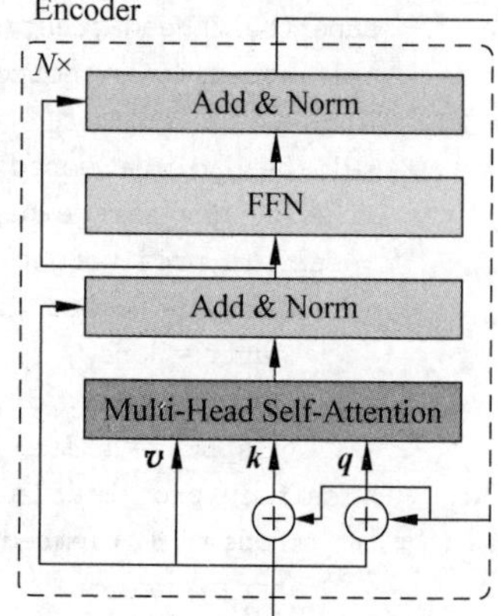

图 3-3-6　Encoder 结构示意图

```
class TransformerEncoderLayer(nn.Layer):
  def __init__(self,
            d_model,
            nhead,
            dim_feedforward = 2048,
            dropout = 0.1,
            activation = "relu",
            attn_dropout = None,
            act_dropout = None,
            normalize_before = False):
    super(TransformerEncoderLayer, self).__init__()
    attn_dropout = dropout if attn_dropout is None else attn_dropout
    act_dropout = dropout if act_dropout is None else act_dropout
    self.normalize_before = normalize_before
    self.self_attn = MultiHeadAttention(d_model, nhead, attn_dropout)
    self.linear1 = nn.Linear(d_model, dim_feedforward)
    self.dropout = nn.Dropout(act_dropout, mode = "upscale_in_train")
    self.linear2 = nn.Linear(dim_feedforward, d_model)
    self.norm1 = nn.LayerNorm(d_model)
    self.norm2 = nn.LayerNorm(d_model)
    self.dropout1 = nn.Dropout(dropout, mode = "upscale_in_train")
    self.dropout2 = nn.Dropout(dropout, mode = "upscale_in_train")
    self.activation = getattr(F, activation)
    self._reset_parameters()
```

在 TransformerEncoderLayer 的前向过程中，按照图 3-3-6 所示流程进行。$\boldsymbol{q}$，$\boldsymbol{k}$ 由最初输入的 src 加上 pos 的位置编码构成，进入自注意力层后会对 $\boldsymbol{q}$，$\boldsymbol{k}$，$\boldsymbol{v}$ 进行 reshape。之后进行残差、FNN 等操作。而归一化则分为两种情况，一种情况是在输入多头自注意力层和

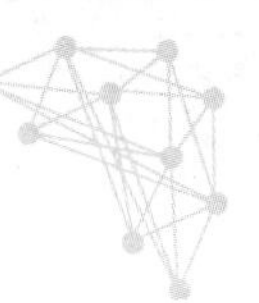

FFN 前进行归一化，另一种情况是在这两个层输出后再进行归一化。

```
def forward(self, src, src_mask = None, pos_embed = None):
  src_mask = _convert_attention_mask(src_mask, src.dtype)
  residual = src
  if self.normalize_before:
    src = self.norm1(src)
  q = k = self.with_pos_embed(src, pos_embed)
  src = self.self_attn(q, k, value = src, attn_mask = src_mask)
  src = residual + self.dropout1(src)
  if not self.normalize_before:
    src = self.norm1(src)
  residual = src
  if self.normalize_before:
    src = self.norm2(src)
  src = self.linear2(self.dropout(self.activation(self.linear1(src))))
  src = residual + self.dropout2(src)
  if not self.normalize_before:
    src = self.norm2(src)
  return src
```

通过 TransformerEncoderLayer 可以实现单个的 Encoder 结构。接下来，定义 TransformerDecoder 类来实现 Transformer 的整体的 Encoder 结构。Encoder 通常有 6 层，也就是上一层 Encoder 的输出作为下一层 Encoder 的输入，直到第 6 层最后输出 memory，这个 memory 将作为 Decoder 的输入(使用_get_clones()方法将其复制多次)。

```
class TransformerEncoder(nn.Layer):
  def __init__(self, encoder_layer, num_layers, norm = None):
    super(TransformerEncoder, self).__init__()
    self.layers = _get_clones(encoder_layer, num_layers)
    self.num_layers = num_layers
    self.norm = norm
  def forward(self, src, src_mask = None, pos_embed = None):
    src_mask = _convert_attention_mask(src_mask, src.dtype)
    output = src
    for layer in self.layers:
      output = layer(output, src_mask = src_mask, pos_embed = pos_embed)
    if self.norm is not None:
      output = self.norm(output)
    return output
```

Decoder 部分如下。

Transformer 的 Decoder 部分跟 Encoder 部分相似，由多个小的 Decoder 结构组成，但是在输入上存在差异。如图 3-3-7 所示，自注意力层的输出将作为多头注意力层中的 $\boldsymbol{q}$，而 $\boldsymbol{k}$ 和 $\boldsymbol{v}$ 则来自 Encoder 部分的输出，其中 $\boldsymbol{k}$ 还要加上位置编码。

我们通过 TransformerDecoderLayer 来实现单个的 Decoder 结构。在 init()函数中，需要实例化 Decoder 结构中的多头自注意力层、线性层、dropout 和激活函数。

```
class TransformerDecoderLayer(nn.Layer):
  def __init__(self,
         d_model,
         nhead,
```

```
                 dim_feedforward = 2048,
                 dropout = 0.1,
                 activation = "relu",
                 attn_dropout = None,
                 act_dropout = None,
                 normalize_before = False):
        super(TransformerDecoderLayer, self).__init__()
        attn_dropout = dropout if attn_dropout is None else attn_dropout
        act_dropout = dropout if act_dropout is None else act_dropout
        self.normalize_before = normalize_before
        self.self_attn = MultiHeadAttention(d_model, nhead, attn_dropout)
        self.cross_attn = MultiHeadAttention(d_model, nhead, attn_dropout)
        self.linear1 = nn.Linear(d_model, dim_feedforward)
        self.dropout = nn.Dropout(act_dropout, mode = "upscale_in_train")
        self.linear2 = nn.Linear(dim_feedforward, d_model)
        self.norm1 = nn.LayerNorm(d_model)
        self.norm2 = nn.LayerNorm(d_model)
        self.norm3 = nn.LayerNorm(d_model)
        self.dropout1 = nn.Dropout(dropout, mode = "upscale_in_train")
        self.dropout2 = nn.Dropout(dropout, mode = "upscale_in_train")
        self.dropout3 = nn.Dropout(dropout, mode = "upscale_in_train")
        self.activation = getattr(F, activation)
        self._reset_parameters()
```

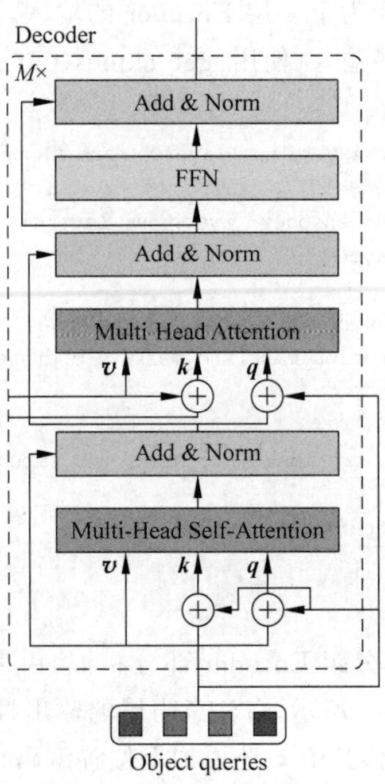

图 3-3-7 Decoder 结构示意图

TransformerDecoderLayer 前向传播的过程中,图 3-3-7 下半部分的 $\boldsymbol{q}$,$\boldsymbol{k}$ 由 tgt 加上 query_pos(query 可以理解为对 anchor 的编码,并且这个 anchor 是一个全参数可学习的)的向量构成,且 $\boldsymbol{q}=\boldsymbol{k}$。经过自注意力层、残差和归一化后,加上 query_pos 作为上半部分多头自注意力层的 $\boldsymbol{q}$。上半部分多头自注意力层的 $\boldsymbol{k}$ 和 $\boldsymbol{v}$ 则分别为 Encoder 部分的输出加上

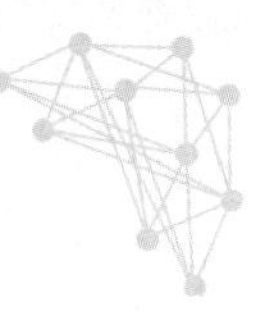

query_pos 和 encoder 部分的输出。上半部分多头自注意力层的输出再经过残差、FNN 和归一化等操作后就得到了单个 Decoder 结构的输出。

```
def forward(self,
        tgt,
        memory,
        tgt_mask = None,
        memory_mask = None,
        pos_embed = None,
        query_pos_embed = None):
    tgt_mask = _convert_attention_mask(tgt_mask, tgt.dtype)
    memory_mask = _convert_attention_mask(memory_mask, memory.dtype)
    residual = tgt
    if self.normalize_before:
      tgt = self.norm1(tgt)
    q = k = self.with_pos_embed(tgt, query_pos_embed)
    tgt = self.self_attn(q, k, value = tgt, attn_mask = tgt_mask)
    tgt = residual + self.dropout1(tgt)
    if not self.normalize_before:
      tgt = self.norm1(tgt)
    residual = tgt
    if self.normalize_before:
      tgt = self.norm2(tgt)
    q = self.with_pos_embed(tgt, query_pos_embed)
    k = self.with_pos_embed(memory, pos_embed)
    tgt = self.cross_attn(q, k, value = memory, attn_mask = memory_mask)
    tgt = residual + self.dropout2(tgt)
    if not self.normalize_before:
      tgt = self.norm2(tgt)
    residual = tgt
    if self.normalize_before:
      tgt = self.norm3(tgt)
    tgt = self.linear2(self.dropout(self.activation(self.linear1(tgt))))
    tgt = residual + self.dropout3(tgt)
    if not self.normalize_before:
      tgt = self.norm3(tgt)
    return tgt
```

DETR 的解码器由多个 Decoder 模块组成，接下来通过 TransformerDecoder 类来实现 DETR 的整个 Decoder 过程，与 Encoder 部分相似，通过_get_clones 复制多个 Decoder 的结构，以前一个 Decoder 的输出作为下一个 Decoder 的输入。

```
class TransformerDecoder(nn.Layer):
  def __init__(self,
        decoder_layer,
        num_layers,
        norm = None,
        return_intermediate = False):
    super(TransformerDecoder, self).__init__()
    self.layers = _get_clones(decoder_layer, num_layers)
    self.num_layers = num_layers
    self.norm = norm
    self.return_intermediate = return_intermediate
```

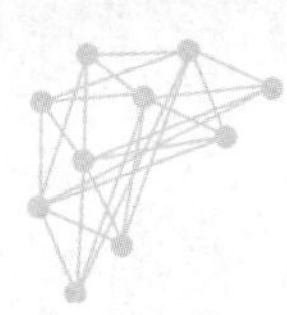


```
  def forward(self,
        tgt,
        memory,
        tgt_mask = None,
        memory_mask = None,
        pos_embed = None,
        query_pos_embed = None):
    tgt_mask = _convert_attention_mask(tgt_mask, tgt.dtype)
    memory_mask = _convert_attention_mask(memory_mask, memory.dtype)
    output = tgt
    intermediate = []
    for layer in self.layers:
      output = layer(
        output,
        memory,
        tgt_mask = tgt_mask,
        memory_mask = memory_mask,
        pos_embed = pos_embed,
          query_pos_embed = query_pos_embed)
      if self.return_intermediate:
        intermediate.append(self.norm(output))
    if self.norm is not None:
      output = self.norm(output)
    if self.return_intermediate:
      return paddle.stack(intermediate)
    return output.unsqueeze(0)
```

Transformer 部分如下。

完成 Transformer 的 Encoder 和 Decoder 之后，就可以实现 DETR 的 Transformer 整体结构。在 DETRTransformer 类的 init()函数中，分别实例化 Transformer 中需要的 Encoder 结构、Decoder 结构、位置编码、query_pos 和用来降维的 1×1 卷积。

```
class DETRTransformer(nn.Layer):
  def __init__(self,
          num_queries = 100,
          position_embed_type = 'sine',
          return_intermediate_dec = True,
          backbone_num_channels = 2048,
          hidden_dim = 256,
          nhead = 8,
          num_encoder_layers = 6,
          num_decoder_layers = 6,
          dim_feedforward = 2048,
          dropout = 0.1,
          activation = "relu",
          attn_dropout = None,
          act_dropout = None,
          normalize_before = False):
    super(DETRTransformer, self).__init__()
    self.hidden_dim = hidden_dim
    self.nhead = nhead
    encoder_layer = TransformerEncoderLayer(
```

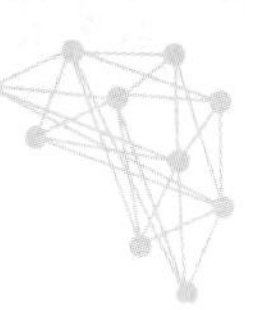


```
        hidden_dim, nhead, dim_feedforward, dropout, activation,
        attn_dropout, act_dropout, normalize_before)
    encoder_norm = nn.LayerNorm(hidden_dim) if normalize_before else None
    self.encoder = TransformerEncoder(encoder_layer, num_encoder_layers,
                                      encoder_norm)
    decoder_layer = TransformerDecoderLayer(
        hidden_dim, nhead, dim_feedforward, dropout, activation,
        attn_dropout, act_dropout, normalize_before)
    decoder_norm = nn.LayerNorm(hidden_dim)
    self.decoder = TransformerDecoder(
        decoder_layer,
        num_decoder_layers,
        decoder_norm,
        return_intermediate=return_intermediate_dec)
    self.input_proj = nn.Conv2D(
        backbone_num_channels, hidden_dim, kernel_size=1)
    self.query_pos_embed = nn.Embedding(num_queries, hidden_dim)
    self.position_embedding = PositionEmbedding(
        hidden_dim // 2,
        normalize=True if position_embed_type == 'sine' else False,
        embed_type=position_embed_type)
```

Transformer 的前向过程,以 Resnet 的输出和 mask(由于在读取数据时对图像进行了随机的变化,再加上对图像进行随机裁剪,所以同一 batch 的数据尺寸存在差异,但是同一 batch 输入 resnet 的大小需要保持一致,就需要对图像进行 padding(全 0)操作以保证同一 batch 的尺寸相同。具体来说就是找到该 batch 下最大的 W 和最大的 H,然后 batch 下所有的图像根据这个最大的 $W\times H$ 进行 padding。因此还需要一个 mask 来记录 padding 前的原始图像在 padding 后的图像中的位置)为输入。首先,对 Resnet 的特征进行降维,并将维度由 $[B, C, H, W]$ 转化为 $[B, H\times W, C]$,然后根据 mask 进行位置编码。最终,图像、mask 和位置编码经过 Encoder 和 Decoder 之后就得到了最终的输出。

```
def forward(self, src, src_mask=None):
    src_proj = self.input_proj(src[-1])
    bs, c, h, w = src_proj.shape
    src_flatten = src_proj.flatten(2).transpose([0, 2, 1])
    if src_mask is not None:
        src_mask = F.interpolate(
            src_mask.unsqueeze(0).astype(src_flatten.dtype),
            size=(h, w))[0].astype('bool')
    else:
        src_mask = paddle.ones([bs, h, w], dtype='bool')
    pos_embed = self.position_embedding(src_mask).flatten(2).transpose(
        [0, 2, 1])
    src_mask = _convert_attention_mask(src_mask, src_flatten.dtype)
    src_mask = src_mask.reshape([bs, 1, 1, -1])
    memory = self.encoder(
        src_flatten, src_mask=src_mask, pos_embed=pos_embed)
    query_pos_embed = self.query_pos_embed.weight.unsqueeze(0).tile(
        [bs, 1, 1])
    tgt = paddle.zeros_like(query_pos_embed)
    output = self.decoder(
```

```
            tgt,
            memory,
            memory_mask = src_mask,
            pos_embed = pos_embed,
            query_pos_embed = query_pos_embed)
        return (output, memory.transpose([0, 2, 1]).reshape([bs, c, h, w]),
                src_proj, src_mask.reshape([bs, 1, 1, h, w]))
```

（4）匈牙利算法。

DETR 中不再设定 anchor，而是直接推断出一个包含 N 个结果的预测集合，其中 N 被设置为明显大于图像中物体数量的数值。而匈牙利算法就是用来匹配这些预测的结果和真实的标注（在这里就不对匈牙利算法展开介绍了）。

```
class HungarianMatcher(nn.Layer):
    def __init__(self,
                 matcher_coeff = {'class': 1,'bbox': 5, 'giou': 2},
                 use_focal_loss = False,alpha = 0.25,gamma = 2.0):
        super(HungarianMatcher, self).__init__()
...
    def forward(self, boxes, logits, gt_bbox, gt_class):
...
```

（5）DETRLOSS。

DETR 的 loss 由两部分组成：分类损失和边界框损失。其中，分类损失使用的是交叉熵损失，而边界框损失则由 L1 Loss（计算 x、y、W、H 的绝对值误差）和 GIoU Loss 组成。在这里通过 DETRLoss 类来实现 DETR 网络的损失部分。

```
class DETRLoss(nn.Layer):
    def __init__(self,
                 num_classes = 80,
                 matcher = 'HungarianMatcher',
                 loss_coeff = {
                     'class': 1,
                     'bbox': 5,
                     'giou': 2,
                     'no_object': 0.1,
                     'mask': 1,
                     'dice': 1
                 },
                 aux_loss = True,
                 use_focal_loss = False):
...
```

DETR 在计算损失时，首先将网络预测的结果和标注通过 HungarianMatcher 方法实现一一匹配，然后根据匹配的结果计算分类回归损失和边界框回归损失。

```
def forward(self,
            boxes,
            logits,
            gt_bbox,
            gt_class,
            masks = None,
```

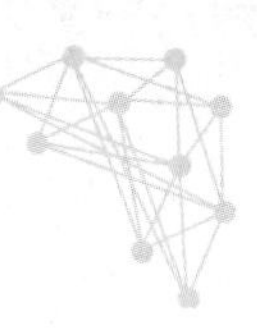

```
        gt_mask = None):
    match_indices = self.matcher(boxes[-1].detach(), logits[-1].detach(),
                                 gt_bbox, gt_class)
    num_gts = sum(len(a) for a in gt_bbox)
    ...
    total_loss = dict()
    total_loss.update(
        self._get_loss_class(logits[-1], gt_class, match_indices,
                             self.num_classes, num_gts))
    total_loss.update(
        self._get_loss_bbox(boxes[-1], gt_bbox, match_indices, num_gts))
    return total_loss
```

_get_loss_class 和 _get_loss_bbox 分别用于计算分类回归损失和边界框回归损失。其中，_get_loss_class 的交叉熵损失通过调用 paddle.nn.functional.cross_entropy 来实现。

```
def _get_loss_class(self, logits, gt_class, match_indices, bg_index,
        num_gts):
target_label = paddle.full(logits.shape[:2], bg_index, dtype='int64')
bs, num_query_objects = target_label.shape
if sum(len(a) for a in gt_class) > 0:
    index, updates = self._get_index_updates(num_query_objects,
                                             gt_class, match_indices)
    target_label = paddle.scatter(
        target_label.reshape([-1, 1]), index, updates.astype('int64'))
    target_label = target_label.reshape([bs, num_query_objects])
return {
 F.cross_entropy(
            logits, target_label, weight=self.loss_coeff['class'])        }
```

_get_loss_bbox 通过调用 paddle.nn.functional.l1_loss 和 GIoULoss 类来计算预测框和标注框之间的 L1 损失和 GIoU 损失。

```
def _get_loss_bbox(self, boxes, gt_bbox, match_indices, num_gts):
  loss = dict()
  if sum(len(a) for a in gt_bbox) == 0:
    loss['loss_bbox'] = paddle.to_tensor([0.])
    loss['loss_giou'] = paddle.to_tensor([0.])
    return loss
  src_bbox, target_bbox = self._get_src_target_assign(boxes, gt_bbox,
                                                      match_indices)
  loss['loss_bbox'] = self.loss_coeff['bbox'] * F.l1_loss(
    src_bbox, target_bbox, reduction='sum') / num_gts
  loss['loss_giou'] = self.giou_loss(
    bbox_cxcywh_to_xyxy(src_bbox), bbox_cxcywh_to_xyxy(target_bbox))
  loss['loss_giou'] = loss['loss_giou'].sum() / num_gts
  loss['loss_giou'] = self.loss_coeff['giou'] * loss['loss_giou']
  return loss
```

(6) DETRHead。

DETR 的 Head 以 Transformer 中 Decoder 部分的输出为输入，通过 FFN 来实现最后的分类和边界框回归。

```
class DETRHead(nn.Layer):
  def __init__(self,
           num_classes=80,
           hidden_dim=256,
           nhead=8,
           num_mlp_layers=3,
           loss='DETRLoss',
           fpn_dims=[1024, 512, 256],
           with_mask_head=False,
           use_focal_loss=False):
    super(DETRHead, self).__init__()
    ...
    self.score_head = nn.Linear(hidden_dim, self.num_classes)
    self.bbox_head = MLP(hidden_dim,
                hidden_dim,
                output_dim=4,
                num_layers=num_mlp_layers)
    ...
  ...
  def forward(self, out_transformer, body_feats, inputs=None):
    feats, memory, src_proj, src_mask = out_transformer
    outputs_logit = self.score_head(feats)
    outputs_bbox = F.sigmoid(self.bbox_head(feats))
    outputs_seg = None
    if self.training:
      gt_mask = self.get_gt_mask_from_polygons(
        inputs['gt_poly'],
        inputs['pad_mask']) if 'gt_poly' in inputs else None
      return self.loss(
        outputs_bbox,
        outputs_logit,
        inputs['gt_bbox'],
        inputs['gt_class'],
        masks=outputs_seg,
        gt_mask=gt_mask)
    else:
      return (outputs_bbox[-1], outputs_logit[-1], outputs_seg)
```

（7）DETR。

前面分别定义了 DETR 的 backbone、transformer、DETRHead 和 DETR 的损失，它们共同组成了 DETR 模型。

```
class DETR(nn.Layer):
  def __init__(self,
           backbone,
           transformer,
           detr_head,
           post_process='DETRBBoxPostProcess',
           data_format='NCHW'):
    super(DETR, self).__init__()
    self.backbone = backbone
    self.transformer = transformer
    self.detr_head = detr_head
```

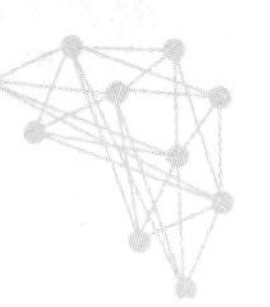


```
        self.post_process = post_process
        self.data_format = data_format
```

在前向传播的过程中，DETR 以图像和标注为输入，通过 Backbone 提取图像特征，并将提取的特征送入 transformer，最终通过 detr_head 返回最后的损失（预测阶段测返回对应的预测结果）。

```
    def forward(self, inputs):
      if self.data_format == 'NHWC':
        image = inputs['image']
        inputs['image'] = paddle.transpose(image, [0, 2, 3, 1])
      self.inputs = inputs
      self.model_arch()
      if self.training:
        body_feats = self.backbone(self.inputs)
        out_transformer = self.transformer(body_feats, self.inputs['pad_mask'])
        losses = detr_head(out_transformer, body_feats, self.inputs)
        losses.update({'loss':paddle.add_n([v for k, v in losses.items() if 'log' not in k])
      })
      return loss
      else:
        body_feats = self.backbone(self.inputs)
        out_transformer = self.transformer(body_feats, self.inputs['pad_mask'])
               preds = self.detr_head(out_transformer, body_feats)
        bbox, bbox_num = self.post_process(preds, self.inputs['im_shape'],
                                 self.inputs['scale_factor'])
        output = {"bbox": bbox_pred,"bbox_num": bbox_num}
        return output
```

步骤 4：DETR 训练

在 DETR 的训练阶段，首先要实例化前面定义的模型，用于提取图像特征的 ResNet、DETR 的 Transformer 结构，用于匹配预测结果和标志的 HungarianMatcher、损失 DETRLoss 和用于 DETR 的预测头部网络（DETRBBoxPostProcess 在预测阶段使用，用于对结果进行后处理，从而得到类别和检测框坐标），然后的实例化 model 就是我们要训练的 DETR 模型：

```
    backbone = ResNet(depth = 50, norm_type = 'bn', freeze_at = 0, return_idx = [3],
                                    lr_mult_list = [0.0, 0.1, 0.1, 0.1], num_stages = 4)
    transformer = DETRTransformer(num_queries = 100, position_embed_type = 'sine',
                  nhead = 8, num_encoder_layers = 6, num_decoder_layers = 6, dim_feedforward = 2048,
                  dropout = 0.1, activation = 'relu', hidden_dim = 256, backbone_num_channels = 2048)
    matcher = HungarianMatcher(matcher_coeff = {'class': 1, 'bbox': 5, 'giou': 2},
                  use_focal_loss = False)
    loss = DETRLoss(loss_coeff = {'class': 1, 'bbox': 5, 'giou': 2, 'no_object': 0.1,
                  'mask': 1, 'dice': 1}, aux_loss = True, num_classes = 80, use_focal_loss = False,
                  matcher = matcher)
    detr_head = DETRHead(num_mlp_layers = 3, num_classes = 80, hidden_dim = 256, use
                  _focal_loss = False, nhead = 8, fpn_dims = [], loss = loss)
    post_process = DETRBBoxPostProcess(num_classes = 80, use_focal_loss = False)
    model = DETR(backbone = backbone,
```

```
            transformer = transformer,
            detr_head = detr_head,
            post_process = post_process)
```

完成模型的实例化后，接下来要实现训练阶段所需的数据集、优化器、设置训练过程中的学习率、权重衰减。在 sample_transforms 和 batch_transforms 设置图像预处理和 batch 上预处理的操作。

```
def train(model, start_epoch, epoch):
...
  dataset = COCODataSet(dataset_dir = '/home/aistudio/dataset/', image_dir = 'train2017',anno_
path = 'annotations/instances_train2017.json',data_fields = ['image', 'gt_bbox', 'gt_class',
'is_crowd'])
  sample_transforms = [
                    {Decode: {}}, {RandomFlip: {'prob': 0.5}}, {RandomSelect: {'transforms1':
                    [{RandomShortSideResize: {'short_side_sizes': [480, 512, 544, 576, 608,
                    640, 672, 704, 736, 768, 800], 'max_size': 1333}}], 'transforms2':
                    [{RandomShortSideResize: {'short_side_sizes': [400, 500, 600]}},
                    {RandomSizeCrop: {'min_size': 384, 'max_size': 600}},
                    {RandomShortSideResize: {'short_side_sizes': [480, 512, 544, 576, 608,
                    640, 672, 704, 736, 768, 800], 'max_size': 1333}}]}}, {NormalizeImage:
                    {'is_scale': True, 'mean': [0.485, 0.456, 0.406], 'std': [0.229, 0.224,
                    0.225]}}, {NormalizeBox: {}}, {BboxXYXY2XYWH: {}}, {Permute: {}}]
  batch_transforms = [
                    {PadMaskBatch: {'pad_to_stride': 1, 'return_pad_mask': True}}]
  loader = BaseDataLoader(sample_transforms, batch_transforms, batch_size = 2,
                    shuffle = True, drop_last = True,collate_batch = False, use_shared_memory
                    = False)(dataset, 0)
  # build optimizer in train mode
  steps_per_epoch = len(loader)
  # 设置学习率、优化器
  schedulers = PiecewiseDecay(gamma = 0.1,milestones = [400],use_warmup = False)
  lr_ = LearningRate(base_lr = 0.0001, schedulers = schedulers)
  optimizer_ = OptimizerBuilder(clip_grad_by_norm = 0.1, regularizer = False, optimizers =
{'type': 'AdamW', 'weight_decay': 0.0001})
  lr = lr_(steps_per_epoch)
  optimizers = optimizer_(lr,model.parameters())
```

DETR 训练的过程与前面的实践相似，在每次迭代的过程中将加载数据输入 DETR 模型进行前向传播并计算损失，根据损失进行反向传播，执行一次优化器并进行参数更新、清空梯度，这样就完成了一次迭代训练。

```
for epoch_id in range(start_epoch, epoch):
  status['mode'] = 'train'
  status['epoch_id'] = epoch_id
  _compose_callback.on_epoch_begin(status)
  loader.dataset.set_epoch(epoch_id)
  model.train()
  iter_tic = time.time()
  for step_id, data in enumerate(loader):
    status['data_time'].update(time.time() - iter_tic)
    status['step_id'] = step_id
    _compose_callback.on_step_begin(status)
```

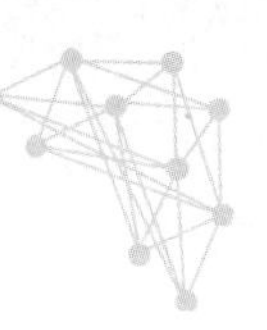

```
        outputs = model(data)
        loss = outputs['loss']
        loss.backward()
        optimizers.step()
        curr_lr = optimizers.get_lr()
        lr.step()
        optimizers.clear_grad()
        status['learning_rate'] = curr_lr
        if _nranks < 2 or _local_rank == 0:
          status['training_staus'].update(outputs)
        status['batch_time'].update(time.time() - iter_tic)
        _compose_callback.on_step_end(status)
        iter_tic = time.time()
```

步骤 5：DETR 的验证和预测

DETR 的验证阶段与训练过程相似，需要先实现用于验证的数据集，但不需要在对图像做增广的操作，只需要进行归一化等基础操作。同时，也不需要优化器和反向传播，每次迭代通过模型返回预测结果与标注计算精度即可。

```
def _eval_with_loader(model):
  status = {}
  _callbacks = [LogPrinter(model)]
  _compose_callback = ComposeCallback(_callbacks)
dataset = COCODataSet(dataset_dir = '/home/aistudio/dataset/', image_dir = 'val2017'
                      ,anno_path = 'annotations/instances_val2017.json')
  _eval_batch_sampler = paddle.io.BatchSampler(dataset, batch_size = 1)
  sample_transforms = [{Decode: {}}, {Resize: {'target_size': [800, 1333],
                      'keep_ratio': True}}, {NormalizeImage: {'is_scale': True, 'mean': [0.485,
                      0.456, 0.406], 'std': [0.229, 0.224, 0.225]}}, {Permute: {}}]
  batch_transforms = [{PadMaskBatch:{'pad_to_stride': -1,
                      'return_pad_mask': True}}]
  loader = BaseDataLoader(sample_transforms, batch_transforms, batch_size = 1,
                      shuffle = False, drop_last = False, drop_empty = False)(dataset,
                      4, _eval_batch_sampler)
  _metrics = _init_metrics(dataset = dataset)
  sample_num = 0
  tic = time.time()
  _compose_callback.on_epoch_begin(status)
  status['mode'] = 'eval'
  model.eval()
  for step_id, data in enumerate(loader):
    status['step_id'] = step_id
    _compose_callback.on_step_begin(status)
    outs = model(data)
    for metric in _metrics:
      metric.update(data, outs)
    sample_num += data['im_id'].numpy().shape[0]
    _compose_callback.on_step_end(status)
```

在 DETR 预测的过程中也要对预测的图像进行归一化、调整尺寸等基础的操作。图像在进行处置之后送入网络，对网络的输出进行处理就完成了网络预测的过程。至此，DETR 的网络实践就学习完了，快去动手实践吧！

第4章　图像分割

图像分割(Image Segmentation)技术是计算机视觉领域的另一个重要的研究方向,是图像语义理解的重要一环,是把图像分成若干个特定的、具有独特性质的区域并提出感兴趣目标的技术和过程。它是由图像处理到图像分析的关键步骤。从数学角度来看,图像分割是将图像划分成互不相交的区域的过程。近些年来随着深度学习技术的逐步深入,图像分割技术有了突飞猛进的发展,该技术相关的场景物体分割、人体前景分割、人脸人体 Parsing、三维重建等技术已经在无人驾驶、增强现实、安防监控等行业得到了广泛的应用。

如图 4-0-1 所示,图像分割是从图像中找出目标所在的具体区域的任务,图中不同的颜色代表分割出来的不同物体,同一种颜色代表同一个类型的物体。其实简单理解,通常情况下图像分割就是去除图像背景提取感兴趣区域的过程。

图 4-0-1　图像分割示意图

目前常见的分割算法有基于阈值的分割算法,基于区域生长的分割算法,基于边缘的分割算法,基于图的分割算法。基于阈值的分割算法是最简单直接的分割算法。由于图像中目标位置和其他区域之间具有不同的灰度值,具有这种性质的目标区域通过阈值分割能够取得非常好的效果。通过阈值进行分割通常需要一个或多个灰度值作为阈值,以使图像分成不同的目标区域与背景区域。如何找到合适的阈值进行分割是基于阈值的分割算法中最核心的问题。由于基于阈值的分割算法对噪声敏感,通常情况下,在分割之前需要进行图像降噪的操作。基于区域生长的分割算法将具有相似特征的像素集合聚集并构成一个区域,这个区域中的相邻像素之间具有相似的性质。算法首先在每个区域中寻找一个像素点作为

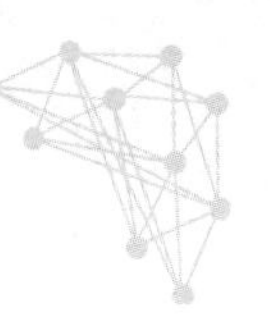

种子点，然后人工设定合适的生长规则与停止规则，这些规则可以是灰度级别的特征、纹理级别的特征、梯度级别的特征等，生长规则可以根据实际需要具体设置。满足生长规则的像素点视为具有相似特征，将这些像素点划分到种子点所在区域中，并选定新的种子点。然后重复上面的步骤，直到满足停止规则。区域生长法的优势是整个算法计算简单，对于区域内部较为平滑的连通目标能分割得到很好的结果，同时算法对噪声不那么敏感。而它的缺点也非常明显，需要人为选定合适的区域生长种子点和涉及生长规则。通过区域的边缘来实现图像的分割是图像分割中常见的一种算法。由于不同区域中通常具有结构突变或者不连续的地方，这些地方往往能够为图像分割提供有效的依据。这些不连续或者结构突变的地方称为边缘。图像中不同区域通常具有明显的边缘，利用边缘信息能够很好地实现对不同区域的分割。基于图论的图像分割技术是近年来图像分割领域的一个新的研究热点。其基本思想是将图像映射为带权无向图，把像素视作节点，节点之间的边的权重对应于两个像素间的不相似性度量，割的容量对应能量函数。运用最大流或最小流算法对图进行切割，得到的最小割对应于待提取的目标边界。

近年来，鉴于深度学习技术的成熟和广泛应用，多种基于深度学习的图像语义分割方法被相继设计出来。与深度卷积神经网络相结合的图像语义分割，通常采用卷积神经网络的形式将图像进行像素级的分类并分割为表示不同语义类别的区域。

图像分割在图像处理和计算机视觉领域中是一个备受关注的研究分支，在目标分割和提取的过程中可以运用大量的数字图像处理方法，同时结合它在计算机上所产生的作用以及在模式识别等领域中的应用，吸引了一大批研究者关注。

4.1　实践一：基于 U-Net/DeepLabV3 Plus 模型的宠物图像分割

基于 U-Net 模型的宠物图像分割

4.1.1　基于 U-Net 模型的宠物图像分割

U-Net 模型是一个经典的经常用于医学影像处理与分析领域的分割模型，因为结构简单且有效的特性，其在很多任务上都取得了较好的效果。有别于经典全卷积分割模型的直线型结构，U-Net 模型整体呈现 U 形结构，如图 4-1-1 所示。网络模型主要包含三部分，分别是：编码器网络、解码器网络以及跳跃连接。编码器网络通过卷积层和下采样层实现图像语义特征的抽取。解码器网络通过卷积层和上采样层实现图像空间位置信息的恢复，以产生和输入图像大小一致的分割结果图。跳跃连接部分连接编码器网络和解码器网络，能够融合图像的浅层细节信息和深层的语义信息以增强图像分割的效果。

本实践应用 U-Net 模型完成宠物图像分割的任务。

步骤 1：Oxford-IIIT Pet 数据集加载及预处理

本实践使用 Oxford-IIIT Pet 数据集，总共含有 7390 张图像，共有 37 种宠物类别，每个类别大约有 200 张图像。数据集中包含两个压缩文件，分别为原始图像和其分割结果图像。数据集统计的分布如图 4-1-2 所示。Oxford-IIIT Pet 数据集可从其官方网站（https://www.robots.ox.ac.uk/～vgg/data/pets）下载。

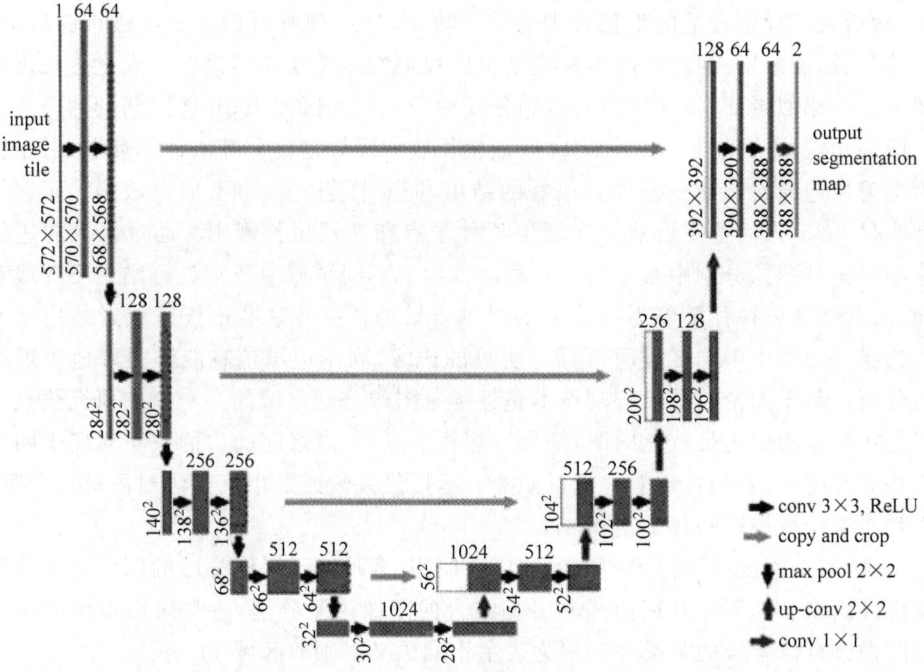

图 4-1-1　U-Net 模型结构

Breed	Count
American Bulldog	200
American Pit Bull Terrier	200
Basset Hound	200
Beagle	200
Boxer	199
Chihuahua	200
English Cocker Spaniel	196
English Setter	200
German Shorthaired	200
Great Pyrenees	200
Havanese	200
Japanese Chin	200
Keeshond	199
Leonberger	200
Miniature Pinscher	200
Newfoundland	196
Pomeranian	200
Pug	200
Saint Bernard	200
Samyoed	200
Scottish Terrier	199
Shiba Inu	200
Staffordshire Bull Terrier	189
Wheaten Terrier	200
Yorkshire Terrier	200
Total	4978

1.Dog Breeds

Breed	Count
Abyssinian	198
Bengal	200
Birman	200
Bombay	200
British Shorthair	184
Egyptian Mau	200
Main Coon	190
Persian	200
Ragdoll	200
Russian Blue	200
Siamese	199
Sphynx	200
Total	2371

2.Cat Breeds

Family	Count
Cat	2371
Dog	4978
Total	7349

3.Total Pets

图 4-1-2　Oxford-IIIT Pet 数据集统计分布

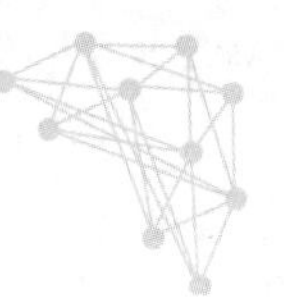

首先，我们通过如下代码对数据集进行解压缩。

```
# 解压缩数据集
!tar -xf data/data68468/images.tar.gz
!tar -xf data/data68468/annotations.tar.gz
```

解压缩后的数据集分别存储在 images 和 annotation 目录下。images 目录下存放的内容如图 4-1-3 所示，为 jpg 格式的原始图像。annotations 目录下存放的内容如图 4-1-4 所示，其中，trainval. txt 中为用于训练过程的图像列表，test. txt 中为用于测试过程的图像列表，list. txt 中为所有的图像列表以及 trimaps 目录中为与训练图像相对应的分割标注图像。本实践中我们主要使用 images 和 annotations/trimaps 两个目录，即原图和分割标注图像，示例图像如图 4-1-5 所示，前者作为训练的输入数据，后者是对应的标签数据。

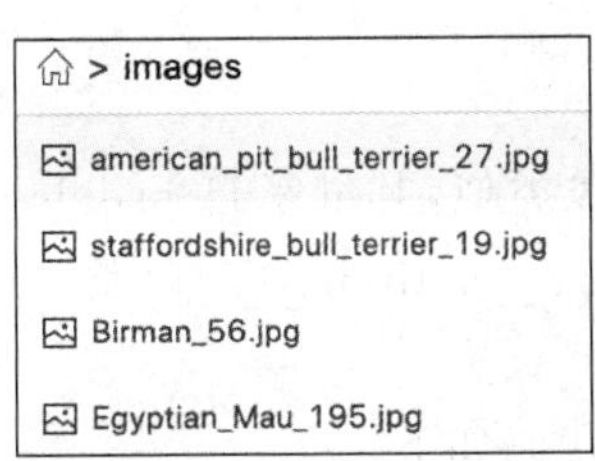

图 4-1-3　images 目录下存放的部分内容

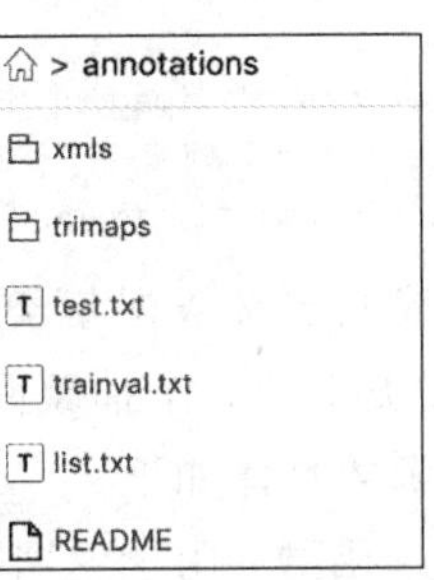

图 4-1-4　annotations 目录下存放的部分内容

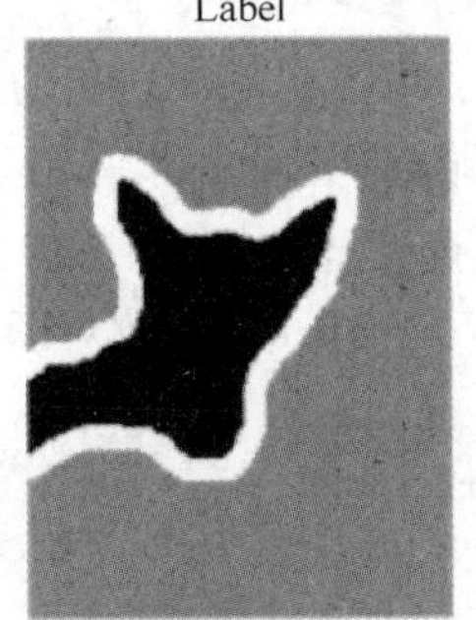

图 4-1-5　Oxford-IIIT Pet 数据集实例图像

之后，我们对数据集进行划分，由于所有的文件都散落在文件夹中，为了完成训练，我们需要首先获取原始图像和标签图像的对应关系。在此步骤中，我们采用了一个简单的方法，通过对两个目录中的文件进行按文件名称的排序来找到对应关系。之后我们对数据集进行划分，得到用于训练的 train. txt、用于验证的 test. txt 以及用于预测的 predixt. txt 文件。

```
IMAGE_SIZE = (160, 160)
train_images_path = "images/"
label_images_path = "annotations/trimaps/"
image_count = len([os.path.join(train_images_path, image_name) for image_name in os.listdir
(train_images_path) if image_name.endswith('.jpg')])
print("图像样本的总数量是:", image_count)
# 对数据集进行处理，划分训练集、测试集
def _sort_images(image_dir, image_type):
    files = []
```

```
    for image_name in os.listdir(image_dir):
        if image_name.endswith('.{}'.format(image_type)) \
                and not image_name.startswith('.'):
            files.append(os.path.join(image_dir, image_name))
    return sorted(files)

def write_file(mode, images, labels):
    with open('./{}.txt'.format(mode), 'w') as f:
        for i in range(len(images)):
            f.write('{}\t{}\n'.format(images[i], labels[i]))

images = _sort_images(train_images_path, 'jpg')
labels = _sort_images(label_images_path, 'png')
eval_num = int(image_count * 0.15)

write_file('train', images[:-eval_num], labels[:-eval_num])
write_file('test', images[-eval_num:], labels[-eval_num:])
write_file('predict', images[-eval_num:], labels[-eval_num:])
```

接下来，我们定义数据集类 PetDataset，和以往实践类似，其继承自 paddle.io.Dataset 类并实现了父类中的 3 个抽象函数，分别为：__len__()、__getitem__()以及_load_img()。其中，前两个函数具体如下。

__len__()函数：用于返回数据集的总数量。具体代码如下。

```
def __len__(self):
    return len(self.train_images)
```

__getitem__()函数：用于在每次迭代的过程中返回一组原始图像及其对应的分割标签图像。__getitem__()函数在实现内部调用了_load_img()函数，将其用于图像的预处理。在_load_img()函数和__getitem__()函数的代码实现中，我们调用 paddle.vision 库函数中的 Transpose()函数和 Normalize()函数对图像进行维度上的转换和数值上的归一化。

```
def _load_img(self, path, color_mode='rgb', transforms=[]):
    with open(path, 'rb') as f:
        img = PilImage.open(io.BytesIO(f.read()))
        if color_mode == 'grayscale':
            if img.mode not in ('L', 'I;16', 'I'):
                img = img.convert('L')
        elif color_mode == 'rgba':
            if img.mode != 'RGBA':
                img = img.convert('RGBA')
        elif color_mode == 'rgb':
            if img.mode != 'RGB':
                img = img.convert('RGB')
        else:
            raise ValueError('color_mode must be "grayscale", "rgb", or "rgba"')

        return T.Compose([T.Resize(self.image_size)] + transforms)(img)

def __getitem__(self, idx):
    train_image = self._load_img(self.train_images[idx],
                  transforms=[T.Transpose(), T.Normalize(mean=127.5, std=127.5)])
    label_image = self._load_img(self.label_images[idx], color_mode='grayscale',
                  transforms=[T.Grayscale()])
```

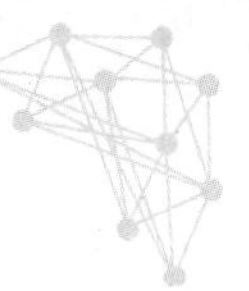

```
    # 返回 image, label
    train_image = np.array(train_image, dtype='float32')
    label_image = np.array(label_image, dtype='int64')
    return train_image, label_image
```

步骤 2：U-Net 模型配置与训练

在本步骤中，我们实现 U-Net 模型，U-Net 模型的重点在于编码器网络和解码器网络的构建。如图 4-1-1 所示，U-Net 模型的左半部分为编码器网络，其中包含 4 个重复的结构：2 个 3×3 卷积层，非线形 ReLU 激活层和一个步长为 2 的 2×2 最大值池化层。在编码器网络中，每经过一次下采样特征图的通道数量都会加倍。U-Net 模型的右半部分为解码器网络。和编码器网络类似，解码器网络中也包含 4 个重复的结构，在经过每个重复的结构之前先经过一次反卷积以实现上采样，每经过一次反卷积之后特征图的通道数量减半，特征图的大小加倍。在解码器网络中也实现了跳跃连接部分。经过反卷积之后，反卷积的结果和编码器网络中相应的特征图进行拼接。拼接后的特征图再经过 2 个 3×3 的卷积。U-Net 模型中最后一层的卷积核为 1×1 的卷积核，能够经过解码器网络的 64 通道的特征图转化为特定类别数量的分割结果图。网络结构的代码如下所示。

我们首先实现一个 DoubleConv 类，其中包含一组 2 层的卷积神经网络（卷积层-批归一化-ReLU 激活层），以方便后续的应用。

```
class DoubleConv(paddle.nn.Layer):
    def __init__(self, in_channels, out_channels):
        super(DoubleConv, self).__init__()

        self.double_conv = paddle.nn.Sequential(
            paddle.nn.Conv2D(in_channels, out_channels, kernel_size=3, padding=1),
            paddle.nn.BatchNorm2D(out_channels),
            paddle.nn.ReLU(),
            paddle.nn.Conv2D(out_channels, out_channels, kernel_size=3, padding=1),
            paddle.nn.BatchNorm2D(out_channels),
            paddle.nn.ReLU()
        )

    def forward(self, x):
        return self.double_conv(x)
```

之后我们实现一个 Down 类用于实现特征图的下采样，在 Down 类中，输入的特征图首先会通过最大值池化层将特征图下采样 2 倍，之后通过 DoubleConv 类对下采样后的特征图执行 2 组卷积操作，最终得到输出的特征图。

```
class Down(paddle.nn.Layer):
    def __init__(self, in_channels, out_channels):
        super(Down, self).__init__()
        self.maxpool_conv = paddle.nn.Sequential(
            paddle.nn.MaxPool2D(kernel_size=2, stride=2, padding=0),
            DoubleConv(in_channels, out_channels)
        )

    def forward(self, x):
        return self.maxpool_conv(x)
```

接下来，我们实现一个 Up 类用于实现特征图的上采样，并与之前的特征图融合以实现跳跃连接。在通道数经过编码器网络达到最大并得到高层的语义特征图之后，U-Net 网络结构会开始进行解码操作以实现上采样，在此过程中，特征图的通道数量逐渐减小，对应的特征图的尺寸逐步增加，直至最终恢复到原始图像的大小。Up 类主要实现上采样以及跳跃连接。上采样可以通过双线性插值和反卷积两种方式实现，之后调用 DoubleConv()实现两次卷积以提取特征。

```
class Up(paddle.nn.Layer):
    def __init__(self, in_channels, out_channels, bilinear = True):
        super(Up, self).__init__()

        if bilinear:
            self.up = paddle.nn.Upsample(scale_factor = 2, mode = 'bilinear', align_corners = True)
        else:
            self.up = paddle.nn.ConvTranspose2d(in_channels // 2, in_channels // 2, kernel_
size = 2, stride = 2)
        self.conv = DoubleConv(in_channels, out_channels)

    def forward(self, x1, x2):
        x1 = self.up(x1)
        diffY = paddle.to_tensor([x2.shape[2] - x1.shape[2]])
        diffX = paddle.to_tensor([x2.shape[3] - x1.shape[3]])
        x1 = F.pad(x1, [diffX // 2, diffX - diffX // 2, diffY // 2, diffY - diffY // 2])
        x = paddle.concat([x2, x1], axis = 1)
        return self.conv(x)
```

在 Up 类的 forward()函数中有两个输入参数 x1 以及 x2，其中，x1 为需要上采样的特征图，x2 是与编码器网络对应的输出特征图。对于输入 x1，首先经过上采样，再通过 paddle.nn.functional.pad()函数将上采样后的 x1 填充到与输入 x2 的大小一致，通过 paddle.concat()函数将 x1 与 x2 特征图在通道上进行拼接，最后通过两次卷积来提取特征。

在完成以上子模块后，我们实现 U-Net 模型的整体网络结构，代码如下所示，总共经历四次下采样以及四次上采样。对于输入图像，首先通过 DoubleConv()经过两次卷积过程得到特征图 x1，再经过 Down1、Down2、Down3 以及 Down4 将特征图下采样 2 倍、4 倍、8 倍以及 16 倍后得到 x2、x3、x4 以及 x5。接下来，通过 Up1、Up2、Up3 以及 Up4 实现特征图的 16 倍上采样。同时在每次上采样的过程中分别与编码器网络得到的 x2、x3、x4 以及 x5 进行融合，最终通过一个 1 层卷积的输出层，将通道数 64 转换为与类别数相对应的数量，通过 softmax()函数输出最后的分割结果图。

```
class U_Net(paddle.nn.Layer):
    def __init__(self, num_classes, bilinear = True):
        super(U_Net, self).__init__()
        self.num_classes = num_classes
        self.bilinear = bilinear
        self.inc = DoubleConv(3, 64)
        self.down1 = Down(64, 128)
        self.down2 = Down(128, 256)
        self.down3 = Down(256, 512)
        self.down4 = Down(512, 512)
```

```
        self.up1 = Up(1024, 256, bilinear)
        self.up2 = Up(512, 128, bilinear)
        self.up3 = Up(256, 64, bilinear)
        self.up4 = Up(128, 64, bilinear)
        self.output_conv = paddle.nn.Conv2D(64, num_classes, kernel_size=1)
    def forward(self, inputs):
        x1 = self.inc(inputs)
        x2 = self.down1(x1)
        x3 = self.down2(x2)
        x4 = self.down3(x3)
        x5 = self.down4(x4)
        x = self.up1(x5, x4)
        x = self.up2(x, x3)
        x = self.up3(x, x2)
        x = self.up4(x, x1)
        y = self.output_conv(x)
        return y
```

至此，我们完成了宠物图像数据集以及 U-Net 网络模型的构建，接下来进入模型训练部分。首先通过前面定义的 PetDataset 类生成用于训练和验证的图像集合。之后通过 paddle.optimizer.RMSProp()函数定义优化器。RMSProp 算法的全称为 Root Mean Square Prop(均方根传递)，是 Hinton 在 Coursera 课程中提出的一种优化算法。为了进一步优化损失函数在更新中存在的摆动幅度过大的问题，并且进一步加快函数的收敛速度，RMSProp 算法对权重和偏置的梯度使用了微分平方加权平均数。在定义好优化器之后，为模型绑定优化器和损失函数。损失函数采用交叉熵损失以计算像素级分类的输入和标签的损失。最后进行模型训练和验证。

```
train_dataset = PetDataset(mode='train')        # 训练数据集
val_dataset = PetDataset(mode='test')           # 验证数据集

optim = paddle.optimizer.RMSProp(learning_rate=0.001, rho=0.9, momentum=0.0, epsilon=
1e-07, centered=False,parameters=model.parameters())

model.prepare(optim, paddle.nn.CrossEntropyLoss(axis=1))
model.fit(train_dataset, val_dataset, epochs=1, batch_size=32, verbose=2)
```

训练过程中的部分输出结果如图 4-1-6 所示。

```
step 197/197 [==============================] - loss: 0.4996 - 376ms/step
Eval begin...
The loss value printed in the log is the current batch, and the metric is the average value of previous step.
step 35/35 [==============================] - loss: 0.5017 - 262ms/step
Eval samples: 1108
```

图 4-1-6　U-Net 模型训练过程中的部分输出结果

步骤 3：U-Net 模型预测

通过 PetDataset 设置用于预测的数据集，并通过 model.predict 进行预测，通过可视化可以对比标签和预测的结果，如图 4-1-7 所示。

```
predict_dataset = PetDataset(mode='predict')
predict_results = model.predict(predict_dataset)
```

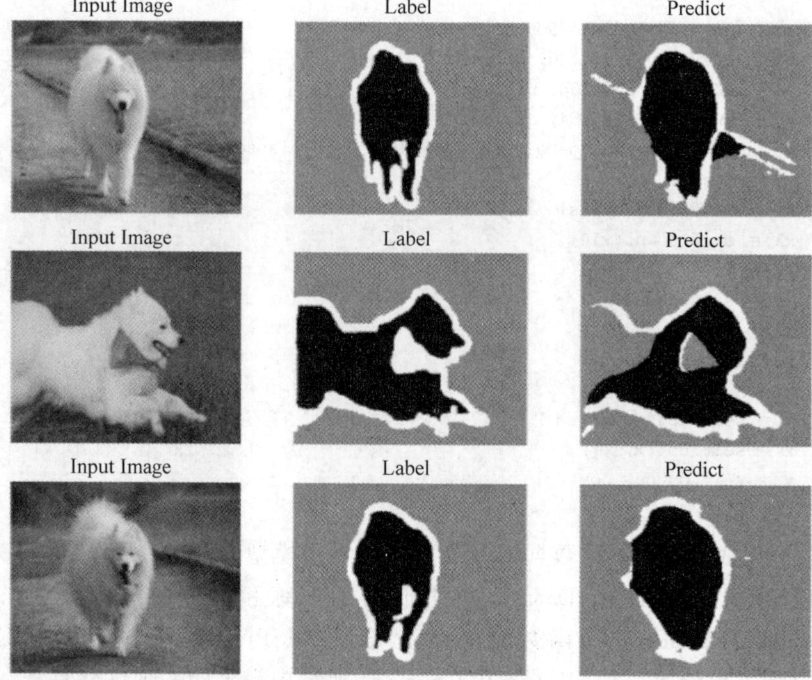

图 4-1-7　U-Net 模型预测的输出结果

4.1.2　基于 DeepLabV3 Plus 模型的宠物图像分割

基于 DeepLabV3 Plus 模型的宠物图像分割

这里我们实现一个在图像分割领域比较熟知的网络结构 DeepLabV3 Plus，DeepLabV3 Plus 是 DeepLab 系列语义分割神经网络的最终版本，在许多图像语义分割的数据集上，该网络结构都有不错的性能表现，该网络结构中包含空洞卷积、ASPP 结构、encoder-decoder 架构等相关知识，接下来我们一起搭建 DeepLabV3 Plus。本节实践仍然使用 Oxford-IIIT Pet 数据集，在此不对数据集处理部分进行赘述。

步骤 1：环境设置

通过 import 导入搭建 DeepLabV3 Plus 所需要的库，并设置运行环境为 GPU。

```
import os
import io
import numpy as np
import matplotlib.pyplot as plt
from PIL import Image as PilImage

import paddle
from paddle.nn import functional as F

paddle.set_device('gpu')
paddle.__version__
```

步骤 2：搭建 DeepLabV3 Plus 网络

DeepLabV3 Plus 从整体结构上看可以分为编码器（encoder）与解码器（decoder）两部分，如图 4-1-8 所示。其中编码器部分是特征提取网络，通常可以采用 resnet、Xception 等分

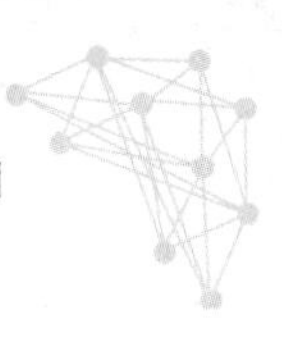

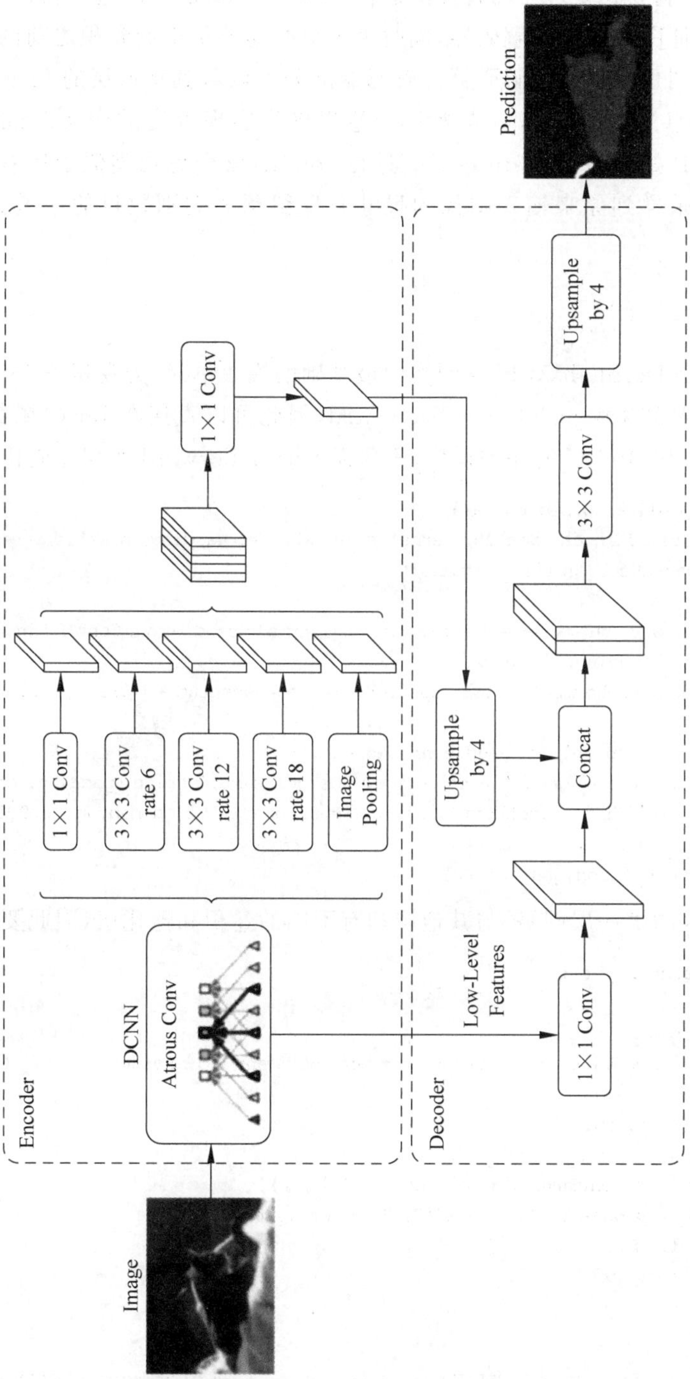

图 4-1-8　DeepLabV3 Plus 网络结构

类任务中常用的网络结构来做编码器，并在最后一层添加 ASPP 结构。ASPP 结构由具有不同 ratio 的空洞卷积核组成，不同的 ratio 代表不同大小的感受野，也就可以抽取不同尺度的图片信息，将所有空洞卷积处理后的特征图进行 concat 并采用 1×1 卷积降维。最终得到的语义信息丰富的特征图会传递给解码器，同时为了更好地补足空洞卷积之前的信息，特征提取网络输出的特征图也会传递给解码器。解码器部分可以看到将低层的 feature map（含有更多的图像底层信息）作为输入，首先做一个卷积操作实现维度的变换，目的是为了和 4 倍上采样后的 ASPP 处理后的 feature map 进行 concat，整个思想类似于残差结构，最终 concat 的结果 4 倍上采样到原来输入图像的尺寸并保留预测类别数目的通道数即可完成建模。

步骤 3：搭建网络子模块

_ConvBnReLU 是 DeepLabV3 Plus 网络中最基础的模块单元，为卷积＋BN＋ReLU 的组合。_ConvBnReLU 类继承 paddle. nn. Sequential，因此可以直接在 Init() 函数中顺序地构建一个卷积、批归一化、ReLU 的序列操作，不再需要通过 Forward 实现先向传播的过程。

```
class _ConvBnReLU(paddle.nn.Sequential):
    def __init__(self, in_ch, out_ch, kernel_size, stride, padding, dilation, relu = True):
        super(_ConvBnReLU, self).__init__()
        if relu:
            self.conv_bn_relu = paddle.nn.Sequential(paddle.nn.Conv2D(in_ch, out_ch,
kernel_size, stride, padding, dilation)
        ,paddle.nn.BatchNorm2D(out_ch, epsilon = 1e - 5, momentum = 0.999),paddle.nn.ReLU())
        else:
            self.conv_bn_relu = paddle.nn.Sequential(
                paddle.nn.Conv2D(in_ch, out_ch, kernel_size, stride, padding, dilation)
                , paddle.nn.BatchNorm2D(out_ch, epsilon = 1e - 5, momentum = 0.999))
    def forward(self,x):
            return self.conv_bn_relu(x)
```

DeepLabV3 Plus 的第一层网络，与其他层拥有不同的卷积和池化层，因此要单独定义。

```
class _Stem(paddle.nn.Layer):
    """
    The 1st conv layer.
    Note that the max pooling is different from both MSRA and FAIR ResNet.
    """
    def __init__(self, out_ch):
        super(_Stem, self).__init__()
        self.conv1 = _ConvBnReLU(3, out_ch, 7, 2, 1, 1)
        self.pool = paddle.nn.MaxPool2D(3, 2, 1, ceil_mode = True)
    def forward(self, x):
        h = self.conv1(x)
        h = self.pool(h)
        return h
```

进行分割任务时，图像存在多尺度问题，有大有小。一种常见的处理方法是图像金字塔，即将原图 resize 到不同尺度，输入相同的网络，获得不同尺度的特征图，然后做融合，这种方法的确可以提升准确率，然而带来的另外一个问题就是速度太慢、空间开销太大。

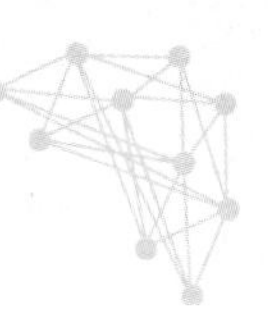

ASPP 通过采用不同膨胀率的空洞卷积捕获多尺度的信息，并将输出结果融合得到新的特征。如图 4-1-9 所示，这是在 DeepLabV3 中改进后的 ASPP。用了一个 1×1 的卷积层和 3 个 3×3 的空洞卷积层，每个卷积层包含 256 个卷积，卷积后跟着 BN 层。

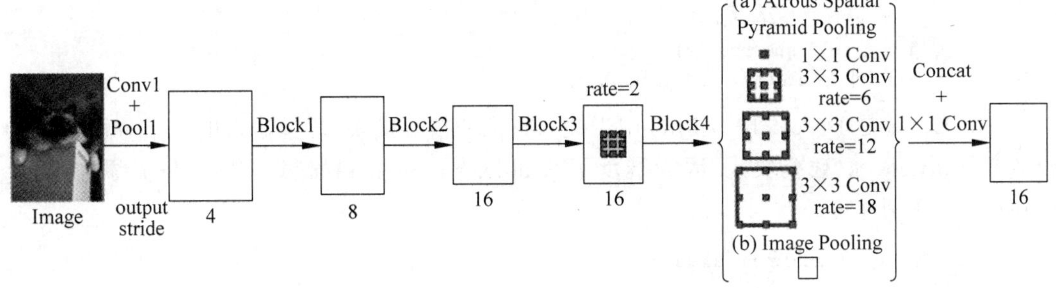

图 4-1-9　ASPP 结构

_ASPP 类，通过调用_ConvBnReLU 并输入不同的膨胀率获得一组特征图，之后在 forward()函数中通过 paddle.concat 将所有的特征图连接起来，就完成了 ASPP 模块的搭建。

```
class _ASPP(paddle.nn.Layer):
    """
    Atrous spatial pyramid pooling with image - level feature
    """

    def __init__(self, in_ch, out_ch, rates):
        super(_ASPP, self).__init__()
self.dilated_result = []
        for i, rate in enumerate(rates):
            result = self.add_sublayer("c{}".format(i + 1),
                                            _ConvBnReLU(in_ch, out_ch, 3, 1, padding =
'same', dilation = rate))
            self.dilated_result.append(result)
    def forward(self, x):
        return paddle.concat([stage(x) for stage in self.dilated_result], axis = 1)
```

在本实践中，特征提取网络我们采用了 ResNet。因此，我们首先定义残差结构_Bottleneck。在_Bottleneck 类中我们通过_ConvBnReLU 类实例化 1 组 3×3 卷积和 3 组 3×3 卷积，分别对应残差结构中的 1×1 和 3×3 卷积。在 forward()函数中通过相加的方式实现跳跃连接。

```
class _Bottleneck(paddle.nn.Layer):
    """
    Bottleneck block of MSRA ResNet.
    """
    def __init__(self, in_ch, out_ch, stride, dilation, downsample):
        super(_Bottleneck, self).__init__()
        mid_ch = out_ch // _BOTTLENECK_EXPANSION
        self.reduce = _ConvBnReLU(in_ch, mid_ch, 1, stride, 'same', 1, True)
        self.conv3x3 = _ConvBnReLU(mid_ch, mid_ch, 3, 1, 'same', dilation, True)
        self.increase = _ConvBnReLU(mid_ch, out_ch, 1, 1, 'same', 1, False)
        self.shortcut = (
            _ConvBnReLU(in_ch, out_ch, 1, stride, 'same', 1, False)
```

```
                    if downsample
                    else lambda x: x )
        def forward(self, x):
            h = self.reduce(x)
            h = self.conv3x3(h)
            h = self.increase(h)
            h += self.shortcut(x)
            return F.relu(h)
```

_ResLayer 是 DeepLabV3 Plus 用于提取特征的核心模块,通过输入的 n_layers 控制组合多个_Bottleneck(残差块)。因为继承了 paddle.nn.Sequential 类,因此,只需添加顺序_Bottleneck 实例即可。

```
class _ResLayer(paddle.nn.Sequential):
    """
    Residual layer with multi grids
    """
    def __init__(self, n_layers, in_ch, out_ch, stride, dilation, multi_grids = None):
        super(_ResLayer, self).__init__()
        if multi_grids is None:
            multi_grids = [1 for _ in range(n_layers)]
        else:
            assert n_layers == len(multi_grids)
        # Downsampling is only in the first block
        for i in range(n_layers):
            self.add_sublayer("block{}".format(i + 1),
                              _Bottleneck(
                                  in_ch = (in_ch if i == 0 else out_ch),
                                  out_ch = out_ch,
                                  stride = (stride if i == 0 else 1),
                                  dilation = dilation * multi_grids[i],
                                  downsample = (True if i == 0 else False)))
```

步骤 4: 搭建网络结构

DeepLabV3 Plus 类用于构建整个 DeepLabV3 Plus 的网络结构。Init()函数中分为 Encoder 和 Decoder 两部分。

在 Encoder 部分,输入的图像首先通过_stem 层进行卷积和下采样池化,之后通过_ResLayer 构建 resnet 结构的特征提取网络,最后通过_ASPP、_ConvBnReLU 完成特征的提取。在 Decoder 部分,对 Encoder 部分得到特征进行上采样并和中间特征进行融合,最终通过上采样和卷积操作实现图像分割。

```
class DeepLabV3Plus(paddle.nn.Layer):
    """
    DeepLab v3 + : Dilated ResNet with multi - grid + improved ASPP + decoder
    """
    def __init__(self, n_classes, n_blocks, atrous_rates, multi_grids, output_stride):
        super(DeepLabV3Plus, self).__init__()
        # Stride and dilation
        if output_stride == 8:
            s = [1, 2, 1, 1]
```

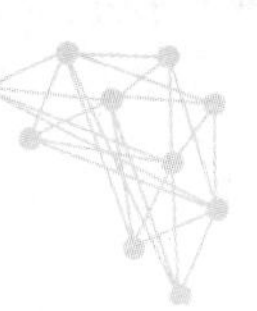


```
            d = [1, 1, 2, 4]
        # Encoder
        ch = [64,128,256,512,1024,2058]
        self.layer1 = _Stem(ch[0])
        self.layer2 = _ResLayer(n_blocks[0], ch[0], ch[2], s[0], d[0])
        self.layer3 = _ResLayer(n_blocks[1], ch[2], ch[3], s[1], d[1])
        self.layer4 = _ResLayer(n_blocks[2], ch[3], ch[4], s[2], d[2])
        self.layer5 = _ResLayer(n_blocks[3], ch[4], ch[5], s[3], d[3], multi_grids)
        self.aspp = _ASPP(ch[5], 256, atrous_rates)
        concat_ch = 256 * (len(atrous_rates))
        self.concat_ch = concat_ch
        self.conv1 = _ConvBnReLU(concat_ch, 256, 1, 1, 'same', 1)
        # Decoder
        self.reduce = _ConvBnReLU(256, 256, 1, 1, 'same', 1)
        self.upsample = paddle.nn.Upsample(scale_factor = 2.0, mode = "bilinear", align_
corners = False)
        self.conv2 = _ConvBnReLU(512, 256, 3, 1, 'same', 1)
        self.conv3 = _ConvBnReLU(256, n_classes, 3, 1, 'same', 1)
        self.up4 = paddle.nn.Upsample(scale_factor = 4.0, mode = "bilinear", align_corners =
False)
    def forward(self, x):
        h = self.layer1(x)
        h = self.layer2(h)
        h_ = self.reduce(h)
        h = self.layer3(h)
        h = self.layer4(h)
        h = self.layer5(h)
        h = self.aspp(h)
        h = self.conv1(h)
        h = self.upsample(h)
        h = paddle.concat((h, h_), axis = 1)
        h = self.conv2(h)
        h = self.conv3(h)
        h = self.up4(h)
        return h
```

步骤5：训练DeepLabV3 Plus网络

在上面的步骤中定义好了数据集、网络模型，接下来就开始模型训练的部分。首先通过在4.1.1小节中定义的PetDataset来生成训练集和验证集，并通过前文定义的DeepLabV3 Plus生成网络模型。与U-Net一样，我们采用paddle.optimizer.RMSProp作为优化器，并给模型绑定优化器和交叉熵损失。最终通过model.fit开始训练和验证，其中epochs＝15表示全部数据训练15次，batch_size＝32表示每个批次训练32张图像，verbose表示的则是保存的日志格式。

```
network = DeepLabV3Plus(
    n_classes = num_class,
    n_blocks = [3, 4, 6, 3],
    atrous_rates = [6, 12, 18],
    multi_grids = [1, 2, 4],
    output_stride = 8,
```

```
)
model = paddle.Model(network)
train_dataset = PetDataset(mode = 'train')        # 训练数据集
val_dataset = PetDataset(mode = 'test')           # 验证数据集
optim = paddle.optimizer.RMSProp(learning_rate = 0.001,
                                 rho = 0.9,
                                 momentum = 0.0,
                                 epsilon = 1e - 07,
                                 centered = False,
                                 parameters = model.parameters())
model.prepare(optim, paddle.nn.CrossEntropyLoss(axis = 1))
model.fit(train_dataset,
          val_dataset,
          epochs = 15,
          batch_size = 32,
          verbose = 1)
```

训练过程的部分输出结果如图 4-1-10 所示。

```
Epoch 1/15
step 197/197 [==============================] - loss: 0.8302 - 369ms/step
Eval begin...
The loss value printed in the log is the current batch, and the metric is the average value of previous step.
step 35/35 [==============================] - loss: 20735.0430 - 244ms/step
Eval samples: 1108
Epoch 2/15
step  20/197 [==>...........................] - loss: 0.7640 - ETA: 1:06 - 376ms/ste
```

图 4-1-10　训练过程的部分输出结果

步骤 6：宠物分割结果预测

模型预测部分与其他分割网络相似，通过 PetDataset 生成数据集，然后通过 model.predict 得到网络预测的结果。

```
predict_dataset = PetDataset(mode = 'predict')
predict_results = model.predict(predict_dataset)
```

至此，我们就完成了 DeepLabV3 Plus 网络的搭建、训练和预测过程，你学会了吗？

基于 PaddleSeg 的人像视频分割

4.2　实践二：基于 PaddleSeg 的人像视频分割

步骤 1：认识 PaddleSeg

PaddleSeg 是基于飞桨 PaddlePaddle 开发的端到端图像分割开发套件，涵盖了高精度和轻量级等不同方向的大量高质量分割模型。通过模块化的设计，提供了配置化驱动和 API 调用两种应用方式，帮助开发者更便捷地完成从训练到部署的全流程图像分割应用。

PaddleSeg 具有以下特点。

高精度模型：基于百度自研的半监督标签知识蒸馏方案（SSLD）训练得到高精度骨干网络，结合前沿的分割技术，提供了 50＋的高质量预训练模型，效果优于其他开源实现。

模块化设计：如图 4-2-1 所示，PaddleSeg 支持 20＋的主流分割网络，结合模块化设计的

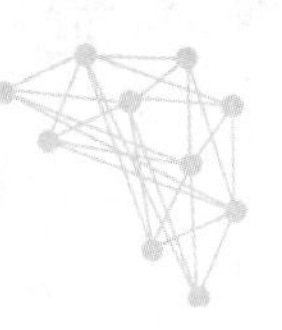

数据增强策略、骨干网络、损失函数等不同组件，开发者可以基于实际应用场景出发，组装多样化的训练配置，满足不同性能和精度的要求。

模型\骨干网络	ResNet50	ResNet101	HRNetw18	HRNetw48
ANN	✔	✔		
BiSeNetv2	-	-	-	-
DANet	✔	✔		
Deeplabv3	✔	✔		
Deeplabv3P	✔	✔		
Fast-SCNN	-	-	-	-
FCN			✔	✔
GCNet	✔	✔		
GSCNN	✔	✔		
HarDNet	-	-	-	-
OCRNet			✔	✔
PSPNet	✔	✔		
U-Net	-	-	-	-
U^2-Net	-	-	-	-
Att U-Net	-	-	-	-
U-Net++	-	-	-	-
U-Net3+	-	-	-	-
DecoupledSegNet	✔	✔		
EMANet	✔	✔	-	-
ISANet	✔	✔	-	-
DNLNet	✔	✔	-	-
SFNet	✔	-	-	-
ShuffleNetV2	-	-	-	-

图 4-2-1　PaddleSeg 模型库

高性能：支持多进程异步 I/O、多卡并行训练、评估等加速策略，结合飞桨核心框架的显存优化功能，可大幅度减少分割模型的训练开销，让开发者更低成本、更高效地完成图像分割训练。

步骤 2：使用 PaddleSeg 实现人像分割

首先需要下载安装 PaddleSeg。

```
#安装 PaddleSeg 包
!pip install paddleseg
#下载 PaddleSeg 仓库
!git clone https://github.com/PaddlePaddle/PaddleSeg
```

(1) 快速体验。

我们将当前目录变换到 PaddleSeg/contrib/HumanSeg 目录下以快速体验 PaddleSeg 的功能。

```
% cd PaddleSeg/contrib/PP - HumanSeg
```

首先，我们需要下载所有的用于推理的模型。

```
!python export_model/download_export_model.py
```

我们提供了人像分割数据集 Supervisely Persons，官方网站为 https://supervise.ly/，从中随机抽取了一小部分并转化成 PaddleSeg 可以直接加载的数据格式，同时提供了手机前置摄像头的人像测试视频 video_test.mp4。通过运行以下代码进行快速下载。

```
!python data/download_data.py
```

接下来，我们来完成视频流的人像分割，在此过程中，结合 DIS(Dense Inverse Search-basedmethod)光流算法的预测结果与分割结果，以改善视频流人像分割的最终效果。具体代码分为以下两种情况。

① 通过电脑摄像头进行实时分割处理。

```
!python bg_replace.py \ --config
export_model/ppseg_lite_portrait_398x224_with_softmax/deploy.yaml
```

② 对人像视频进行分割处理。

```
!python bg_replace.py \ --config
export_model/deeplabv3p_resnet50_os8_humanseg_512x512_100k_with_softmax/deploy.yaml \ --video_
path data/video_test.mp4
```

我们还可以完成视频流的背景替换，即根据所选背景进行背景替换，背景可以是一张图片，也可以是一段视频。具体代码分为以下三种情况。

① 通过计算机摄像头进行实时的背景替换的处理，也可以通过参数“—background_video_path”传入背景视频。

```
!python bg_replace.py \
--config export_model/ppseg_lite_portrait_398x224_with_softmax/deploy.yaml \
--input_shape 224 398 \
--bg_img_path data/background.jpg
```

② 对人像视频进行背景替换的处理，也可以通过参数“—background_video_path”传入背景视频。

```
!python bg_replace.py \
--config
export_model/deeplabv3p_resnet50_os8_humanseg_512x512_100k_with_softmax/deploy.yaml \
--bg_img_path data/background.jpg \
--video_path data/video_test.mp4
```

③ 对单张图像进行背景替换。

```
!python bg_replace.py \
--config export_model/ppseg_lite_portrait_398x224_with_softmax/deploy.yaml \
--input_shape 224 398 \
--img_path data/human_image.jpg
```

(2) 训练评估预测。

首先下载预训练模型，通过以下代码可以快速下载所有的 checkpoint 作为预训练模型。

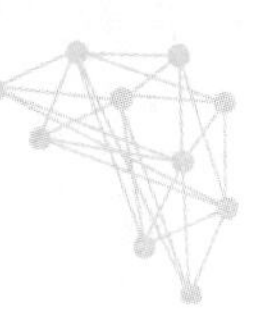

```
!python pretrained_model/download_pretrained_model.py
```

(3) 执行训练。

基于上述大规模数据预训练的模型,在抽取的部分 supervisely 数据集上进行微调,以 HRNet w18 small v1 模型为例,训练代码如下所示。

```
!python train.py \
--config configs/fcn_hrnetw18_small_v1_humanseg_192x192_mini_supervisely.yml \ --save_dir
saved_model/fcn_hrnetw18_small_v1_humanseg_192x192_mini_supervisely \
--save_interval 100 --do_eval --use_vdl
```

更多命令行帮助可运行下述代码进行查看。

```
!python train.py --help
```

(4) 模型评估与预测。

通过执行 val.py 开始验证模型。

```
!python val.py \
--config configs/fcn_hrnetw18_small_v1_humanseg_192x192_mini_supervisely.yml\
--model_path
saved_model/fcn_hrnetw18_small_v1_humanseg_192x192_mini_supervisely/best_model/
model.pdparams
```

使用 predict.py 进行预测,预测结果默认保存在./output/result/文件夹中。

```
!python predict.py \
--config configs/fcn_hrnetw18_small_v1_humanseg_192x192_mini_supervisely.yml\
--model_path
saved_model/fcn_hrnetw18_small_v1_humanseg_192x192_mini_supervisely/best_model/model.
pdparams \
--image_path data/human_image.jpg
```

(5) 模型导出。

将模型导出为静态图模型,此过程需要在 PaddleSeg 目录下执行以下代码。

```
!export CUDA_VISIBLE_DEVICES=0                # 设置 1 张可用的卡
# windows 下请执行以下命令
# set CUDA_VISIBLE_DEVICES=0
!python ../../export.py \
--config configs/fcn_hrnetw18_small_v1_humanseg_192x192_mini_supervisely.yml\
--model_path
saved_model/fcn_hrnetw18_small_v1_humanseg_192x192_mini_supervisely/best_model/model.
pdparams \
--save_dir
export_model/fcn_hrnetw18_small_v1_humanseg_192x192_mini_supervisely_with_softmax \
--without_argmax --with_softmax
```

至此,我们就完成了使用 PaddleSeg 实现人像分割的实践。

4.3 实践三:基于 PSPNet 模型的人体图像分割

基于 PSPNet 模型的人体图像分割

全局以及局部的上下文关系对于理解复杂场景非常重要,例如,水面上大的移动物体有更大的可能性是船,而不是车,虽然船和车有一定的相似性。经典的全卷积模型 FCN 缺乏依据上下文信息进行推断的能力。同时，FCN 模型可能会忽略小的目标，而大的目标可能会超过 FCN 的感受野范围，从而导致不连续的、效果不好的预测，这也是由于 FCN 模型无法有效地处理场景之间的关系和全局信息的融合。本节实践应用深层神经网络模型 PSPNet，其能够将图像中的局部和全局信息融合到一起以获取更加精确的分割结果。

本实践应用 PSPNet 模型完成人体图像分割的任务。

步骤 1：人体图像分割数据集加载及预处理

本次实践使用人体解析数据集，数据集内总共包含 17707 余张人体图像，含有包括背景在内的 20 个人体部位的类别，分别是背景、帽子、头发、手套、太阳镜、上衣、连衣裙、外套、袜子、裤子、连身裤、围巾、裙子、面对、左臂、右臂、左腿、右腿、左脚鞋以及右脚鞋。数据集内部提供了两个文件夹，一个为原图文件夹，另一个为分割图文件夹。

首先，对原始数据集的 zip 压缩包进行解压。

```
!unzip data/data74563/humanparsing.zip -d data/
```

接下来，对数据集进行划分，将原图和分割图路径保存在.txt 文件中，最终生成 train.txt 以及 val.txt。

```
data = []
path1 = 'data/humanparsing/JPEGImages'
path2 = 'data/humanparsing/SegmentationClassAug'

for item in os.listdir(path1):
    data.append([
        os.path.join(path1, item),                                # 原图路径
        os.path.join(path2, item.split('.')[0] + '.png')    # 分割图路径
    ])

np.random.shuffle(data)

train_data = data[len(data)//9:]
val_data = data[:len(data)//9]

# 将路径写入.txt 文件
def write_path(data, path):
    with open(path, 'w') as f:
        for item in tqdm(data):
            f.write(item[0] + ' ' + item[1] + '\n')          # 原图路径 分割图路径

write_path(train_data, 'train.txt')
write_path(val_data, 'val.txt')
```

选择图像 2500_1046，查看其对应的原始图像以及标签分割图像。示例图像如图 4-3-1 所示。

```
def draw(img_list, name = None):
    plt.figure(figsize = (10, 10))
    for i in range(len(img_list)):
        plt.subplot(1, len(img_list), i + 1)
        plt.imshow(img_list[i])
```

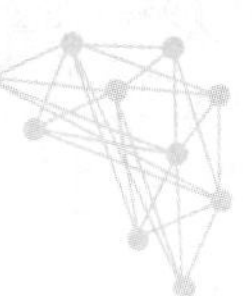


```
        if name:
            plt.title(name[i])
    plt.legend()
    plt.savefig('./1.png')
    plt.show()

# 查看数据
img1 = cv2.cvtColor(cv2.imread('data/humanparsing/JPEGImages/2500_1046.jpg'), cv2.COLOR_BGR2RGB)
img2 = cv2.imread('data/humanparsing/SegmentationClassAug/2500_1046.png')[..., 0]
draw([img1, img2])
```

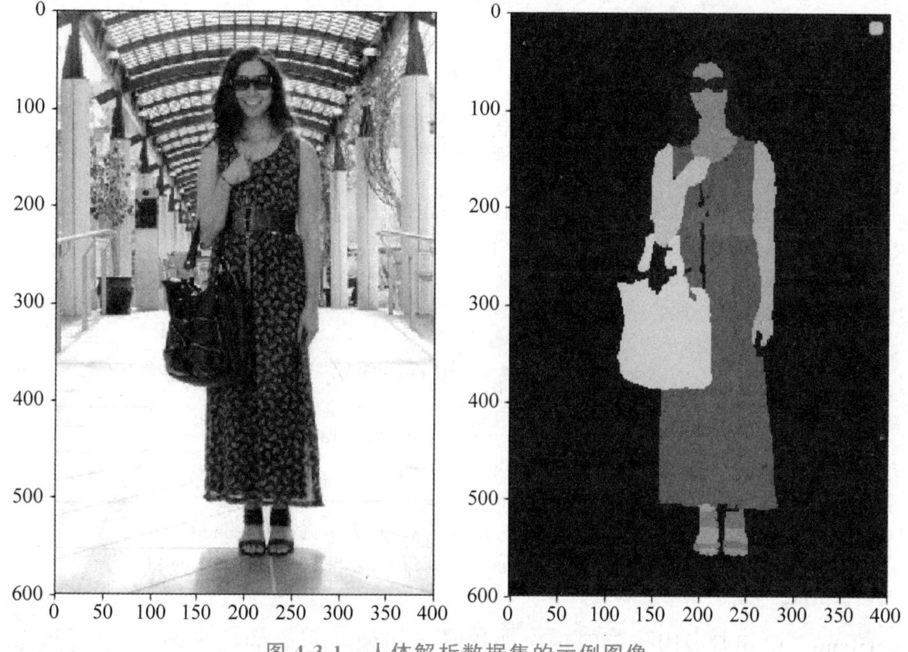

图 4-3-1　人体解析数据集的示例图像

之后定义用于数据加载的 Dataset 类，其继承自 paddle.io.Dataset，内部定义了如下 4 个函数。

__init__()函数：用于初始化相关的参数，包括根据传入的 mode 的不同，选择读取 train.txt 或 val.txt。

```
def __init__(self, mode, img_size=(600, 400)):
    super(Dataset, self).__init__()
    assert mode in ['train', 'val'], "mode is one of ['train', 'val']"
    self.mode = mode
    self.img_size = img_size
    self.data = []
    with open(mode + '.txt', 'r') as f:
        for line in f.readlines():
            line = line.strip()
            self.data.append([
                line.split(' ')[0],
                line.split(' ')[1]
```

```
        ])
    # 将输入数据变成适合 Conv2D 的输入, NHWC -> NCHW
    self.t = paddle.vision.transforms.Compose([
        paddle.vision.transforms.Transpose((2, 0, 1)),
        paddle.vision.transforms.Normalize(mean = 127.5, std = 127.5)
    ])
```

__transform()函数：用于定义数据加载过程中的数据增强操作，包含随机旋转、随机裁剪和随机填充。在数据增强的过程中，图像和其对应的标签需要进行相同的增强处理。

```
def __transform(self, img, label):
    flag = np.random.random()
    if flag < 0.2:
        angle = np.random.randint(360)
        # 旋转
        img = paddle.vision.transforms.rotate(img = img, angle = angle)
        label = paddle.vision.transforms.rotate(img = label, angle = angle)
        padding = [0, 0, 0, 0]
        top = np.random.randint(self.img_size[0])
        left = np.random.randint(self.img_size[1])
        padding[2] = left
        padding[3] = top
        # 裁剪
        img = paddle.vision.transforms.crop(img = img, top = top, left = left, height = self.
img_size[0], width = self.img_size[1])
        label = paddle.vision.transforms.crop(img = label, top = top, left = left, height =
self.img_size[0], width = self.img_size[1])
        # 填充
        img = paddle.vision.transforms.pad(img = img, padding = padding)
        label = paddle.vision.transforms.pad(img = label, padding = padding)
    return img, label
```

__getitem__()函数：用于返回每次迭代时的图像和相应的标签图像，其在内部调用__transform()函数用于随机的数据增强处理。

```
def __getitem__(self, idx):
    img = cv2.imread(self.data[idx][0])
    label = cv2.imread(self.data[idx][1])
    img = paddle.vision.transforms.resize(img = img, size = self.img_size)
    label = paddle.vision.transforms.resize(img = label, size = self.img_size)
    if self.mode == 'train':
        img, label = self.__transform(img, label)
    img = self.t(img).astype('float32')
    label = label[..., 0].astype('int64')
    return img, label
```

__len__()函数：用于获取数据集的数量，以决定__getitem__()函数的返回次数。

```
def __len__(self):
    return len(self.data)
```

定义好 Dataset 类之后，针对训练和验证过程进行实例化，并利用 paddle.io.DataLoader 进行封装。

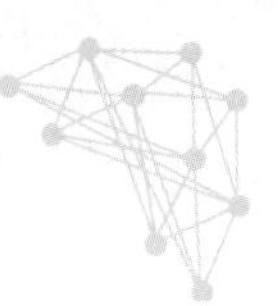

```
train_dataset = Dataset(mode = 'train')
val_dataset = Dataset(mode = 'val')
batch_size = 4
train_loader = paddle.io.DataLoader(dataset = train_dataset, batch_size = batch_size, shuffle =
True, drop_last = True)
val_loader = paddle.io.DataLoader(dataset = val_dataset, batch_size = batch_size, shuffle =
True, drop_last = True)
```

步骤 2：模型配置与训练

图 4-3-2 展示了 PSPNet 的网络结构。以输入 512×512×3 大小的图像为例，图像首先经过施加膨胀卷积且预训练的 ResNet 模型，输出特征图为输入原图的$\frac{1}{8}$大小，即输出尺寸为 64×64×2048。之后利用金字塔池化模块来聚合上下文信息，金字塔层级为 4。

对于层级 1：通过卷积核尺寸为(64,64)、步长为(64,64)的平均池化，输出尺寸为 1×1×2048 的特征图。

层级 2：通过卷积核尺寸为(32,32)、步长为(32,32)的平均池化，输出尺寸为 2×2×2048 的特征图。

层级 3：通过卷积核尺寸为(16,16)、步长为(16,16)的平均池化，输出尺寸为 3×3×2048 的特征图。

层级 4：通过卷积核尺寸为(8,8)、步长为(8,8)的平均池化，输出尺寸为 6×6×2048 的特征图。

对四个层级的特征图，分别经过 1×1 卷积，将通道数降为 512。之后对四个层级的特征图，分别通过上采样(线性插值)，将各特征图的尺寸还原至金字塔池化模块的输入尺寸，即各层级特征图的输出尺寸均还原为 64×64×512，再将四个层级的特征图以及金字塔池化模块的输入相串联，输出尺寸为 64×64×4096。最终通过卷积层，得到最终的预测特征图。在此过程中，应用 1×1 卷积完成尺寸的变换并通过上采样将特征图尺寸调整为与输入图像大小一致。

本代码中应用了 AvgPool2D 接口。

```
paddle.nn.AvgPool2D(kernel_size,
                    stride = None,
                    padding = 0,
                    ceil_mode = False,
                    exclusive = True,
                    divisor_override = None,
                    data_format = 'NCHW',
                    name = None):
```

该接口用于构建 AvgPool2D 类的一个可调用对象，其将构建一个二维平均池化层，根据输入参数 kernel_size，stride，padding 等参数对输入做平均池化操作。

- kernel_size(int|list|tuple)：池化核大小。如果它是一个元组或列表，它必须包含两个整数值：pool_size_Height，pool_size_Width。若为一个整数，则它的平方值将作为池化核大小；若 pool_size=2，则池化核大小为 2×2。

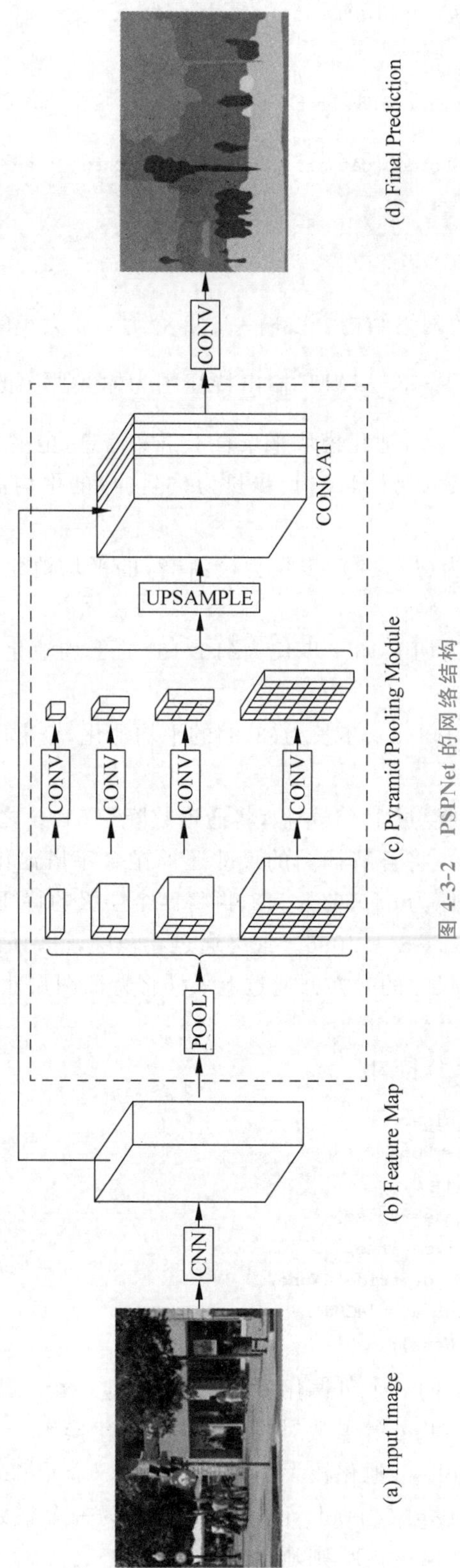

图 4-3-2　PSPNet 的网络结构

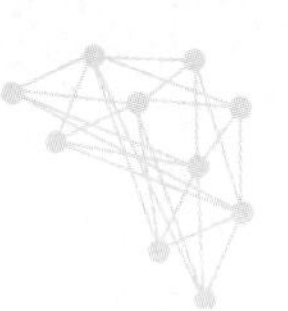

- stride(int|list|tuple,可选)：池化层的步长。如果它是一个元组或列表,它将包含两个整数：pool_stride_Height，pool_stride_Width。若为一个整数,则表示 H 和 W 维度上 stride 均为该值。默认值为 None，这时会使用 kernel_size 作为 stride.
- padding(str|int|list|tuple,可选)：池化填充。如果它是一个字符串,可以是"VALID"或者"SAME",表示填充算法,计算细节可参考上述 pool_padding＝"SAME"或 pool_padding＝"VALID" 时的计算公式。如果它是一个元组或列表,它可以有 3 种格式。①包含 2 个整数值：[pad_height，pad_width]。②包含 4 个整数值：[pad_height_top，pad_height_bottom，pad_width_left，pad_width_right]。③包含 4 个二元组：当 data_format 为'NCHW'时为 [[0,0]，[0,0]，[pad_height_top，pad_height_bottom]，[pad_width_left，pad_width_right]]；当 data_format 为'NHWC'时为[[0,0]，[pad_height_top，pad_height_bottom]，[pad_width_left，pad_width_right]，[0,0]]。若为一个整数,则表示 H 和 W 维度上均为该值。默认值为 0。
- ceil_mode(bool,可选)：是否用 ceil()函数计算输出高度和宽度。如果是 True,则使用 ceil 计算输出形状的大小。默认为 False。
- exclusive(bool,可选)：是否在平均池化模式忽略填充值,默认为 True。
- divisor_override(int|float,可选)：如果指定,它将用作除数,否则根据'kernel_size'计算除数。默认为 None。
- data_format(str,可选)：输入和输出的数据格式,可以是'NCHW'和'NHWC'。N 是批尺寸,C 是通道数,H 是特征高度,W 是特征宽度。默认值为'NCHW'。
- name(str,可选)：函数的名字,默认为 None。

首先建立 ConvBNReluLayer 类,该类将卷积、批归一化以及 ReLU 非线性激活封装在一起,以方便代码的复用。

```
class ConvBNReluLayer(paddle.nn.Layer):
    def __init__(self, in_channels, out_channels, kernel_size, stride = 1, groups = 1,
dilation = 1, padding = None, name = None):
        """
        in_channels: 输入数据的通道数
        out_channels: 输出数据的通道数
        kernel_size: 卷积核大小
        stride: 卷积步长
        groups: 二维卷积层的组数
        dilation: 空洞大小
        padding: 填充大小
        """
        super(ConvBNReluLayer, self).__init__(name)
        if padding is None:
            padding = (kernel_size - 1)//2

        self.conv = paddle.nn.Conv2D(in_channels = in_channels,
                                     out_channels = out_channels,
                                     kernel_size = kernel_size,
                                     stride = stride,
```

```
                                  padding = padding,
                                  groups = groups,
                                  dilation = dilation)
        self.bn = paddle.nn.BatchNorm2D(num_features = out_channels)
        self.relu = paddle.nn.ReLU()

    def forward(self, inputs):
        x = self.conv(inputs)
        x = self.bn(x)
        x = self.relu(x)
        return x
```

之后建立 BottleneckBlock 类，该类封装了 ResNet 系列模型中层数大于或等于 50 时采用的代码块，结构如图 4-3-3 所示，包括 3 次卷积操作和 1 次元素相加操作。

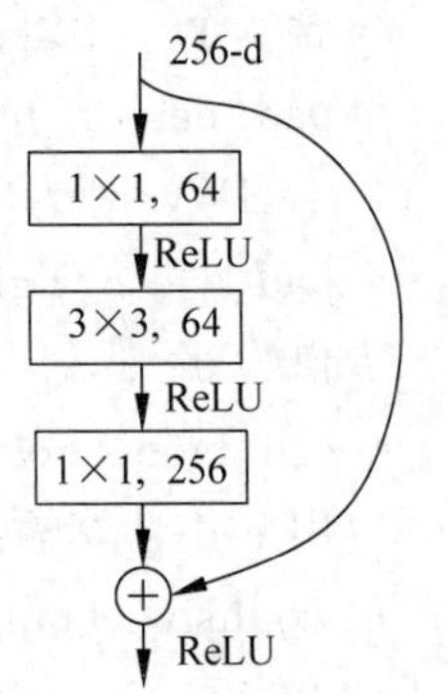

图 4-3-3　BottleneckBlock 的结构

然后构建 DilatedResnet50 类，该类封装了 DilatedResnet50 模型的代码，把原始 ResNet 模型的一些卷积操作改为空洞卷积。该类结构从上到下包括：卷积核大小为 7×7，卷积核通道数为 64，步长为 2 的卷积操作；池化核大小为 3×3，步长为 2 的最大池化层；16 个 BottleneckBlock(4 种，个数分别为 3、4、6、3)以及全局平均池化层和全连接层。其中包含以下三个函数。

__init__()函数：用于初始化相关的子模块。

```
def __init__(self, block = BottleneckBlock, num_classes = 1000):
    super(DilatedResnet50, self).__init__()
    depth = [3, 4, 6, 3]                        # 4 种 BottleneckBlock 的每种个数
    num_channels = [64, 256, 512, 1024]         #4 种 BottleneckBlock 的输入数据通道数
    # 4 种 BottleneckBlock 的第一个卷积核的通道数,最后输出会变为 4 倍
    num_filters = [64, 128, 256, 512]
    # 卷积操作
    self.conv = ConvBNReluLayer(in_channels = 3, out_channels = 64, kernel_size = 7, stride = 2)
    # 全局池化
    self.pool2d_max = paddle.nn.MaxPool2D(kernel_size = 3, stride = 2, padding = 1)
    # BottleneckBlock 的输入和输出是否能直接相加
    l1_shortcut = False
    # 第 1 种 BottleneckBlock, 共 3 个, 将列表的操作解包依次添加到顺序容器 Sequential 中
    self.layer1 = paddle.nn.Sequential(
        *self.make_layer(block,
            num_channels[0],
            num_filters[0],
            depth[0],
            stride = 1,
            shortcut = l1_shortcut,
            name = 'layer1'))
    # 第 2 种 BottleneckBlock, 共 4 个
    self.layer2 = paddle.nn.Sequential(
        *self.make_layer(block,
            num_channels[1],
            num_filters[1],
            depth[1],
```

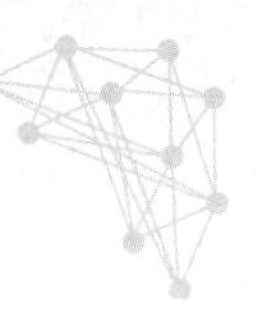

```
            stride = 2,
            name = 'layer2'))
    # 第 3 种 BottleneckBlock, 共 6 个
    self.layer3 = paddle.nn.Sequential(
        * self.make_layer(block,
            num_channels[2],
            num_filters[2],
            depth[2],
            stride = 1,
            name = 'layer3',
            dilation = 2))
    # 第 4 种 BottleneckBlock, 共 4 个
    self.layer4 = paddle.nn.Sequential(
        * self.make_layer(block,
            num_channels[3],
            num_filters[3],
            depth[3],
            stride = 1,
            name = 'layer4',
            dilation = 4))
    # 全局平均池化
    self.last_pool = paddle.nn.AdaptiveAvgPool2D(output_size = (1, 1))
    # 将全局池化的 NCHW -> NC, 用于全连接层
    self.out_dim = num_filters[ - 1] * block.expansion
    # 全连接层
    self.fc = paddle.nn.Linear(in_features = num_filters[ - 1] * block.expansion, out_
features = num_classes)
```

Forward()函数：用于前向传播过程。

```
def forward(self, inputs):
    x = self.conv(inputs)
    x = self.pool2d_max(x)
    x = self.layer1(x)
    x = self.layer2(x)
    x = self.layer3(x)
    x = self.layer4(x)
    x = self.last_pool(x)
    x = paddle.reshape(x, shape = [ - 1, self.out_dim])
    x = self.fc(x)
    return x
```

Make_layer()函数：用于生成 4 种 BottleneckBlock，传入的 block 参数为 BottleneckBlock，depth 为该种 BottleneckBlock 的个数。

```
def make_layer(self, block, in_channels, out_channels, depth, stride, dilation = 1, shortcut =
False, name = None):
    layers = paddle.nn.LayerList() # 用于保存子层列表,它包含的子层将被正确地注册和添加。
    if dilation > 1:
        # 如果进行了空洞卷积的操作, 则进行填充大小为空洞的大小
        padding = dilation
    else:
        padding = None
```

```
        # 添加 BottleneckBlock
        layers.append(block(
            in_channels = in_channels,
            out_channels = out_channels,
            stride = stride,
            shortcut = shortcut,
            dilation = dilation,
            padding = padding,
            name = f'{name}.0'
        ))
        # 添加 BottleneckBlock, 这里添加的 BottleneckBlock 有相同的规律
        for i in range(1, depth):
            layers.append(block(
                in_channels = out_channels * block.expansion,
                out_channels = out_channels,
                stride = 1,
                dilation = dilation,
                padding = padding,
                name = f'{name}.{i}'
            ))
        return layers
```

接下来，创建 PSPModule 类，该类封装了金字塔池化模块，包含：

将输入的特征图变成 4 个高度、宽度不同的特征图(1×1、2×2、3×3、6×6)；通过 1×1 的卷积给 4 个不同的特征图进行降维；将 4 个不同的特征图通过上采样变为输入特征图大小；将输入特征图和 4 个经过上采样后的特征图进行拼接。

```
class PSPModule(paddle.nn.Layer):
    def __init__(self, in_channels, bin_size_list):
        """
        bin_size_list:不同的池化.
        """
        super(PSPModule, self).__init__()
        # 通过金字塔池化模块后得到的输出通道数为输入通道数 2 倍, 因此在不同池化结果通道
数相加为输入通道数
        out_channels = in_channels // len(bin_size_list)
        # 用于保存子层列表,它包含的子层将被正确地注册和添加.
        self.features = paddle.nn.LayerList()
        for i in range(len(bin_size_list)):
            # 添加池化层、1x1 卷积层改变通道数、批归一化层
            self.features.append(
                paddle.nn.Sequential(
                    paddle.nn.AdaptiveMaxPool2D(output_size = bin_size_list[i]),
                    paddle.nn.Conv2D(in_channels = in_channels, out_channels = out_
channels, kernel_size = (1, 1)),
                    paddle.nn.BatchNorm2D(num_features = out_channels)
                )
            )

    def forward(self, inputs):
        out = [inputs]                          # 添加输入数据,用于最后输出的拼接
        for idx, f in enumerate(self.features):
            x = f(inputs)
```

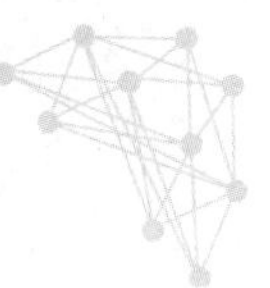

```
            # 进行插值操作，将不同池化的结果通过上采样变为输入数据的大小(HW 维度上)
            x = paddle.nn.functional.interpolate(x = x, size = inputs.shape[2::], mode = '
bilinear', align_corners = True)
            out.append(x)
        # 将所有特征图拼接起来
        out = paddle.concat(x = out, axis = 1) # NCHW
        return out
```

最后构建 PSPNet 类，该类封装了整个 PSPNet 网络，用于进行图像分割，结构包括：Dilated Resnet50 平均池化层之前的操作；金字塔模块以及进行像素点分类的卷积操作。

```
class PSPNet(paddle.nn.Layer):
    def __init__(self, backbone = 'DilatedResnet50', num_classes = 20):
        super(PSPNet, self).__init__()
        res = DilatedResnet50()
        # Dilated Resnet50 平均池化层以前的操作
        self.layers = paddle.nn.Sequential(
            res.conv,
            res.pool2d_max,
            res.layer1,
            res.layer2,
            res.layer3,
            res.layer4
        )
        # self.layers out_channels = 2048
        in_channels = 2048
        # 金字塔模块, psp: 2048 -> 2048 * 2
        self.pspmodule = PSPModule(in_channels = in_channels, bin_size_list = [1, 2, 3, 6])
        in_channels *= 2
        # 进行像素点分类的卷积操作, cls: 2048 * 2 -> 512 -> num_classes
        self.classifier = paddle.nn.Sequential(
            paddle.nn.Conv2D(in_channels = in_channels, out_channels = 512, kernel_size = 3,
padding = 1),
            paddle.nn.BatchNorm2D(num_features = 512),
            paddle.nn.ReLU(),
            paddle.nn.Dropout(0.1),
            paddle.nn.Conv2D(in_channels = 512, out_channels = num_classes, kernel_size = 1)
        )

    def forward(self, inputs):
        x = self.layers(inputs)
        x = self.pspmodule(x)
        x = self.classifier(x)
        x = paddle.nn.functional.interpolate(x = x, size = inputs.shape[2::], mode = 'bilinear',
align_corners = True)
        return x
```

可以通过如下代码打印模型结构，输出结果如图 4-3-4 所示。

以上是对 PSPNet 的模型结构定义，接下来进入模型训练的过程。首先给出本节实践模型效果的评估指标，构建 IOUMetric 类。MIOU 是分割领域常用的评估指标，其能够返

Layer (type)	Input Shape	Output Shape	Param #
Conv2D-1	[[1, 3, 600, 400]]	[1, 64, 300, 200]	9,472
BatchNorm2D-1	[[1, 64, 300, 200]]	[1, 64, 300, 200]	256
ReLU-1	[[1, 64, 300, 200]]	[1, 64, 300, 200]	0
ConvBNReluLayer-1	[[1, 3, 600, 400]]	[1, 64, 300, 200]	0
MaxPool2D-1	[[1, 64, 300, 200]]	[1, 64, 150, 100]	0
Conv2D-2	[[1, 64, 150, 100]]	[1, 64, 150, 100]	4,160
BatchNorm2D-2	[[1, 64, 150, 100]]	[1, 64, 150, 100]	256
ReLU-2	[[1, 64, 150, 100]]	[1, 64, 150, 100]	0
ConvBNReluLayer-2	[[1, 64, 150, 100]]	[1, 64, 150, 100]	0
Conv2D-3	[[1, 64, 150, 100]]	[1, 64, 150, 100]	36,928
BatchNorm2D-3	[[1, 64, 150, 100]]	[1, 64, 150, 100]	256
ReLU-3	[[1, 64, 150, 100]]	[1, 64, 150, 100]	0
ConvBNReluLayer-3	[[1, 64, 150, 100]]	[1, 64, 150, 100]	0
Conv2D-4	[[1, 64, 150, 100]]	[1, 256, 150, 100]	16,640

图 4-3-4　模型结构的部分输出结果

回分割中每个类别输出的预测区域和实践区域的交并比。

```
class IOUMetric:
    """
    Class to calculate mean - iou using fast_hist method
    """

    def __init__(self, num_classes):
        self.num_classes = num_classes
        self.hist = np.zeros((num_classes, num_classes))

    def _fast_hist(self, label_pred, label_true):
        # 找出标签中需要计算的类别,去掉了背景
        mask = (label_true >= 0) & (label_true < self.num_classes)
        # # np.bincount 计算了从 0 到 n * * 2 - 1 这 n * * 2 个数中每个数出现的次数,返回值形状
(n, n)
        hist = np.bincount(
            self.num_classes * label_true[mask].astype(int) +
            label_pred[mask], minlength = self.num_classes ** 2).reshape(self.num_
classes, self.num_classes)
        return hist

    # 输入:预测值和真实值
    # 语义分割的任务是为每个像素点分配一个 label
    def evaluate(self, predictions, gts):
        for lp, lt in zip(predictions, gts):
            assert len(lp.flatten()) == len(lt.flatten())
            self.hist += self._fast_hist(lp.flatten(), lt.flatten())

        # miou
        iou = np.diag(self.hist) / (self.hist.sum(axis = 1) + self.hist.sum(axis = 0) - np.
diag(self.hist))
        miou = np.nanmean(iou)

        return miou
```

接下来进行常用函数的定义及相关参数的设置，包含设置优化器、损失函数和分割的评估指标等。

常用函数的定义如下。

```
if os.path.exists('work/save_model') == False:
    os.mkdir('work/save_model')

# 保存模型参数
def save_model(model, model_name):
    print('{} model saving...'.format(model_name))
    paddle.save(model.state_dict(),
    'work/save_model/{}.pdparames'.format(model_name))

# 读取模型参数
def load_model(model, model_name):
    if os.path.exists('work/save_model/{}.pdparames'.format(model_name)) == False:
        print('No {} model pdparames...'.format(model_name))
    else:
model.set_state_dict(paddle.load('work/save_model/{}.pdparames'.format(model_name)))
        print('success loading {} model pdparames'.format(model_name))

# 保存指标列表
def save_miou_loss(data_list, name):
    with open(name + '.txt', 'a') as f:
        for data in data_list:
            f.write(str(data) + '\n')

# 读取保存在文件的指标
def read_miou_loss(name):
    data_list = []
    with open(name + '.txt', 'r') as f:
        for data in f.readlines():
            data_list.append(eval(data.strip()))
    return data_list
```

相关参数的设置如下。

```
num_classes = 20
model_name = 'PSPNet'
model = PSPNet(num_classes = num_classes)
# 优化器
optimizer = paddle.optimizer.Adam(learning_rate = 0.001, parameters = model.parameters())
# 损失函数
loss = paddle.nn.CrossEntropyLoss(axis = 1)
# 分割效果指标
miou = IOUMetric(num_classes = num_classes)

# 模型加载
load_model(model = model, model_name = model_name)
```

在完成以上模型训练前的配置之后，进入模型的训练过程。本节实践以训练 2 轮为例。

```
epochs = 2
train_loss_list = []
train_miou_list = []
val_loss_list = []
val_miou_list = []
```

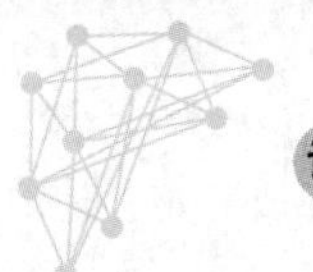


```
print('Start Training...')
for epoch in range(1, epochs + 1):
    print('Epoch/Epochs:{}/{}'.format(epoch, epochs))
    print('Train...')
    train_loss = 0
    train_miou = 0
    model.train()
    for batch_id, (img, label) in enumerate(train_loader):
        optimizer.clear_grad()
        pred = model(img)
        step_loss = loss(pred, label)
        train_loss += step_loss.numpy()[0]
        mask = np.argmax(pred.numpy(), axis = 1)
        step_miou = 0
        for i in range(mask.shape[0]):
            step_miou += miou.evaluate(mask[i], label.numpy()[i])
        step_miou /= mask.shape[0]
        train_miou += step_miou
        step_loss.backward()
        optimizer.step()
        if (batch_id + 1) % 50 == 0:
            print('Epoch/Epochs:{}/{} Batch/Batchs:{}/{} Step Loss:{} Step Miou:{}'.format
(epoch, epochs, batch_id + 1, len(train_loader), \

step_loss.numpy(), step_miou))
    print('Train Loss:{} Train Miou:{}'.format(train_loss/len(train_loader), train_miou/Ien
(train_loader)))
    train_loss_list.append(train_loss/len(train_loader))
    train_miou_list.append(train_miou/len(train_loader))

    print('Val...')
    val_loss = 0
    val_miou = 0
    model.eval()
    for batch_id, (img, label) in tqdm(enumerate(val_loader)):
        pred = model(img)
        step_loss = loss(pred, label)
        val_loss += step_loss.numpy()[0]
        # 计算 miou, pred: num_loss * NCHW -> NHW
        mask = np.argmax(pred.numpy(), axis = 1)
        step_miou = 0
        for i in range(mask.shape[0]):
            step_miou += miou.evaluate(mask[i], label.numpy()[i])
        step_miou /= mask.shape[0]
        val_miou += step_miou

    print('Val Loss:{} Val Miou:{}'.format(val_loss/len(val_loader), val_miou/len(val_
loader)))
    val_loss_list.append(val_loss/len(val_loader))
    val_miou_list.append(val_miou/len(val_loader))

    save_model(model, model_name)
```

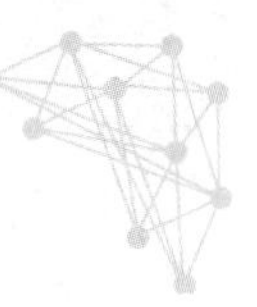

模型训练过程中的部分输出结果如图 4-3-5 所示。保存模型训练过程中的信息。

```
save_miou_loss(train_loss_list, 'train_loss')
save_miou_loss(train_miou_list, 'train_miou')
save_miou_loss(val_loss_list, 'val_loss')
save_miou_loss(val_miou_list, 'val_miou')
```

```
Train...
Epoch/Epochs:2/2 Batch/Batchs:50/3934 Step Loss:[0.40271735] Step Miou:0.27562405077991414
Epoch/Epochs:2/2 Batch/Batchs:100/3934 Step Loss:[0.22600886] Step Miou:0.2763705724782977
Epoch/Epochs:2/2 Batch/Batchs:150/3934 Step Loss:[0.2586997] Step Miou:0.27742086342966343
Epoch/Epochs:2/2 Batch/Batchs:200/3934 Step Loss:[0.3902504] Step Miou:0.2782487428997237
Epoch/Epochs:2/2 Batch/Batchs:250/3934 Step Loss:[0.25236222] Step Miou:0.27901371566219046
Epoch/Epochs:2/2 Batch/Batchs:300/3934 Step Loss:[0.8902875] Step Miou:0.27985224496883876
Epoch/Epochs:2/2 Batch/Batchs:350/3934 Step Loss:[0.29980925] Step Miou:0.28059874572497895
Epoch/Epochs:2/2 Batch/Batchs:400/3934 Step Loss:[0.3614241] Step Miou:0.2814348079935639
Epoch/Epochs:2/2 Batch/Batchs:450/3934 Step Loss:[0.11786746] Step Miou:0.28225679896677075
```

图 4-3-5　PSPNet 模型训练过程中的部分输出结果

对模型训练过程中保存的训练集和验证集的损失及 MIOU 的变化趋势进行可视化，结果如图 4-3-6 所示。

```
def show_list(data, name):
    for i in range(len(data)):
        plt.plot(np.array(data[i]), label = name[i])
    plt.title(name[-1])
    plt.xlabel('Epoch')
    plt.legend()
    plt.savefig(name[-1] + '.jpg')
    plt.show()

train_loss_list = read_miou_loss('train_loss')
train_miou_list = read_miou_loss('train_miou')
val_loss_list = read_miou_loss('val_loss')
val_miou_list = read_miou_loss('val_miou')

show_list(
    [train_loss_list, val_loss_list],
    ['train loss', 'val loss', 'Loss']
)
show_list(
    [train_miou_list, val_miou_list],
    ['train miou', 'val miou', 'Miou']
)
```

图 4-3-6　模型训练过程中的损失值和 MIOU 变化趋势可视化

步骤 3：模型预测

模型训练结束之后，对训练好的模型进行预测。在此，我们以验证集中的一张图像为例展示模型训练的可视化结果，如图 4-3-7 所示。从图 4-3-7 中可以看到，尽管模型仅仅经过了 2 轮的训练，但是模型对于人体的结构也已经可以做到较好的分割。

```
# 获得预测结果
def get_mask(img):
    t = paddle.vision.transforms.Compose([
        paddle.vision.transforms.Transpose((2, 0, 1)), # HWC -> CHW
        paddle.vision.transforms.Normalize(mean = 127.5, std = 127.5)
    ])
    img1 = paddle.to_tensor([t(img)])          # 输入网络的图片形状为 : NCHW

    pred = model(img1) # NCHW
    mask = np.argmax(pred.numpy(), axis = 1)  # NCHW -> NHW
    return mask[0]
# 画图
def draw(img_list, name = None):
    plt.figure(figsize = (15, 15))
    for i in range(len(img_list)):
        plt.subplot(1, len(img_list), i + 1)
        plt.imshow(img_list[i])
        if name:
            plt.title(name[i])
plt.legend()
    plt.savefig('vis.png')
    plt.show()

model.eval()

img1 = cv2.imread('data/humanparsing/JPEGImages/4565_469.jpg')
```

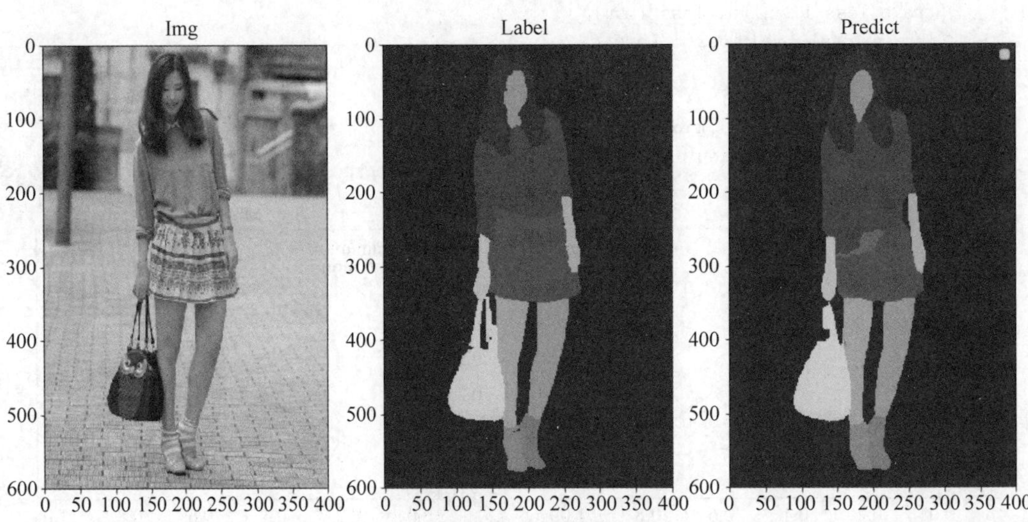

图 4-3-7　模型预测的可视化结果

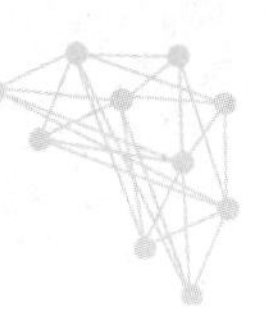


```
label1 = cv2.imread('data/humanparsing/SegmentationClassAug/4565_469.png', 0)
mask1 = get_mask(img1)
img1 = cv2.cvtColor(img1, cv2.COLOR_BGR2RGB) # BGR -> RGB

draw([img1, label1, mask1], ['Img', 'Label', 'Predict'])
```

4.4　实践四：基于 Swin-UNet 模型的医学图像分割

基于 Swin-UNet 模型的医学图像分割

得益于计算机视觉技术的不断发展，医学影像处理与分析领域也取得了重大的突破，越来越多的分割模型以医学为出发点，致力于提升实际的计算机辅助诊断的效果。在本书的 4.1 节，我们介绍了 U-Net 模型，其结构简单但是却能够取得非常好的效果。Transformer 模型在本书也很有多篇幅的介绍。本实践则以 Swin-UNet 模型为例，讲解 Transformer 模型在分割领域的运用。

本实践应用 Swin-UNet 模型完成医学图像——LITS 肝脏数据集分割的任务，代码运行的环境配置如下：Python 版本为 3.7，飞桨版本为 2.0.0，操作平台为 AI Studio。

步骤 1：数据加载及处理

本节实践使用 LITS 肝脏数据集，LITS 数据集是经典的开源肝脏分割数据集，我们选择该数据集，其中包含 28 名患者的 CT 扫描图像和病理专家对患者肝脏及肿瘤的分割标注图像。数据集可在 https://aistudio.baidu.com/aistudio/datasetdetail/82420 下载。

首先解压数据集。解压后的目录格式如图 4-4-1 所示，可以看出，解压后的目录由两个文件夹构成，分别是 data 和 label。每个文件夹内部均包含格式为“.nii”的文件。data 文件夹的内部结构如图 4-4-2 所示。“.nii”文件表示 NIFTI(Neuroimaging Informatics Technology Initiative)格式的文件。对于医学影像领域，DICOM 是常见的医学图像格式，但是相对复杂。通常会选择将 DICOM 转换为“.nii”格式。

```
%cd /home/aistudio/
!unzip -o data/data82420/traindata.zip -d data/
```

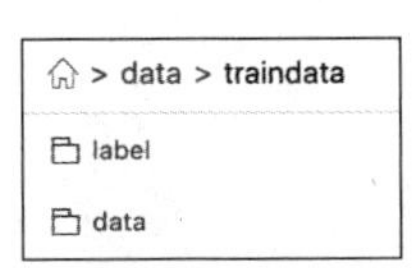

图 4-4-1　LITS 数据集解压后的目录格式

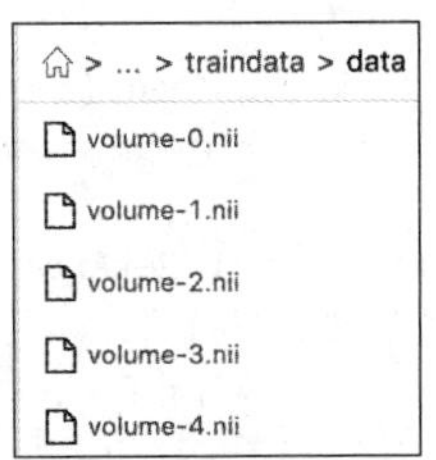

图 4-4-2　LITS 数据集解压后 data 文件夹下的结构

接下来我们需要处理数据，在此之前，我们需要导入相关的库函数。需要注意的是，我们需要下载并导入 SimpleITK 库。SimpleITK 库是一个经常用于医学图像上的库，可以处理“.nii”格式的文件。SimpleITK 库有很多常用的函数，例如，SimpleITK.ReadImage(image_path)可以用于读取图像；SimpleITK.WriteImage(image, save_path)可以用于保存图像等。

```
#安装 nii 处理工具 SimpleITK
!pip install SimpleITK

#导入常用库
import SimpleITK as sitk
import os
import random
import numpy as np
import matplotlib.pyplot as plt
from random import shuffle
import cv2
```

接下来开始处理数据，数据集里面有一部分是全腹部的，存在多余的一些区域，我们本实践的任务是要分割肝脏，所以需要把不存在肝脏区域的多余区域去掉。在以下代码中，我们首先通过设定阈值截断一些阈值以外的区域，之后我们根据分割标签图像找到肝脏区域开始和结束的坐标以在原始图像上进行截取。最后我们生成新的原始图像以及分割图像并保存。

```
raw_dataset_path = 'data/traindata'
# 预处理后的数据集的输出路径
fixed_dataset_path = 'data/new_traindata'
if not os.path.exists(fixed_dataset_path):
    os.mkdir(fixed_dataset_path)
if os.path.exists(fixed_dataset_path):          # 创建保存目录
    os.makedirs(os.path.join(fixed_dataset_path,'data'))
    os.makedirs(os.path.join(fixed_dataset_path,'label'))

upper = 200
lower = -200
for ct_file in os.listdir(os.path.join(raw_dataset_path ,'data')):
    #读取 origin
    ct = sitk.ReadImage(os.path.join(os.path.join(raw_dataset_path ,'data'), ct_file), sitk.
sitkInt16)
    #转换成 numpy 格式
    ct_array = sitk.GetArrayFromImage(ct)

    seg = sitk.ReadImage(os.path.join(os.path.join(raw_dataset_path ,'label'), ct_file.
replace('volume', 'segmentation')),
                              sitk.sitkInt8)
    seg_array = sitk.GetArrayFromImage(seg)
    print("裁剪前:{}".format(ct.GetSize(), seg.GetSize()))


    # 将灰度值在阈值之外的截断掉
    ct_array[ct_array > upper] = upper
    ct_array[ct_array < lower] = lower

    # 找到肝脏区域开始和结束的 slice
    z = np.any(seg_array, axis = (1, 2))
    start_slice, end_slice = np.where(z)[0][[0, -1]]
```

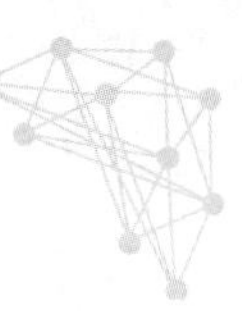

```
    ct_array = ct_array[start_slice:end_slice + 1, :, :]
    seg_array = seg_array[start_slice:end_slice + 1, :, :]

    new_ct = sitk.GetImageFromArray(ct_array)
    new_ct.SetDirection(ct.GetDirection())
    new_ct.SetOrigin(ct.GetOrigin())

    new_seg = sitk.GetImageFromArray(seg_array)
    new_seg.SetDirection(ct.GetDirection())
    new_seg.SetOrigin(ct.GetOrigin())
    print("裁剪后:{}".format(new_ct.GetSize(), new_seg.GetSize()))

    sitk.WriteImage(new_ct, os.path.join(os.path.join(fixed_dataset_path ,'data'), ct_file))
    sitk.WriteImage(new_seg,
                    os.path.join(os.path.join(fixed_dataset_path , 'label'), ct_file.
replace('volume', 'segmentation')))
```

处理完数据之后，我们将“.nii”格式的图像数据转换为“.jpg”以及“.png”的格式以供后续的分割任务使用。结果路径中共含有 4522 个原始图像及分割标签图像对。

```
data_path = 'data/new_traindata/data'
label_path = 'data/new_traindata/label'
count = 0
if not os.path.exists('/home/aistudio/data/newdata'):
    os.mkdir('/home/aistudio/data/newdata')
    os.makedirs(os.path.join('/home/aistudio/data/newdata','origin'))
    os.makedirs(os.path.join('/home/aistudio/data/newdata','label'))
for f in os.listdir(data_path):
    origin_path= os.path.join(data_path, f)
    seg_path = os.path.join(label_path,f).replace('volume','segmentation')
    origin_array = sitk.GetArrayFromImage(sitk.ReadImage(origin_path))
    seg_array = sitk.GetArrayFromImage(sitk.ReadImage(seg_path))
    for i in range(seg_array.shape[0]):
        seg_image = seg_array[i,:,:]
        seg_image = np.rot90(np.transpose(seg_image, (1,0)))
        origin_image = origin_array[i,:,:]
        origin_image = np.rot90(np.transpose(origin_image, (1,0)))
        cv2.imwrite('data/newdata/label/' + str(count) + '.png', seg_image)
        cv2.imwrite('data/newdata/origin/' + str(count) + '.jpg', origin_image)
        count += 1

print(count)
```

转换格式之后，我们选择其中一个图像来查看可视化效果，如图 4-4-3 所示。

```
image = cv2.imread('data/newdata/origin/50.jpg',0)
label = cv2.imread('data/newdata/label/50.png',0)
plt.figure(figsize=(10,5))
plt.subplot(121)
plt.imshow(image,'gray')

plt.subplot(122)
plt.imshow(label, 'gray')
plt.show()
```

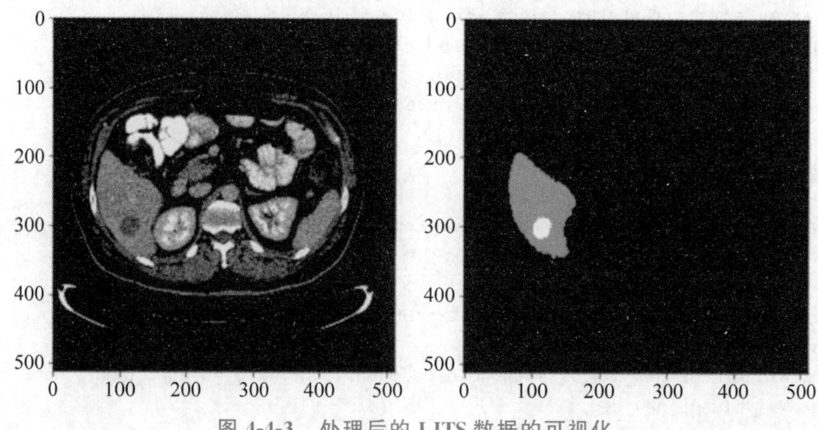

图 4-4-3　处理后的 LITS 数据的可视化

之后，我们来生成 train.txt，val.txt 以及 test.txt，文件内每一行标识一个图像样本，其中包含原始图像路径以及分割标签图像路径，以空格进行分隔。

```
random.seed(2022)
path_origin = '/home/aistudio/data/newdata/origin'
path_label = '/home/aistudio/data/newdata/label'
files = list(filter(lambda x: x.endswith('.jpg'), os.listdir(path_origin)))
random.shuffle(files)
rate = int(len(files) * 0.8)                #训练集和测试集 8:2
train_txt = open('/home/aistudio/data/newdata/train_list.txt','w')
val_txt = open('/home/aistudio/data/newdata/val_list.txt','w')
test_txt = open('/home/aistudio/data/newdata/test_list.txt','w')
for i,f in enumerate(files):
    image_path = os.path.join(path_origin, f)
    label_name = f.split('.')[0] + '.png'
    label_path = os.path.join(path_label, label_name)
    if i < rate:
        train_txt.write(image_path + '' + label_path + '\n')
    else:
        if i % 2 :
            val_txt.write(image_path + '' + label_path + '\n')
        else:
            test_txt.write(image_path + '' + label_path + '\n')
train_txt.close()
val_txt.close()
test_txt.close()
print('完成')
```

做好相关的数据准备工作之后，接下来我们定义数据集类 Dataset，与以往实践相同，其继承自 paddle.io.Dataset 类并实现了父类中的抽象方法，分别为：__init__()、_load_img()、__getitem__()以及__len__()。

__init__()：用于初始化，给出了 train.txt、val.txt 以及 test.txt 文件的路径，并创建 file_list 列表用于根据传入的 mode 参数读取 train.txt、val.txt 以及 test.txt 文件的内容，解析出图像路径以及分割标签图像路径。代码如下所示。

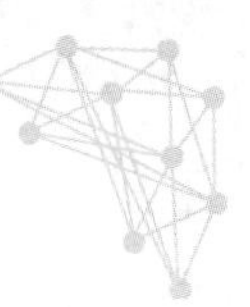

```
def __init__(self,mode='train'):
    self.train_path = '/home/aistudio/data/newdata/train_list.txt'
    self.val_path = '/home/aistudio/data/newdata/val_list.txt'
    self.test_path = 'data/newdata/test_list.txt'
    self.file_list = list()
    self.mode = mode
    self.image_size=(224,224)
    if mode == 'train':
        file_path = self.train_path
    elif mode == 'val':
        file_path = self.val_path
    elif mode == 'test':
        file_path = self.test_path

    with open(file_path, 'r') as f:
        for line in f:
            items = line.strip().split(' ')
            image_path = items[0]
            label_path = items[1]
            self.file_list.append([image_path, label_path])
```

_load_img()：用于读取并处理图像。代码如下所示。

```
def _load_img(self, path, color_mode='rgb', transforms=[]):

    with open(path, 'rb') as f:
        img = PilImage.open(io.BytesIO(f.read()))
        if color_mode == 'grayscale':
            if img.mode not in ('L', 'I;16', 'I'):
                img = img.convert('L')
        elif color_mode == 'rgba':
            if img.mode != 'RGBA':
                img = img.convert('RGBA')
        elif color_mode == 'rgb':
            if img.mode != 'RGB':
                img = img.convert('RGB')
        else:
            raise ValueError('color_mode must be "grayscale", "rgb", or "rgba"')

        return T.Compose([
            T.Resize(self.image_size)
        ] + transforms)(img)
```

__getitem__()：调用了_load_img()函数，返回每次读取的原始图像以及分割标签图像。代码如下所示。

```
def __getitem__(self, idx):
    image_path, label_path = self.file_list[idx]
    train_image = self._load_img(image_path,
                                 transforms=[
                                     T.Transpose(),
                                     T.Normalize(mean=127.5, std=127.5)
                                 ])
    label_image = self._load_img(label_path,
                                 color_mode='grayscale',
                                 transforms=[T.Grayscale()])   # 加载 Label 图像
```

```
    train_image = np.array(train_image, dtype = 'float32')
    label_image = np.array(label_image, dtype = 'int64')
    return train_image, label_image
```

__ **len** __()：返回图像的数量。

```
def __len__(self):
    return len(self.file_list)
```

完成上述类函数的定义之后，调用类函数，构造用于训练以及验证测试的数据对象。

```
train_dataset = dataset(mode = 'train')
val_dataset = dataset(mode = 'val')
test_dataset = dataset(mode = 'test')
```

接下来，我们可以再次查看生成的数据对象中部分原始图像以及分割标签图像的可视化结果，如图 4-4-4 所示。

```
import matplotlib.pyplot as plt
import numpy as np
plt.figure(figsize = (16,16))
for i in range(1,6,2):
    img,label = train_dataset[i]
    # lab = train_dataset[i]
    # img, label = train_dataset[131]
    img = np.transpose(img, (1,2,0))
    img = img * 0.5 + 0.5
    plt.subplot(3,2,i),plt.imshow(img,'gray'),plt.title('img'),plt.xticks([]),plt.yticks([])
plt.subplot(3,2,i + 1),plt.imshow(label,'gray'),plt.title('label'),plt.xticks([]),plt.yticks([])
plt.savefig('vis.png')
    plt.show
```

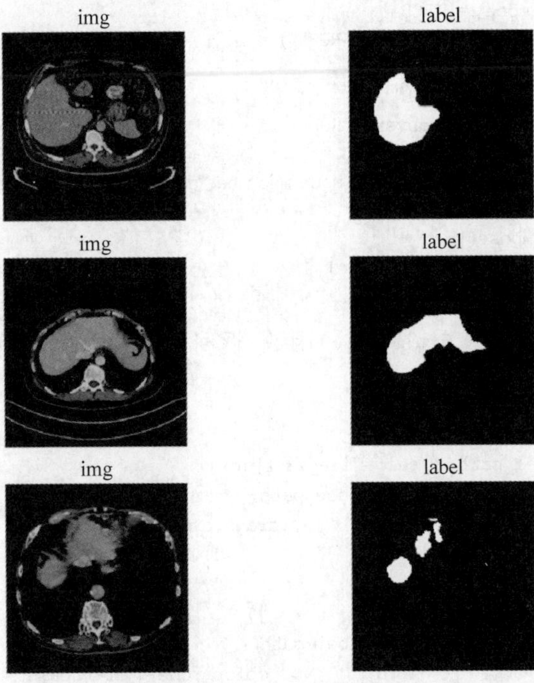

图 4-4-4　部分原始图像和分割标签图像的可视化结果

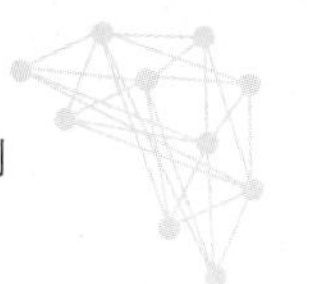

步骤 2：模型配置及训练

在查看具体的代码之前，我们先来了解一下 Swin Transformer 模型。通过本书的第 3 章我们知道，Transformer 模型对自然语言处理领域的发展起到了巨大的推动作用，因此有研究者将其引入到了计算机视觉领域的图像分类任务中，实验结果表明基于这样的完全自注意力机制也能够取得良好的效果。对于图像分割任务来说，也不例外。本节实践运用 Swin-UNet 模型，其是基于 Swin Transformer 模型进行改进并同时与 UNet 模型进行结合而构建的分割网络。在具体了解 Swin-UNet 模型之前，我们先来简单了解一下 Swin Transformer 模型。

Swin Transformer 模型是由微软亚洲研究院提出的模型，其进一步改进了将 Transformer 模型应用于图像领域的弊端，例如由于计算机视觉的应用场景以及实体之间差异较大导致的性能较差的问题以及由于图像分辨率较高导致构建的序列长度较大、计算量高的问题。针对这样的问题，Swin Transformer 模型构建了一种滑窗操作，通过移动窗口的方式将注意力关注在相应的窗口中，能够引入与 CNN 类似的局部性，同时也能够降低序列的长度，提升网络模型计算的效率。具体的窗口形式包含两种，一种为不重叠局部窗口，另一种为重叠的交叉窗口，使得相邻的两个窗口之间能够进行交互，从而达到全局注意力的目的。通过上述改进，Swin Transformer 模型在很多像素级的任务中取得了良好的效果。

Swin Transformer 模型和 ViT 模型的多层级表示的对比如图 4-4-5 所示，可以看到，Swin Transformer 模型从小尺寸图像块开始，通过在深层逐步合并相邻小尺寸图像块的方式构建了一个层级化表示。通过这些层级特征图，Swin Transformer 模型可以像 FPN 和 UNet 模型那样进行多尺度的密集预测。通过对图像分区（用红色标出）进行非重叠窗口的局部自注意力计算实现了线性的计算复杂度。由于每个窗口的小尺寸图像块的个数是固定的，因此计算复杂度和图像的大小成线性关系。

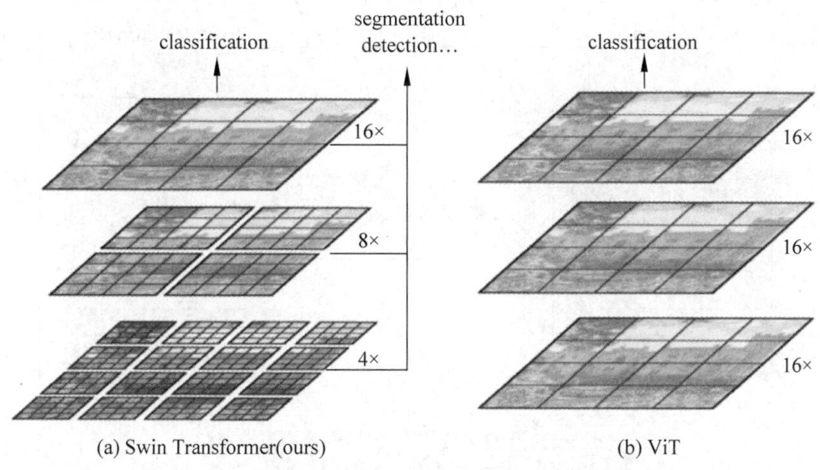

图 4-4-5　Swin Transformer 模型和 ViT 模型的多层级表示对比

接下来，我们关注 Swin-UNet 模型。Swin-UNet 模型同时结合了 Swin Transformer 模型以及 UNet 模型，即其是基于 Transformer 的具有 U 形编码器-解码器结构的模型，在医学影像处理与分析领域可以取得良好的效果。模型内部同时实现了 UNet 模型具有的跳跃连接结构，以更好地进行基于局部和全局语义特征的学习。具体来说，Swin-UNet 模型使用带有移动窗口的 Swin Transformer 模型作为其编码器，在编码器结构中通过下采样模块的堆叠来提取抽象的语义特征，同时构建了一个能实现上采样的基于 Swin Transformer 模型的解码器来恢复输出特征图的空间分辨率。

Swin-UNet 模型的结构如图 4-4-6 所示。由图 4-4-6 可知，Swin-UNet 模型的架构整体呈 U 形结构，和 UNet 模型的结构类似。由编码器、Bottleneck、解码器以及跳跃连接路径组成。编码器、Bottleneck 以及解码器都由 Swin-Transformer Block 结构构成。接下来，我们来看 Swin-Transformer Block。Swin-Transformer Block 的结构如图 4-4-7 所示。与传统的 Multi-head Self Attention(MSA)模块不同，Swin Transformer 是基于移动窗口的方式构造的。

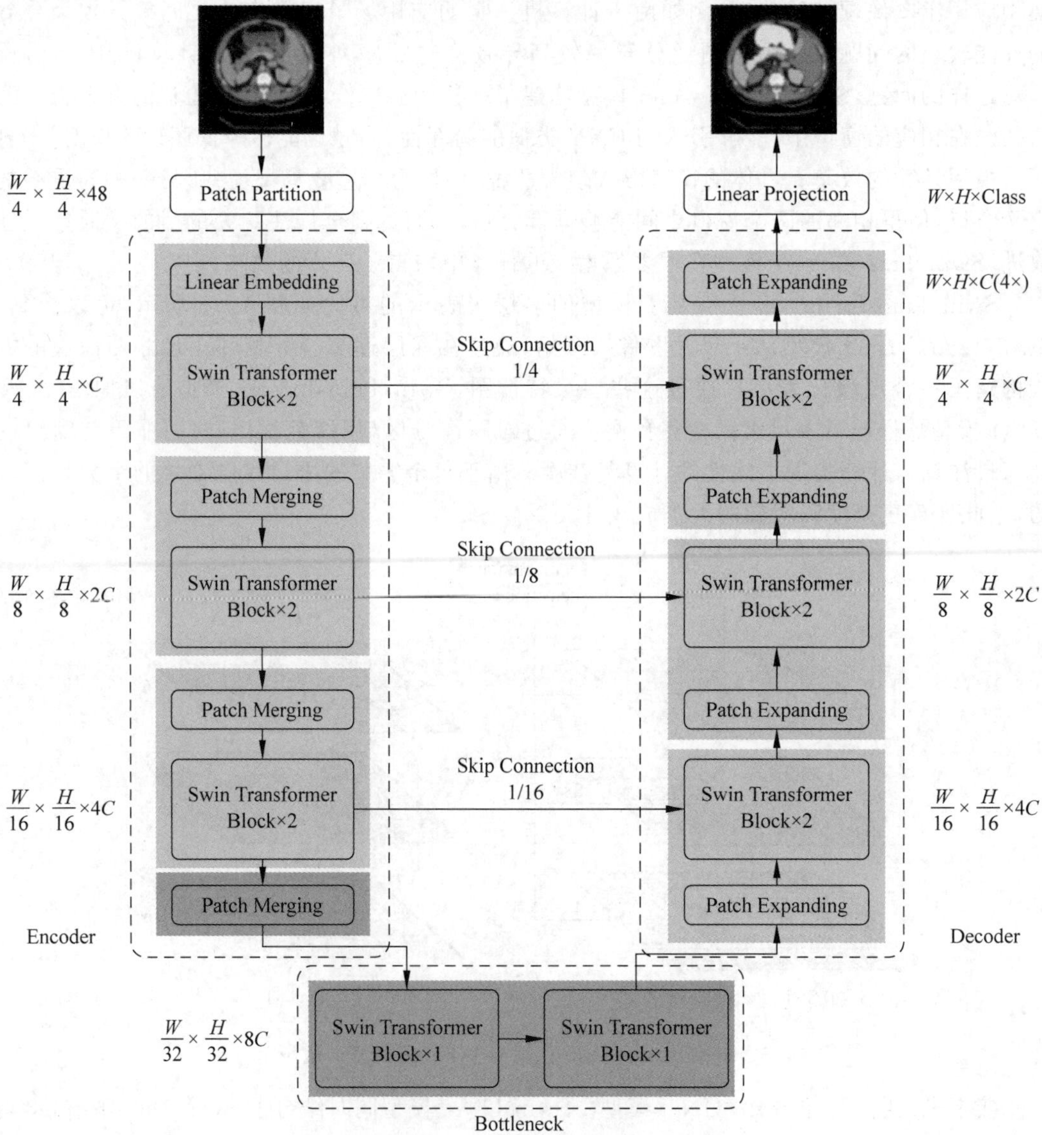

图 4-4-6 Swin-UNet 模型的结构

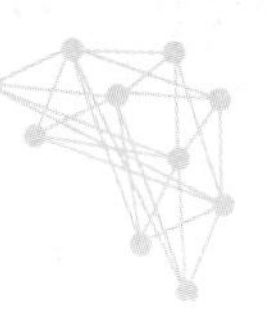

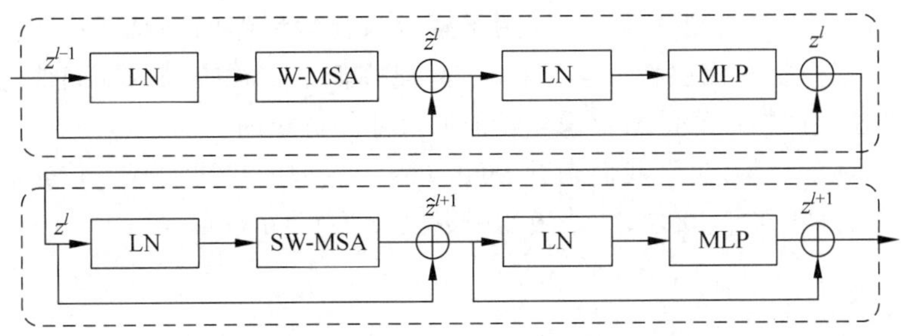

图 4-4-7　Swin transformer block 模块的结构

在图 4-4-7 中，可以看到有两个连续的 Swin Transformer Block。每个 Swin Transformer Block 都由层归一化（LN）模块、MSA 模块、残差连接和两个具有 GELU 的多层感知机（MLP）组成。这两个连续的 Swin Transformer Block 采用的 MSA 不同，分别采用 window-based multi-head self attention（W-MSA）模块和 shifted window-based multi-head self attention（SW-MSA）模块。

对于编码器部分，在编码器中，将尺寸为$\frac{H}{4}\times\frac{W}{4}\times48$的输入向量送入到连续的 2 个 Swin Transformer Block 中进行学习，经过 Swin Transformer Block 的特征维度和尺寸保持不变，之后送入到 Patch Merging 模块中，Patch Merging 模块能够改变输入向量的尺寸，对其进行下采样，同时将通道维度变为 2 倍输入向量的通道维度，此过程在编码器中重复 3 次。

解码器部分与编码器相对应。因此，与编码器中使用的 Patch Merging 模块不同，在解码器中使用 Patch Expanding 模块对提取的深层特征进行上采样。Patch Expanding 层将特征图改变为具有更高尺寸的特征图，即目的是恢复原始输入的尺寸，同时相应地将输入向量的通道维度变为$\frac{1}{2}$倍输入向量的通道维度。

接下来介绍 Patch Merging 模块与 Patch Expanding 模块。首先是 Patch Merging 模块。输入的图像块分为 4 部分，通过 Patch Merging 模块连接在一起，此时输入向量的尺寸为原来的$\frac{1}{2}$。同时，由于使用的是拼接操作，特征的通道维度增加 4 倍，因此在拼接的特征上连接一个线性层，以将特征的通道维度统一转化为原始维度的 2 倍。对于 Patch Expanding 模块，以第 1 个 Patch Expanding 层为例，在上采样之前，对输入向量$\frac{H}{32}\times\frac{W}{32}\times8C$引入一个线性层，将特征的维度增加到原始维度的 2 倍。之后再将输入特征的尺寸扩大到输入尺寸的 2 倍，将特征的维度降低到输入维度的 1/4，即$\frac{H}{32}\times\frac{W}{32}\times16C$—>$\frac{H}{16}\times\frac{W}{16}\times4C$。

之后是 Bottleneck 模块，由于 Transformer 的层数较深，对于网络模型的收敛来说比较困难，因此使用两个连续 Swin Transformer blocks 来构造 Bottleneck 以学习深度的特征表示。在 Bottleneck 模块中，输入特征的维度和尺寸保持不变。

跳跃连接部分与 UNet 模型类似，其用于融合来自编码器的多尺度特征与解码器的上采样特征。将浅层特征和深层特征连接在一起，以降低下采样带来的空间信息损失。然后是一个线性层，连接的特征尺寸与上采样特征的尺寸保持相同。

在了解了整体的结构之后，我们来看 Swin-UNet 模型的代码实现。首先需要搭建一个 MLP 类，其中包含两个全连接层，一个激活函数以及两个 Dropout 层。

```
import paddle
import paddle.nn as nn
import numpy as np
class Mlp(nn.Layer):
    def __init__(self, in_features, hidden_features = None, out_features = None, act_layer =
None, dropout = 0.):
        super(Mlp, self).__init__()
        w_attr_1, b_attr_1 = self._init_weights()
        self.fc1 = nn.Linear(in_features,
            hidden_features,
            weight_attr = w_attr_1,
            bias_attr = b_attr_1)

        w_attr_2, b_attr_2 = self._init_weights()
        self.fc2 = nn.Linear(hidden_features,
            in_features,
            weight_attr = w_attr_2,
            bias_attr = b_attr_2)
        self.act = nn.GELU()
        self.dropout = nn.Dropout(dropout)
    def _init_weights(self):
        weight_attr =
        paddle.ParamAttr(initializer = paddle.nn.initializer.TruncatedNormal(std = .02))
        bias_attr = paddle.ParamAttr(initializer = paddle.nn.initializer.Constant(0.0))
        return weight_attr, bias_attr

    def forward(self, x):
        x = self.fc1(x)
        x = self.act(x)
        x = self.dropout(x)
        x = self.fc2(x)
        x = self.dropout(x)
        return x
```

接下来是关于窗口的代码，定义 window_partition()函数把图像转为多个窗口、window_reverse()函数把多个窗口还原成图像，这两个函数主要用于 W-MSA 和 SW-MSA 模块的实现。

```
def window_partition(x, window_size):
    """ partite windows into window_size x window_size
    Args:
        x: Tensor, shape = [b, h, w, c]
        window_size: int, window size
    Returns:
        x: Tensor, shape = [num_windows * b, window_size, window_size, c]
    """
```

```
        B, H, W, C = x.shape
        x = x.reshape([B, H // window_size, window_size, W // window_size, window_size, C])
        x = x.transpose([0, 1, 3, 2, 4, 5])
        x = x.reshape([-1, window_size, window_size, C])
        return x

    def window_reverse(windows, window_size, H, W):
        """ Window reverse
        Args:
            windows: (n_windows * B, window_size, window_size, C)
            window_size: (int) window size
            H: (int) height of image
            W: (int) width of image
        Returns:
            x: (B, H, W, C)
        """
        B = int(windows.shape[0] / (H * W / window_size / window_size))
        x = windows.reshape([B, H // window_size, W // window_size, window_size, window_size, -1])
        x = x.reshape([B, H, W, -1]) #(bs,num_windows * window_size, num_windows * window_size, C)
        return x
```

接下来定义一个类 WindowAttention()用于 W-MSA 模块以及相对位置偏置的实现。其中支持不重叠局部窗口以及重叠的交叉窗口。相对位置偏置就是位置编码。

__init__()函数用于初始化,传入的参数分别为: dim,表示输入通道的维度; window_size,表示窗口的高度和宽度; num_heads,注意力头的数量; qkv_bias,表示是否给 $\boldsymbol{q}$、$\boldsymbol{k}$ 以及 $\boldsymbol{v}$ 三矩阵引入可学习的偏置,默认为 True; qk_scale,表示是否设置注意力头中 $\boldsymbol{q}$ 以及 $\boldsymbol{k}$ 矩阵的尺度; attention_dropout,用于设置注意力权重的 dropout 比例,默认为 0; dropout,表示引入的 dropout 比率,默认为 0。在以下代码中,初始化相关的参数,同时获取窗口内每个标记的成对相对位置索引。

```
    class WindowAttention(nn.Layer):
        def __init__(self, dim, window_size, num_heads, qkv_bias = True, qk_scale = None,
    attention_dropout = 0., dropout = 0.):

            super(WindowAttention, self).__init__()
            self.dim = dim
            self.window_size = window_size
            self.num_heads = num_heads
            self.dim_head = dim // num_heads
            self.scale = qk_scale or self.dim_head ** -0.5
            ws = window_size[0]
            # define a parameter table of relative position bias
            self.relative_position_bias_table = paddle.create_parameter(
                shape = [(2 * ws - 1) * (2 * ws - 1), num_heads],
                dtype = 'float32',
                default_initializer = paddle.nn.initializer.TruncatedNormal(std = .02))
            # 2 * Wh - 1 * 2 * Ww - 1, nH

            # get pair-wise relative position index for each token inside the window
            # relative position index for each token inside window
            coords_h = paddle.arange(self.window_size[0])
```

```
        coords_w = paddle.arange(self.window_size[1])
        coords = paddle.stack(paddle.meshgrid([coords_h, coords_w])) # [2, Window_h, Window_w]
        coords_flatten = paddle.flatten(coords, 1) # [2, Windows_h * Window_w]
        # [2, window_h * window w, window_h * window w]
        relative_coords = coords_flatten.unsqueeze(2) - coords_flatten.unsqueeze(1) # 2, Wh * Ww, Wh * Ww
        relative_coords = relative_coords.transpose([1, 2, 0]) # [Window_h * Window_w, Window_h * Window_w, 2]
        relative_coords[:, :, 0] += self.window_size[0] - 1 # shift to start from 0
        relative_coords[:, :, 1] += self.window_size[1] - 1
        relative_coords[:, :, 0] * = 2 * self.window_size[1] - 1
        relative_position_index = relative_coords.sum(-1) # Wh * Ww, Wh * Ww
        self.register_buffer("relative_position_index", relative_position_index)

        w_attr_1, b_attr_1 = self._init_weights()
        self.qkv = nn.Linear(dim, dim * 3, weight_attr = w_attr_1, bias_attr = b_attr_1 if qkv_bias else False)
        self.attn_dropout = nn.Dropout(attention_dropout)

        w_attr_2, b_attr_2 = self._init_weights()
        self.proj = nn.Linear(dim, dim, weight_attr = w_attr_2, bias_attr = b_attr_2)
        self.proj_dropout = nn.Dropout(dropout)
        self.softmax = nn.Softmax(axis = -1)
```

_init_weights()函数用于权重的初始化，可以采用不同的权重初始化方式，paddle.nn.initializer.TruncatedNormal()函数表示采用随机截断正态分布的初始化函数。

```
def _init_weights(self):
    weight_attr = paddle.ParamAttr(initializer = paddle.nn.initializer.TruncatedNormal(std = .02))
    bias_attr = paddle.ParamAttr(initializer = paddle.nn.initializer.Constant(0.0))
    return weight_attr, bias_attr
```

transpose_multihead()函数用于改变多头注意力部分输入向量的维度。

```
def transpose_multihead(self, x):
    new_shape = x.shape[:-1] + [self.num_heads, self.dim_head]
    x = x.reshape(new_shape)
    x = x.transpose([0, 2, 1, 3])
    return x
```

get_relative_pos_bias_from_pos_index()函数用于从位置索引中获取相对位置偏置。

```
def get_relative_pos_bias_from_pos_index(self):
    table = self.relative_position_bias_table # N x num_heads
    # index is a tensor
    index = self.relative_position_index.reshape([-1]) # window_h * window_w * window_h * window_w
    # NOTE: paddle does NOT support indexing Tensor by a Tensor
    relative_position_bias = paddle.index_select(x = table, index = index)
    return relative_position_bias
```

forward()函数用于前向传播过程。调用上述函数完成 W-MSA 的实现。

```
def forward(self, x, mask = None):
    """
```

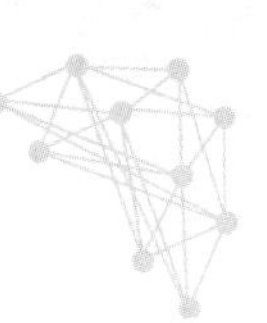


```
        Args:
            x: input features with shape of (num_windows * B, N, C)
            mask: (0/ - inf) mask with shape of (num_windows, Wh * Ww, Wh * Ww) or None
        """
        qkv = self.qkv(x).chunk(3, axis = - 1) # {list:3}
        q, k, v = map(self.transpose_multihead, qkv)
        # [512,3,49,32] -> [128,6,49,32] -> [32,12,49,32] ->[8,24,49,32]
        q = q * self.scale
        attn = paddle.matmul(q, k, transpose_y = True)
        # [512,3,49,49] -> [128,6,49,49] -> [32,12,49,49] -> [8,24,49,49]

        relative_position_bias = self.get_relative_pos_bias_from_pos_index()
        #[2401,3] ->[2401,6] ->[2401,12] ->[2401,24]

        relative_position_bias = relative_position_bias.reshape(
            [self.window_size[0] * self.window_size[1],
                self.window_size[0] * self.window_size[1], - 1])
        # [49,49,3] ->[49,49,6] ->[49,49,12] ->[49,49,24]

        # nH, window_h * window_w, window_h * window_w
        relative_position_bias = relative_position_bias.transpose([2, 0, 1])
        # [3,49,49] ->[6,49,49] ->[12,49,49] ->[24,49,49]
        attn = attn + relative_position_bias.unsqueeze(0)

        if mask is not None:
            nW = mask.shape[0]
            attn = attn.reshape([x.shape[0] // nW, nW, self.num_heads, x.shape[1], x.shape[1]])
            attn += mask.unsqueeze(1).unsqueeze(0)
            attn = attn.reshape([ - 1, self.num_heads, x.shape[1], x.shape[1]])
            attn = self.softmax(attn)
        else:
            attn = self.softmax(attn)

        attn = self.attn_dropout(attn) # [512,3,49,49] ->[128,6,49,49] ->[32,12,49,49] ->[8,
24,49,49]

        z = paddle.matmul(attn, v) # [512,3,49,32] ->[128,6,49,32] ->[32,12,49,32] ->[8,24,
49,32]
        z = z.transpose([0, 2, 1, 3])
        new_shape = z.shape[: - 2] + [self.dim]
        z = z.reshape(new_shape)
        z = self.proj(z)
        z = self.proj_dropout(z) # [512,49,96] ->[128,49,192] ->[32,49,384] ->[8,49,768]

        return z
```

接下来定义 SwinTransformerBlock()函数用于实现 SwinTransformerBlock 模块。_init__()函数用于初始化，传入的参数分别为：dim，表示输入通道的维度；input_resolution，表示输入的分辨率；num_heads，表示注意力头的数量；window_size，表示窗口的尺寸；shift_size，表示 SW-MSA 模块的偏移尺寸；mlp_ratio，表示 mlp 的隐藏层的维度和表示维度的比率；qkv_bias，表示是否给 $\boldsymbol{q}$、$\boldsymbol{k}$ 以及 $\boldsymbol{v}$ 三矩阵引入可学习的偏置，默认为 True；qk_scale，表示是

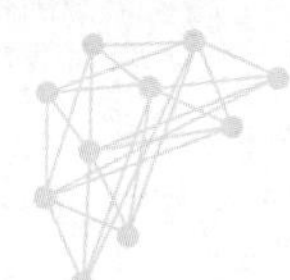

否设置注意力头中 $\boldsymbol{q}$ 以及 $\boldsymbol{k}$ 矩阵的尺度；drop，表示 dropout 的比率；attn_drop，用于设置注意力权重的 dropout 比例，默认为 0；drop_path，为随机深度比例；act_layer，为激活层，默认为 GELU 非线性激活函数；norm_layer，为归一化层，默认为 LayerNorm 层归一化。在以下代码中，我们初始化相关的参数，同时获取窗口内每个标记的成对相对位置索引。在_init __() 函数中，首先定义相关的参数变量，之后开始实现 SW-MSA 模块。在代码中，需要判断窗口与特征图短边的大小，如果窗口大于等于特征图短边，则不进行滑块操作。

```
class SwinTransformerBlock(nn.Layer):
    def __init__(self, dim, input_resolution, num_heads, window_size = 7, shift_size = 0,
        mlp_ratio = 4., qkv_bias = True, qk_scale = None, dropout = 0., attention_dropout = 0.,
droppath = 0.,
        act_layer = nn.GELU, norm_layer = nn.LayerNorm):
        # act_layer、norm_layer 是为了对齐 SwinUnet 代码,未使用.
        super(SwinTransformerBlock, self).__init__()
        self.dim = dim
        self.input_resolution = input_resolution
        self.num_heads = num_heads
        self.window_size = window_size
        self.shift_size = shift_size
        self.mlp_ratio = mlp_ratio
        if min(self.input_resolution) <= self.window_size:
            # if window size is larger than input resolution, we don't partition windows
            self.shift_size = 0
            self.window_size = min(self.input_resolution)

        w_attr_1, b_attr_1 = self._init_weights_layernorm()
        self.norm1 = nn.LayerNorm(dim, weight_attr = w_attr_1, bias_attr = b_attr_1)
        self.attn = WindowAttention(
            dim, window_size = (self.window_size,self.window_size), num_heads = num_heads,
            qkv_bias = qkv_bias, qk_scale = qk_scale, attention_dropout = attention_dropout,
dropout = dropout)
        self.drop_path = DropPath(drop_path) if droppath > 0. else None

        w_attr_2, b_attr_2 = self._init_weights_layernorm()
        self.norm2 = nn.LayerNorm(dim, weight_attr = w_attr_2, bias_attr = b_attr_2)
        self.mlp = Mlp(in_features = dim, hidden_features = int(dim * mlp_ratio), dropout =
dropout)

        # window 比特征图短边小的情况
        if self.shift_size > 0:
            # calculate attention mask for SW - MSA
            H, W = self.input_resolution
            img_mask = paddle.zeros((1, H, W, 1)) # 1 H W 1

            # slice(start,end)取 start 到 end 维度,进行切片操作
            # 将特征图切成一个一个的窗口
            h_slices = (slice(0, - self.window_size),
                slice( - self.window_size, - self.shift_size),
                slice( - self.shift_size, None))
            w_slices = (slice(0, - self.window_size),
                slice( - self.window_size, - self.shift_size),
```

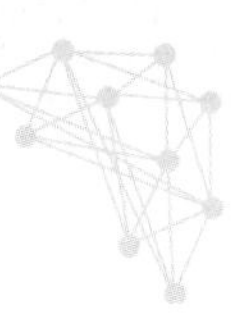


```
            slice( - self.shift_size, None))
        cnt = 0

        # 对不同窗口覆盖不同的数字以区分邻近块
        for h in h_slices:
            for w in w_slices:
                img_mask[:, h, w, :] = cnt
                cnt += 1
        mask_windows = window_partition(img_mask, self.window_size) # nW, window_size,
window_size, 1
        mask_windows = mask_windows.reshape(( - 1, self.window_size * self.window_size))
        attn_mask = mask_windows.unsqueeze(1) - mask_windows.unsqueeze(2)
        attn_mask = paddle.where(attn_mask != 0, paddle.ones_like(attn_mask) * float
( - 100.0), attn_mask)
        attn_mask = paddle.where(attn_mask == 0, paddle.zeros_like(attn_mask), attn_mask)

    else:
        attn_mask = None

    self.register_buffer("attn_mask", attn_mask)
```

_init_weights()函数用于权重的初始化。

```
def _init_weights_layernorm(self):
    weight_attr = paddle.ParamAttr(initializer = paddle.nn.initializer.Constant(1.0))
    bias_attr = paddle.ParamAttr(initializer = paddle.nn.initializer.Constant(0.0))
    return weight_attr, bias_attr
```

forward()函数用于前向传播过程，包含层归一化、MSA 模块、残差连接和具有 GELU 激活函数的 MLP 的堆叠。

```
def forward(self, x):
    H, W = self.input_resolution
    B, L, C = x.shape

    h = x
    x = self.norm1(x) # [bs, H * W, C]
    new_shape = [B, H, W, C]
    x = x.reshape(new_shape) # [bs,H,W,C]
    # cyclic shift
    if self.shift_size > 0:
        shifted_x = paddle.roll(x, shifts = ( - self.shift_size, - self.shift_size), axis = (1, 2))
    else:
        shifted_x = x
        # partition windows
    x_windows = window_partition(shifted_x, self.window_size) # nW * B, window_size, window_
size, C
    x_windows = x_windows.reshape([ - 1, self.window_size * self.window_size, C]) # nW * B,
window_size * window_size, C

    # W - MSA/SW - MSA,mask 是否为 None 用以区分采用 W - MSA 还是 SW - MSA
    attn_windows = self.attn(x_windows, mask = self.attn_mask) # nW * B, window_size * window_
size, C
```

```
        # merge windows
        attn_windows = attn_windows.reshape([-1, self.window_size, self.window_size, C])

        shifted_x = window_reverse(attn_windows, self.window_size, H, W) # B H'W'C

        # reverse cyclic shift
        if self.shift_size > 0:
            x = paddle.roll(shifted_x, shifts=(self.shift_size, self.shift_size), axis=(1, 2))
        else:
            x = shifted_x
        x = x.reshape([B, H * W, C])

        # FFN
        if self.drop_path is not None:
            x = h + self.drop_path(x)
        else:
            x = h + x
        h = x                                        # [bs,H*W,C]
        x = self.norm2(x)                            # [bs,H*W,C]
        x = self.mlp(x)                              # [bs,H*W,C]
        if self.drop_path is not None:
            x = h + self.drop_path(x)
        else:
            x = h + x
        return x
```

接下来实现 PatchMerging 功能，创建 PatchMerging 类，主要目的是完成将特征图的高度和宽度降维，将通道数升维的操作。__init__()函数用于实现初始化的功能，参数包含：input_resolution，表示输入特征的分辨率；dim，表示输入通道的维度；norm_layer，表示归一化层，默认为层归一化。

```
class PatchMerging(nn.Layer):
    def __init__(self, input_resolution, dim, norm_layer=nn.LayerNorm):
        super(PatchMerging, self).__init__()
        self.input_resolution = input_resolution
        self.dim = dim
        w_attr_1, b_attr_1 = self._init_weights()
        self.reduction = nn.Linear(4 * dim, 2 * dim, weight_attr=w_attr_1, bias_attr=
False)
        w_attr_2, b_attr_2 = self._init_weights_layernorm()
        self.norm = nn.LayerNorm(4*dim, weight_attr=w_attr_2, bias_attr=b_attr_2)
```

_init_weights()函数用于权重的初始化。_init_weights_layernorm()函数用于层归一化层权重的初始化。

```
def _init_weights_layernorm(self):
    weight_attr = paddle.ParamAttr(initializer=paddle.nn.initializer.Constant(1.0))
    bias_attr = paddle.ParamAttr(initializer=paddle.nn.initializer.Constant(0.0))
    return weight_attr, bias_attr

def _init_weights(self):
    weight_attr = paddle.ParamAttr(initializer=paddle.nn.initializer.TruncatedNormal(std=.02))
```

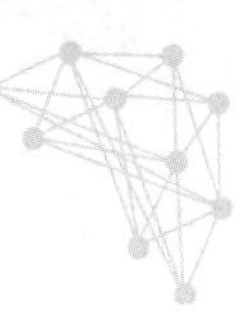

```
    bias_attr = paddle.ParamAttr(initializer = paddle.nn.initializer.Constant(0.0))
    return weight_attr, bias_attr
```

forward()函数用于 PatchMerging 功能的前向传播过程。

```
def forward(self, x):
    """
    x: B, H * W, C
    """
    h, w = self.input_resolution
    b, _, c = x.shape
    x = x.reshape([b,h,w,c])

    x0 = x[:, 0::2, 0::2, :]                    # B H/2 W/2 C
    x1 = x[:, 1::2, 0::2, :]                    # B H/2 W/2 C
    x2 = x[:, 0::2, 1::2, :]                    # B H/2 W/2 C
    x3 = x[:, 1::2, 1::2, :]                    # B H/2 W/2 C
    x = paddle.concat([x0, x1, x2, x3], -1) # B H/2 W/2 4 * C
    x = x.reshape([b, -1, 4 * c]) # B H/2 * W/2 4 * C

    x = self.norm(x)
    x = self.reduction(x)

    return x
```

然后是 PatchExpand 功能，同 PatchMerging 功能类似，PatchExpand 实现相反过程。

```
class PatchExpand(nn.Layer):
    def __init__(self, input_resolution, dim, dim_scale = 2, norm_layer = nn.LayerNorm):
        super().__init__()
        self.input_resolution = input_resolution
        self.dim = dim
        self.expand = nn.Linear(dim, 2 * dim) if dim_scale == 2 else None
        self.norm = norm_layer(dim // dim_scale)

    def forward(self, x):
        """
            x: B, H * W, C
        """
        H, W = self.input_resolution
        x = self.expand(x)
        B, _, C = x.shape

        x = x.reshape([B, H, W, C])
        x = x.reshape([B, H * 2, W * 2, C//4])
        x = x.reshape([B, -1,C//4])
        x= self.norm(x)

        return x
```

FinalPatchExpand_X4()类用于实现解码器中的最后一层的尺寸变换，有别于其余的 PatchExpand 层，此处实现了 4 倍的变换。

```
class FinalPatchExpand_X4(nn.Layer):
    def __init__(self, input_resolution, dim, dim_scale = 4, norm_layer = nn.LayerNorm):
```

```
        super().__init__()
        self.input_resolution = input_resolution
        self.dim = dim
        self.dim_scale = dim_scale
        w_attr_1, b_attr_1 = self._init_weights()
        self.expand = nn.Linear(dim, 16 * dim, weight_attr = w_attr_1, bias_attr = False)
        self.output_dim = dim
        w_attr_2, b_attr_2 = self._init_weights_layernorm()
        self.norm = norm_layer(self.output_dim, weight_attr = w_attr_2, bias_attr = b_attr_2)

    def _init_weights_layernorm(self):
        weight_attr = paddle.ParamAttr(initializer = paddle.nn.initializer.Constant(1.0))
        bias_attr = paddle.ParamAttr(initializer = paddle.nn.initializer.Constant(0.0))
        return weight_attr, bias_attr

    def _init_weights(self):
        weight_attr = paddle.ParamAttr(initializer = paddle.nn.initializer.TruncatedNormal
(std = .02))
        bias_attr = paddle.ParamAttr(initializer = paddle.nn.initializer.Constant(0.0))
        return weight_attr, bias_attr
    def forward(self, x):
        """
        x: B, H * W, C
        """
        H, W = self.input_resolution
        x = self.expand(x)
        B, L, C = x.shape

        x = x.reshape([B, H, W, C])
        x = x.reshape([B, H * self.dim_scale, W * self.dim_scale, C//self.dim_scale * * 2])
        x = x.reshape([B, - 1,self.output_dim])
        x= self.norm(x)

        return x
```

BasicLayer()类用于实现编码器中一个基本的 Swin Transformer 层。__init__()函数用于实现相关的初始化，其中，downsample 参数表示最后的下采样层。

```
class BasicLayer(nn.Layer):
    def __init__(self, dim, input_resolution, depth, num_heads, window_size,
        mlp_ratio = 4., qkv_bias = True, qk_scale = None, drop = 0., attn_drop = 0.,
        drop_path = 0., norm_layer = nn.LayerNorm, downsample = None, use_checkpoint = False):

        super(BasicLayer, self).__init__()
        self.dim = dim
        self.input_resolution = input_resolution
        self.depth = depth
        self.use_checkpoint = use_checkpoint

        self.blocks = nn.LayerList()
        for i in range(depth):
            self.blocks.append(
                SwinTransformerBlock(dim = dim, input_resolution = input_resolution, num_
```

```
heads = num_heads,window_size = window_size, shift_size = 0 if (i % 2 == 0) else window_size//2,
mlp_ratio = mlp_ratio, qkv_bias = qkv_bias, qk_scale = qk_scale,dropout = drop, attention_
dropout = attn_drop, droppath = drop_path[i] if isinstance(drop_path, list) else drop_path)
            )

        if downsample is not None:
            self.downsample = downsample(input_resolution, dim = dim, norm_layer = norm_layer)
        else:
            self.downsample = None

    def forward(self, x):
        for block in self.blocks:
            x = block(x)
        if self.downsample is not None:
            x = self.downsample(x)
        return x
```

BasicLayer_up()类用于实现解码器中一个基本的 Swin Transformer 层。

```
class BasicLayer_up(nn.Layer):
    def __init__(self, dim, input_resolution, depth, num_heads, window_size,
        mlp_ratio = 4., qkv_bias = True, qk_scale = None, drop = 0., attn_drop = 0.,
        drop_path = 0., norm_layer = nn.LayerNorm, upsample = None, use_checkpoint = False):

        super().__init__()
        self.dim = dim
        self.input_resolution = input_resolution
        self.depth = depth
        self.blocks = nn.LayerList()
        for i in range(depth):
            self.blocks.append(
                SwinTransformerBlock(dim = dim, input_resolution = input_resolution, num_
heads = num_heads,window_size = window_size, shift_size = 0 if (i % 2 == 0) else window_size//2,
mlp_ratio = mlp_ratio, qkv_bias = qkv_bias, qk_scale = qk_scale,dropout = drop, attention_
dropout = attn_drop, droppath = drop_path[i] if isinstance(drop_path, list) else drop_path)
            )
            # patch merging layer
        if upsample is not None:
            self.upsample = PatchExpand(input_resolution, dim = dim, dim_scale = 2, norm_
layer = norm_layer)
        else:
            self.upsample = None

    def forward(self, x):
        for block in self.blocks:
            x = block(x)
        if self.upsample is not None:
            x = self.upsample(x)
        return x
```

PatchEmbedding()类主要用于实现图像分块以及线性表示。图像分块就是将输入图像划分为小尺寸的图像块，即将 $H\times W\times 3$ 的图像变为 $\frac{H}{4}\times\frac{W}{4}\times 48$，48 是因为每个小尺寸图像块都是由相邻的四个像素块组成的，因此在通道维度上进行展平后为 4×4×3=48。对于线性表示，则为将尺寸为$\frac{H}{4}\times\frac{W}{4}\times 48$ 的特征图转为$\frac{H}{4}\times\frac{W}{4}\times C$，$C$ 默认为 96。参数包括：img_size，表示图像尺寸，默认为 224；patch_size，表示小尺寸图像块的尺寸，默认为 4；in_chans，为输入图像的通道维度数；embed_dim，为线性表示的输出维度；norm_layer，表示归一化层。

```
class PatchEmbedding(nn.Layer):
    def __init__(self, img_size = 224, patch_size = 4, in_chans = 3, embed_dim = 96, norm_layer
= None):
        super(PatchEmbedding, self).__init__()
        img_size = (img_size, img_size)
        patch_size = (patch_size, patch_size)
        patches_resolution = [img_size[0] // patch_size[0], img_size[1] // patch_size[1]]
        self.img_size = img_size
        self.patch_size = patch_size
        self.patches_resolution = patches_resolution
        self.num_patches = patches_resolution[0] * patches_resolution[1]

        self.in_chans = in_chans
        self.embed_dim = embed_dim

        self.patch_embed = nn.Conv2D(in_channels = in_chans, out_channels = embed_dim,
kernel_size = patch_size, stride = patch_size)
        w_attr, b_attr = self._init_weights_layernorm()
        self.norm = nn.LayerNorm(embed_dim,
            weight_attr = w_attr,
            bias_attr = b_attr)

    def _init_weights_layernorm(self):
        weight_attr = paddle.ParamAttr(initializer = paddle.nn.initializer.Constant(1.0))
        bias_attr = paddle.ParamAttr(initializer = paddle.nn.initializer.Constant(0.0))
        return weight_attr, bias_attr
    def forward(self, x):
        x = self.patch_embed(x) # [batch, embed_dim, h, w] h,w = patch_resolution
        x = x.flatten(start_axis = 2, stop_axis = - 1) # [batch, embed_dim, h * w] h * w =
num_patches
        x = x.transpose([0, 2, 1]) # [batch, h * w, embed_dim]
        x = self.norm(x) # [batch, num_patches, embed_dim]
        return x
```

最后就是整个模块的集成。构建 SwinTransformerSys()类。其中，num_classes 表示类别的数量，ape 表示是否为小尺寸图像块的表示增加绝对位置编码，patch_norm 表示是否为小尺寸图像块的表示增加归一化层。在代码中，首先初始化相关参数，然后通过 PatchEmbed()函数将图像划分为不重叠的小尺寸图像块，并根据 ape 参数决定是否设置绝对位置编码，最后创建 BasicLayer。

```
class SwinTransformerSys(nn.Layer):
    def __init__(self, img_size = 224, patch_size = 4, in_chans = 3, num_classes = 3,
        embed_dim = 96, depths = [2, 2, 2, 2], depths_decoder = [1, 2, 2, 2], num_heads = [3, 6,
12, 24],
```

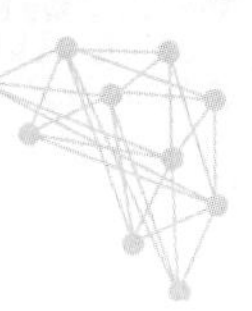


```
        window_size = 7, mlp_ratio = 4., qkv_bias = True, qk_scale = None,
        drop_rate = 0., attn_drop = 0., droppath = 0.,
        norm_layer = nn.LayerNorm, ape = False, patch_norm = True,
        use_checkpoint = False, final_upsample = "expand_first", **kwargs):
        super(SwinTransformerSys, self).__init__()

        print("SwinTransformerSys expand initial----depths:{};depths_decoder:{};drop_
path_rate:{};num_classes:{}".format(depths, depths_decoder,drop_rate,num_classes))

        self.num_classes = num_classes
        self.num_layers = len(depths)
        self.embed_dim = embed_dim
        self.ape = ape
        self.num_features = int(embed_dim * 2 ** (self.num_layers - 1))
        self.num_features_up = int(embed_dim * 2)
        self.mlp_ratio = mlp_ratio
        self.final_upsample = final_upsample
        self.patch_norm = patch_norm
        # split image into non-overlapping patches
        self.patch_embedding = PatchEmbedding(
            img_size = img_size, patch_size = patch_size, in_chans = in_chans, embed_dim =
embed_dim,
            norm_layer = norm_layer if self.patch_norm else None)
        num_patches = self.patch_embedding.num_patches
        self.patches_resolution = self.patch_embedding.patches_resolution

        # absolute position embedding
        if self.ape:
            self.absolute_positional_embedding = paddle.nn.ParameterList([
                paddle.create_parameter(
                    shape = [1, num_patches, self.embed_dim], dtype = 'float32',
default_initializer = paddle.nn.initializer.TruncatedNormal(std = .02))])

        self.position_dropout = nn.Dropout(drop_rate)
        dpr = [x.item() for x in paddle.linspace(0, droppath, sum(depths))]
        # build encoder and bottleneck layers
        self.layers = nn.LayerList()
        for i_layer in range(self.num_layers):
            layer = BasicLayer(dim = int(embed_dim * 2 ** i_layer),
                input_resolution = (self.patches_resolution[0] // (2 ** i_layer),
                    self.patches_resolution[1] // (2 ** i_layer)),
                depth = depths[i_layer],
                num_heads = num_heads[i_layer],
                window_size = window_size,
                mlp_ratio = self.mlp_ratio,
                qkv_bias = qkv_bias, qk_scale = qk_scale,
                drop = drop_rate, attn_drop = attn_drop,
                drop_path = dpr[sum(depths[:i_layer]):sum(depths[:i_layer + 1])],
                norm_layer = norm_layer,
                downsample = PatchMerging if (i_layer < self.num_layers - 1) else None,
                use_checkpoint = use_checkpoint)
            self.layers.append(layer)
            # build decoder layers
```

```
        self.layers_up = nn.LayerList()
        self.concat_back_dim = nn.LayerList()
        for i_layer in range(self.num_layers):
            concat_linear = nn.Linear(2 * int(embed_dim * 2 * * (self.num_layers - 1 - i_
layer)),
                int(embed_dim * 2 * * (self.num_layers - 1 - i_layer))) if i _ layer > 0
else None
            if i_layer == 0 :
                layer_up = PatchExpand(input_resolution = (self.patches_resolution[0] // (2
* * (self.num_layers - 1 - i_layer)),
                    self.patches_resolution[1] // (2 * * (self.num_layers - 1 - i_layer))),
dim = int(embed_dim * 2 * * (self.num_layers - 1 - i_layer)), dim_scale = 2, norm_layer = norm_
layer)
            else:
                layer_up = BasicLayer_up(dim = int(embed_dim * 2 * * (self.num_layers - 1 - i_
layer)),
                    input_resolution = (self.patches_resolution[0] // (2 * * (self.num_
layers - 1 - i_layer)),
                        self.patches_resolution[1] // (2 * * (self.num_layers - 1 - i_
layer))),
                    depth = depths[(self.num_layers - 1 - i_layer)],
                    num_heads = num_heads[(self.num_layers - 1 - i_layer)],
                    window_size = window_size,
                    mlp_ratio = self.mlp_ratio,
                    qkv_bias = qkv_bias, qk_scale = qk_scale,
                    drop = drop_rate, attn_drop = attn_drop,

                    drop_path = dpr[sum(depths[:(self.num_layers - 1 - i_layer)]):sum(depths
[:(self.num_layers - 1 - i_layer) + 1])],
                    norm_layer = norm_layer,
                    upsample = PatchExpand if (i_layer < self.num_layers - 1) else None,
                    use_checkpoint = use_checkpoint)
            self.layers_up.append(layer_up)
            self.concat_back_dim.append(concat_linear)
        w_attr_1, b_attr_1 = self._init_weights_layernorm()
        self.norm = nn.LayerNorm(self.num_features, weight_attr = w_attr_1, bias_attr = b_attr_1)
        w_attr_2, b_attr_2 = self._init_weights_layernorm()
        self.norm_up = nn.LayerNorm(self.embed_dim, weight_attr = w_attr_2, bias_attr = b_
attr_2)

        if final_upsample == "expand_first":
            print("--- final upsample expand_first---")
            self.up = FinalPatchExpand_X4(input_resolution = (img_size//patch_size, img_
size//patch_size),dim_scale = 4,dim = embed_dim)
            self.output = nn.Conv2D(in_channels = embed_dim, out_channels = self.num_
classes,kernel_size = 1,bias_attr = None)
```

forward_features()函数主要用于实现编码器的相关功能。返回下采样后的特征，x_downsample 为列表类型，存储每次下采样后的特征向量，之后实现跳跃连接过程。

```
    def forward_features(self, x):
        x = self.patch_embedding(x)
        if self.ape:
```

```
        x = x + self.absolute_position_embedding
    x = self.position_dropout(x)
    x_downsample = []

    for layer in self.layers:
        x_downsample.append(x)
        x = layer(x)

    x = self.norm(x)                          # B L C
    return x, x_downsample
```

_init_weights_layernorm()函数用于初始化层归一化层。

```
def _init_weights_layernorm(self):
    weight_attr = paddle.ParamAttr(initializer = paddle.nn.initializer.Constant(1.0))
    bias_attr = paddle.ParamAttr(initializer = paddle.nn.initializer.Constant(0.0))
    return weight_attr, bias_attr
```

forward_up_features()函数主要用于实现解码器和跳跃连接过程。

```
def forward_up_features(self, x, x_downsample):
    for inx, layer_up in enumerate(self.layers_up):
        if inx == 0:
            x = layer_up(x)
        else:
            x = paddle.concat([x,x_downsample[3 - inx]], - 1)
            x = self.concat_back_dim[inx](x)
            x = layer_up(x)

    x = self.norm_up(x) # B L C

    return x
```

up_x4()函数用于实现解码器过程中最后一层的 Patch Expand 过程。

```
def up_x4(self, x):
    H, W = self.patches_resolution
    B, L, C = x.shape
    assert L == H * W, "input features has wrong size"

    if self.final_upsample == "expand_first":
        x = self.up(x)
        x = x.reshape([B,4 * H,4 * W, - 1])
        x = x.transpose([0,3,1,2]) #B,C,H,W
        x = self.output(x)

    return x
```

forward()函数用于实现整体的前向传播过程。

```
def forward(self, x):
    x, x_downsample = self.forward_features(x)
    x = self.forward_up_features(x,x_downsample)
    x = self.up_x4(x)
    return x
```

至此，我们就实现了 Swin-UNet 模型的构建。之后我们创建模型对象，并将其转化为 paddle 的 model 对象。

```
model = SwinTransformerSys()
model = paddle.Model(model)
```

构建好模型对象之后，接下来就可以进入模型的训练过程了，首先进行训练前的配置工作，将生成的 train_dataset、val_dataset 以及 test_dataset 对象用 DataLoader 进行封装，然后设置优化器，本实践使用 AdamW 优化器。AdamW 优化器出自 DECOUPLED WEIGHT DECAY REGULARIZATION，用来解决 Adam 优化器中 L2 正则化失效的问题。配置好之后，将其通过 prepare()函数进行封装，同时设置交叉熵损失函数。

```
train_loader = paddle.io.DataLoader(train_dataset, batch_size = 8, shuffle = True)
val_loader = paddle.io.DataLoader(val_dataset, batch_size = 8, shuffle = True)
test_loader = paddle.io.DataLoader(test_dataset, batch_size = 8, shuffle = True)
optim = paddle.optimizer.AdamW(weight_decay = 0.0001,
                               learning_rate = 0.0008,
                               parameters = model.parameters())

model.prepare(optim, paddle.nn.CrossEntropyLoss(axis = 1))
```

完成上述准备工作以后，就可以进入模型的训练过程了。这里，我们调用 fit()函数完成模型训练过程。

```
model.fit(train_loader, val_loader, epochs = 2, batch_size = 32, verbose = 1, save_dir = 'work')
```

训练过程中的部分输出结果如图 4-4-8 所示。在本实践中，我们训练两轮，可以看出在模型训练过程中训练集和验证集的损失值逐渐变小。

```
The loss value printed in the log is the current step, and the metric is the average value of previous steps.
Epoch 1/2
step 453/453 [==============================] - loss: 0.1786 - 97ms/step
save checkpoint at /home/aistudio/work/0
Eval begin...
step 57/57 [==============================] - loss: 0.2112 - 66ms/step
Eval samples: 453
Epoch 2/2
step 453/453 [==============================] - loss: 0.1294 - 94ms/step
save checkpoint at /home/aistudio/work/1
Eval begin...
step 57/57 [==============================] - loss: 0.1171 - 67ms/step
Eval samples: 453
save checkpoint at /home/aistudio/work/final
```

图 4-4-8　Swin-UNet 模型训练过程中的部分输出结果

步骤 3：模型评估

模型评估主要是计算模型在验证集上的指标，在这里，我们调用 evaluate()函数完成模型在测试集上的评估，评估过程中的部分输出结果如图 4-4-9 所示。

```
eval_result = model.evaluate(test_dataset, verbose = 1)
print(eval_result)
```

```
Eval begin...
step 452/452 [==============================] - loss: 0.1308 - 35ms/step
Eval samples: 452
{'loss': [0.13084015]}
```

图 4-4-9　Swin-UNet 模型验证过程中的部分输出结果

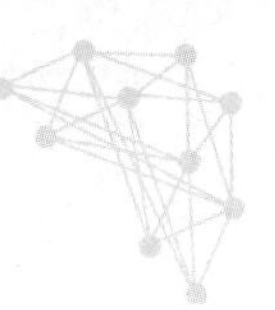

步骤 4：模型预测及可视化

之后我们调用 predict()函数完成模型的预测。我们从测试集中选取一张图像进行推理预测并打印图像的实际标签和预测值。预测过程中的输出结果如图 4-4-10 所示。

```
# 用 predict 在测试集上对模型进行推理
test_result = model.predict(test_dataset)

# 从测试集中取出一张图片
img, label = test_dataset[0]

# 打印推理结果,这里的 argmax()函数用于取出预测值中概率最高的一个的下标,作为预测标签
pred_label = np.argmax(test_result[0][0][0].transpose((1, 2, 0)), axis = -1)
print('true label: {}, pred label: {}'.format(label[0], pred_label))
```

```
true label: [0 0 0 0 0 0 0 0 0 0 0 0 0 0 0 0 0 0 0 0 0 0 0 0 0 0 0 0 0 0 0 0 0 0 0 0 0 0 0
 0 0 0 0 0 0 0 0 0 0 0 0 0 0 0 0 0 0 0 0 0 0 0 0 0 0 0 0 0 0 0 0 0 0 0 0 0 0 0
 0 0 0 0 0 0 0 0 0 0 0 0 0 0 0 0 0 0 0 0 0 0 0 0 0 0 0 0 0 0 0 0 0 0 0 0 0 0 0
 0 0 0 0 0 0 0 0 0 0 0 0 0 0 0 0 0 0 0 0 0 0 0 0 0 0 0 0 0 0 0 0 0 0 0 0 0 0 0
 0 0 0 0 0 0 0 0 0 0 0 0 0 0 0 0 0 0 0 0 0 0 0 0 0 0 0 0 0 0 0 0 0 0 0 0 0 0 0
 0 0 0 0 0 0 0 0 0 0 0 0 0 0 0 0 0 0 0 0 0 0 0 0 0 0 0 0 0 0 0 0 0 0 0 0 0 0 0
 0 0], pred label: [[0 0 0 ... 0 0 0]
 [0 0 0 ... 0 0 0]
 [0 0 0 ... 0 0 0]
 ...
 [0 0 0 ... 0 0 0]
 [0 0 0 ... 0 0 0]
 [0 0 0 ... 0 0 0]]
```

图 4-4-10　Swin-UNet 模型预测过程中的输出结果

调用 matplotlib 库,我们同样可以可视化模型的预测结果以直观感受模型的预测效果,输出结果如图 4-4-11 所示。

```
plt.figure(figsize = (10, 10))

i = 0
mask_idx = 0
pred_list = []
gt_list = []
with open('data/newdata/test_list.txt', 'r') as f:
    for line in f.readlines():
        image_path, label_path = line.strip().split(' ')
        resize_t = T.Compose([
            T.Resize((224, 224))
        ])
        image = resize_t(PilImage.open(image_path))
        label = resize_t(PilImage.open(label_path))

        image = np.array(image).astype('uint8')
        label = np.array(label).astype('uint8')

        if i > 8:
            break
        plt.subplot(3, 3, i + 1)
        plt.imshow(image)
        plt.title('Input Image')
        plt.axis("off")
```

```
        plt.subplot(3, 3, i + 2)
        plt.imshow(label, cmap = 'gray')
        plt.title('Label')
        plt.axis("off")

        # 模型只有一个输出,所以我们通过 predict_results[0]来取出 1000 个预测的结果
        # 映射原始图片的 index 来取出预测结果,提取 mask 进行展示
        data = test_result[0][mask_idx][0].transpose((1, 2, 0))
        mask = np.argmax(data, axis = - 1)
        print(np.unique(mask))
        pred_list.append(mask)
        gt_list.append(label)

        # print('指标结果:', diceCoeff(pred_list, gt_list))

        plt.subplot(3, 3, i + 3)
        plt.imshow(mask.astype('uint8'), cmap = 'gray')
        plt.title('Predict')
        plt.axis("off")
        i += 3
        mask_idx += 1
        pred_list = []
        gt_list = []

plt.show()
```

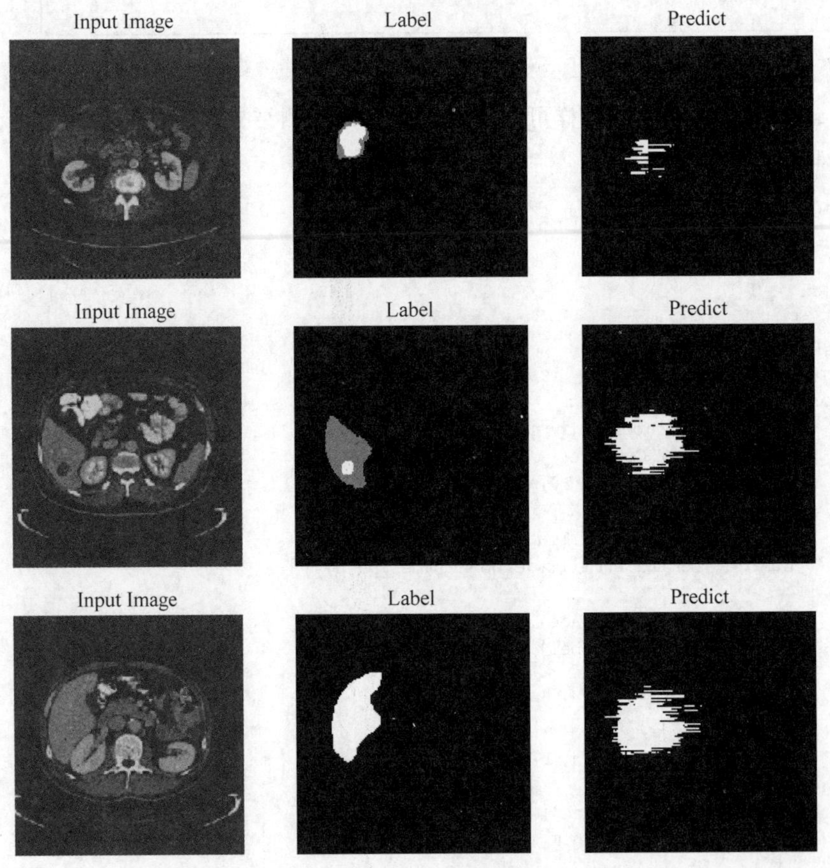

图 4-4-11 Swin-UNet 模型预测过程中的可视化结果

第5章 视频分类

互联网上图像和视频的规模日益庞大，据统计，Youtube 网站每分钟就有数百小时的视频产生，这使得研究人员急切需要研究视频分类相关算法来帮助人们更加容易地找到感兴趣的视频。这些视频分类算法可以自动分析视频所包含的语义信息，理解其内容，对视频进行自动标注、分类和描述，达到与人媲美的准确率。大规模视频分类是继图像分类问题后的又一个急需解决的关键问题。

视频分类是指给定一个视频片段，对其中包含的内容进行分类。类别通常是动作（如做蛋糕）、场景（如海滩）、物体（如桌子）等。其中又以视频动作分类最为热门，毕竟动作本身就包含"动"态的因素，不是"静"态的图像所能描述的，因此也是最体现视频分类功底的。视频分类的主要目的是理解视频中包含的内容，确定视频对应的几个关键主题。视频分类不仅是要理解视频中的每一帧图像，更重要的是要理解多帧之间包含的更深层次的语义信息。视频分类的研究内容主要包括多标签的通用视频分类和人类行为识别等，如图 5-0-1 所示。与之密切相关的是，视频描述生成（Video Captioning）试图基于视频分类的标签，形成完整的自然语句，为视频生成包含最多动态信息的描述说明。

篮球赛

毕业生

图 5-0-1 视频分类示意图

在深度学习方法广泛应用之前，大多数的视频分类方法采用基于人工设计的特征和典型的机器学习方法研究行为识别和事件检测。

传统的视频分类研究专注于采用对局部时空区域的运动信息和表观（Appearance）信息编码的方式获取视频描述符，然后利用词袋模型（Bag of Words）等方式生成视频编码，最后利用视频编码来训练分类器（如 SVM），区分视频类别。视频的描述符依赖人工设计的特征，如使用运动信息获取局部时空特征的梯度直方图（Histogram of Oriented Gradients，HOG）；使用不同类型轨迹的光流直方图（Histogram of Optical Flow，HOF）和运动边界直方图（Motion Boundary Histogram，MBH）；使用词袋模型或 Fisher 向量方法来生成视频编码等。当前，基于轨迹的方法（尤其是 DT 和 IDT）是最高水平的人工设计特征算法的基础。许多研究者正在尝试改进 IDT，如通过增加字典的大小和融合多种编码方法，通过开发子采样方法生成 DT 特征的字典，在许多行为数据集上获得了不错的性能。

然而，随着深度神经网络的兴起，特别是 CNN、LSTM、GRU 等在视频分类中的成功应用，其分类性能逐渐超越了基于 DT 和 IDT 的传统方法，使得这些传统方法逐渐淡出了人们的视野。深度网络为解决大规模视频分类问题提供了新的思路和方法。近年来得益于深度学习研究的巨大进展，特别是卷积神经网络(Convolutional Neural Networks，CNN)作为一种理解图像内容的有效模型，在图像识别、分割、检测和检索等方面取得了不错的研究成果。CNN 在静态图像识别问题中取得了空前的成功，国内外研究者也开始研究将 CNN 等深度网络应用到视频和行为分类任务中。除此之外，近几年 Transformer 在视觉领域也表现出不错的效果，在计算机视觉的各个领域大放异彩，这当然也包括视频分类领域。

基于 TSN 模型的视频分类

5.1 实践一：基于 TSN 模型的视频分类

本节将通过实现 TSN 网络在 HMDB51 数据集上实现视频分类。

Temporal Segment Network(TSN)是视频分类领域经典的基于 2D-CNN 的解决方案。该方法主要解决视频的长时间行为判断问题。通过稀疏采样视频帧的方式代替稠密采样，既能捕获视频全局信息，也能去除冗余，减少计算量。稀疏采样并提取特征后，将每帧特征融合得到视频的整体特征，并用于分类。TSN 的整体过程如下：

① 将输入视频划分成 K 个片段，每个片段随机取一帧；

② 使用两个卷积网络分别提取空间和时序特征(RGB 图像和光流图像，可以只采用 RGB 分支)；

③ 通过片段共识函数，分别融合两个分支不同片段结果；

④ 两类共识函数的结果融合。

下面我们实现采用 ResNet-50 骨干网络的单路 TSN 网络。

步骤 1：了解 TSN 项目整体结构

整个 TSN 项目如图 5-1-1 所示，configs 文件夹中存储着网络的配置文件；model 文件夹中是网络结构搭建的部分；reader 文件用于数据集的定义和数据的读取；avi2jpg. py 用于将 hmdb51 数据中的视频文件逐帧处理为 jpg 文件并保存在以视频名称命名的文件夹下；jpg2pkl. py 和 data_list_gener. py 用于将同一视频对应的 jpg 文件转换成 pkl 文件中，并划分数据集生成用于训练、验证和测试；train. py 和 infer. py 分别用于 TSN 的训练和测试(如图 5-1-1 所示)。

如图 5-1-2 所示，Configs 文件下的 tsn. txt 存储整个项目需要用到的超参数。

MODEL 部分主要包括数据加载的格式(jpg\pkl)、分类的数目、每个视频片段被划分成几份(seg_num)、每份中抽取几帧用于训练测试(seg_len)、图像归一化时所用的均值和方差(image_mean、image_std)等。TRAIN、VALID、TEST、INFER 则是网络在进行训练、验证、测试、预测等阶段时需要设定的图像尺寸、读取图像的线程、批次大小，以及训练轮数等。

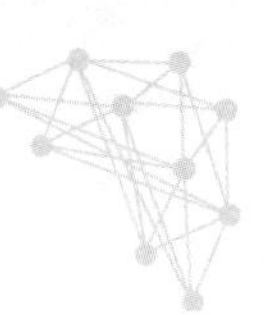

```
|--configs                                # 配置
|--model                                  # 模型
|--reader                                 # 读取数据
|--data                                   # 数据
|--data_list_gener.py                     # 生成train、test、eval
|--infer.py                               # 模型推断
|--avi2jpg.py                             # 视频变成帧，保存为jpg
|--train.py                               # 训练脚本
|--utils.py                               # 通用工具
|--jpg2pkl.py                             # jpg变成pkl
|--config.py                              # 读取配置并生成
```

图 5-1-1　TSN 项目结构

```
[MODEL]
name = "TSN"
format = "pkl"
num_classes = 10
seg_num = 3
seglen = 1
image_mean = [0.485, 0.456, 0.406]
image_std = [0.229, 0.224, 0.225]
num_layers = 50

[TRAIN]
epoch = 45
short_size = 240
target_size = 224
num_reader_threads = 1
buf_size = 1024
batch_size = 10
use_gpu = True
num_gpus = 1
filelist = "./data/hmdb_data_demo/train.list"
learning_rate = 0.01
learning_rate_decay = 0.1
l2_weight_decay = 1e-4
momentum = 0.9
total_videos = 80

[VALID]
short_size = 240
target_size = 224
num_reader_threads = 1
buf_size = 1024
batch_size = 2
filelist = "./data/hmdb_data_demo/val.list"

[TEST]
seg_num = 7
short_size = 240
target_size = 224
num_reader_threads = 1
buf_size = 1024
batch_size = 10
filelist = "./data/hmdb_data_demo/test.list"

[INFER]
short_size = 240
target_size = 224
num_reader_threads = 1
buf_size = 1024
batch_size = 1
filelist = "./data/hmdb_data_demo/test.list"
```

图 5-1-2　TSN 配置文件

步骤 2：认识 HMDB51 数据集

1. 数据集概览

数据集采用 HMDB51 数据集，HMDB51 数据集于 2011 年由 Brown university 发布，该数据集视频多数来源于电影，还有一部分来自公共数据库以及 YouTube 等网络视频库。数据集包含 6849 段样本，分为 51 类，每类至少包含 101 段样本(如图 5-1-3 所示)。

图 5-1-3　数据集类别

HMDB51 所包含的动作主要分为五类。

① 一般面部动作：微笑，大笑，咀嚼，交谈。

② 面部操作与对象操作：吸烟，吃，喝。

③ 一般的身体动作：侧手翻，拍手，爬，爬楼梯，跳，落在地板上，反手翻转、倒立、跳、拉、推、跑，坐下来，坐起来，翻跟头，站起来，转身，走，跛。

④ 与对象交互动作：梳头，抓，抽出宝剑，运球、打高尔夫、打东西，踢球，挑，倒、推东西，骑自行车，骑马，射球，射弓、枪，摆棒球棍，舞剑锻炼，扔。

⑤ 人体动作：击剑，拥抱，踢某人，亲吻，拳打，握手，剑战。

2. 数据集下载

HMDB51 数据集可在其官网下载：https://serre-lab.clps.brown.edu/resource/hmdb-a-large-human-motion-database/#Downloads。

步骤 3：视频数据处理与加载

1. 数据预处理

TSN 网络以一个视频片段的多张视频帧作为输入，因此数据处理的第一步要将视频片段提取成一张张视频帧并存储下来。在该部分遍历访问所有视频片段，对于每一个视频片

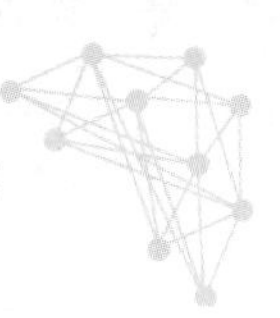

段通过 Opencv 的 VideoCapture 类进行解析，将每一张图像存储到以视频名字命名的文件下，并记录对应的 label。

```
import os
import numpy as np
import cv2
    for each_video in videos:
        cap = cv2.VideoCapture(each_video)
        frame_count = 1
        success = True
        while success:
            success, frame = cap.read()
            # print('read a new frame:', success)
            params = []
            params.append(1)
            if success:
                cv2.imwrite(each_video_save_full_path + each_video_name + "_%d.jpg" %
frame_count, frame, params)
            frame_count += 1
        cap.release()
np.save('label_dir.npy', label_dir)
```

将视频处理抽取为视频帧后，通过下面的代码，将同一视频对应的 jpg 文件以及标签保存在以视频命名的 pkl 文件中，对于每一类抽取该类视频总数的 80%为训练集，10%为验证集，10%为测试集，同时，分别生成对应训练、验证和测试的 txt 列表。

```
from multiprocessing import Pool
label_dic = np.load('label_dir.npy', allow_pickle=True).item()
for key in label_dic:
    each_mulu = key + '_jpg'
    print(each_mulu, key)
    label_dir = os.path.join(source_dir, each_mulu)
    label_mulu = os.listdir(label_dir)
    tag = 1
    for each_label_mulu in label_mulu:
        image_file = os.listdir(os.path.join(label_dir, each_label_mulu))
        image_file.sort()
        image_name = image_file[0][:-6]
        image_num = len(image_file)
        frame = []
        vid = image_name
        for i in range(image_num):
            image_path = os.path.join(os.path.join(label_dir, each_label_mulu), image_name +
'_' + str(i+1) + '.jpg')
            frame.append(image_path)
        output_pkl = vid + '.pkl'
        if tag < 9:
            output_pkl = os.path.join(target_train_dir, output_pkl)
        elif tag == 9:
            output_pkl = os.path.join(target_test_dir, output_pkl)
        elif tag == 10:
            output_pkl = os.path.join(target_val_dir, output_pkl)
        tag += 1
```

```
        f = open(output_pkl, 'wb')
        pickle.dump((vid, label_dic[key], frame), f, -1)
        f.close()
```

2. 数据集类定义

定义 HMDB51Dataset 类，用于构建训练、验证和测试过程中的数据读取器。

init()函数有 name、mode、cfg 三个输入参数，其中 name 表示模型的名字，mode 决定用于训练还是测试，cfg 则是 TSN 配置文件的路径。通过读取 cfg 配置文件来初始化输入网络的图像大小、视频划分片段、每个片段抽取的图像数目、归一化的均值等超参数。

```
def __init__(self, name, mode, cfg):
    '''初始化函数'''
    self.cfg = cfg                                          # 相关配置
    self.mode = mode                                        # 用于训练还是测试
    self.name = name                                        # 模型名字
    self.format = cfg.MODEL.format                          # 数据格式
    self.num_classes = self.get_config_from_sec('model', 'num_classes')  # 数据集的类别数
    self.seg_num = self.get_config_from_sec('model', 'seg_num')
    self.seglen = self.get_config_from_sec('model', 'seglen')

    self.seg_num = self.get_config_from_sec(mode, 'seg_num', self.seg_num)
    self.short_size = self.get_config_from_sec(mode, 'short_size')
    self.target_size = self.get_config_from_sec(mode, 'target_size')
    self.num_reader_threads = self.get_config_from_sec(mode, 'num_reader_threads')
                                                                 # 读取数据的线程数
    self.buf_size = self.get_config_from_sec(mode, 'buf_size')
    self.enable_ce = self.get_config_from_sec(mode, 'enable_ce')
    self.img_mean = np.array(cfg.MODEL.image_mean).reshape([3, 1, 1]).astype(np.float32)
                                                                 # 图像均值
    self.img_std = np.array(cfg.MODEL.image_std).reshape([3, 1, 1]).astype(np.float32)
                                                                 # 图像方差
    # set batch size and file list
    self.batch_size = cfg[mode.upper()]['batch_size']           # 数据批大小
    self.filelist = cfg[mode.upper()]['filelist']               # 数据列表
    if self.enable_ce:
        random.seed(0)
        np.random.seed(0)
    self.samples = open(self.filelist, 'r').readlines()
    if self.mode == 'train':
        np.random.shuffle(self.samples)
```

decode_pickle()函数通过索引 idx，在事先处理好的 pickle 文件中加载用于训练、验证的视频图像列表和对应的标注或用于测试的图像列表，同时会对图像列表中的图像通过 imgs_transform()函数进行一系列的图像操作。

```
def decode_pickle(self,idx):
    sample = self.samples[idx].strip()
    pickle_path = sample
    try:
        if python_ver < (3, 0):
            data_loaded = pickle.load(open(pickle_path, 'rb'))      #读取 PKL 文件
        else:
```

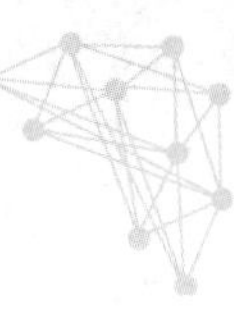


```
            data_loaded = pickle.load(open(pickle_path, 'rb'), encoding = 'bytes') vid,
label, frames = data_loaded
            if len(frames) < 1:
                logger.error('{} frame length {} less than 1.'.format( pickle_path, len(frames)))
                return None, None
        except:
            logger.info('Error when loading {}'.format(pickle_path))
            return None, None
        if self.mode == 'train' or self.mode == 'valid' or self.mode == 'test':
            ret_label = label
        elif self.mode == 'infer':
            ret_label = vid
        imgs = video_loader(frames, self.seg_num, self.seglen, self.mode)      #读取视频图片
        return self.imgs_transform(imgs, ret_label)            #对视频图片列表进行处理并返回
```

imgs_transform()函数的主要功能是对图像列表中的图像进行一系列的图像处理，包括对训练图像进行随机裁剪、水平翻转以及对测试数据进行中心裁剪，对输入网络的图像进行归一化和尺寸统一等。

```
    def imgs_transform(self, imgs, label):
        imgs = group_scale(imgs, self.short_size)
        if self.mode == 'train':
            #训练数据加载时进行随机裁剪和水平翻转
            if self.name == "TSN":
                imgs = group_multi_scale_crop(imgs, self.short_size)
            imgs = group_random_crop(imgs, self.target_size)
            imgs = group_random_flip(imgs)
        else:
            #测试数据加载时进行中心裁剪
            imgs = group_center_crop(imgs, self.target_size)
        np_imgs = (np.array(imgs[0]).astype('float32').transpose((2, 0, 1))).reshape(1, 3,
self.target_size, self.target_size) / 255
        for i in range(len(imgs) - 1):
            img = (np.array(imgs[i + 1]).astype('float32').transpose((2, 0, 1))).reshape(1, 3,
self.target_size, self.target_size) / 255
            np_imgs = np.concatenate((np_imgs, img))
        imgs = np_imgs
        imgs -= self.img_mean
        imgs /= self.img_std
        imgs = np.reshape(imgs,(self.seg_num, self.seglen * 3, self.target_size, self.target_size))
        return imgs, label
```

getitem()函数在迭代的过程中，通过调用 decode_pickle 返回视频图像和对应的标签，如果是测试阶段，标签会返回为空。

```
    def __getitem__(self, idx):
        '''根据给定索引读取数据'''
        if self.format == 'pkl':
            #如果数据格式是 pkl，则使用 decode_pickle()函数进行读取
            imgs, label = self.decode_pickle(idx)
        elif self.format == 'mp4':
            #如果数据格式是 mp4，则使用 decode_mp4()函数进行读取
            imgs, label = self.decode_mp4(idx)
```

```
        else:
            raise "Not implemented format {}".format(self.format)
        return imgs, label
```

步骤 4：搭建 TSN 网络

TSN 以 Resnet 作为特征提取网络，同时提取一个视频的多帧图像特征。因此，TSN 网络的搭建过程主要是搭建 Resnet 的过程，但是在网络的输入和输出上需要进行针对性的调整。

ConvBNLayer 同前面的几个实验一样，继承了 Paddle.nn.Layer，用于构建卷积＋BN 的结构，这个结构是接下来搭建 TSN 网络的基础结构。ConvBNLayer 包含两部分，首先是通过 Paddle.nn.Conv2D 构建一个卷积层，紧接着通过 Paddle.nn.BatchNorm2D 实现批归一化。在调用 ConvBNLayer 的过程中通过 num_channels 等参数确定卷积核的大小、数目、步长以及激活函数等。

```
class ConvBNLayer(Layer):
    '''构建卷积 + BN 层的结合,在网络中这个组合比较常用'''
    def __init__(self,
                 name_scope,
                 num_channels,
                 num_filters,
                 filter_size,
                 stride = 1,
                 groups = 1,
                 act = None):
        super(ConvBNLayer, self).__init__(name_scope)
        self._conv = Conv2D(
            in_channels = num_channels,
            out_channels = num_filters,
            kernel_size = filter_size,
            stride = stride,
            padding = (filter_size - 1) // 2,
            groups = groups,
            bias_attr = False
        )
        self._batch_norm = BatchNorm2D(num_filters, act = act)
    def forward(self, inputs):
        '''网络前向传播过程'''
        y = self._conv(inputs)
        y = self._batch_norm(y)
        return y
```

BottleneckBlock 与 2.4 节相似，是用于构建 Resnet 网络的残差模块。在 BottleneckBlock 中，输入的特征依次进入一个 1×1、3×3 和 1×1 的卷积，并根据选择的模式进行①或者②。

① 与原始输入特征相加；

② 进行一次 1×1 卷积。

```
class BottleneckBlock(Layer):
    def __init__(self,
                 name_scope,
```

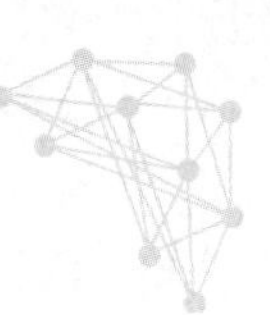


```
                    num_channels,
                    num_filters,
                    stride,
                    shortcut = True):
        super(BottleneckBlock, self).__init__(name_scope)
        self.conv0 = ConvBNLayer(
            self.full_name(),
            num_channels = num_channels,
            num_filters = num_filters,
            filter_size = 1,
            act = 'relu')
        self.conv1 = ConvBNLayer(
            self.full_name(),
            num_channels = num_filters,
            num_filters = num_filters,
            filter_size = 3,
            stride = stride,
            act = 'relu')
        self.conv2 = ConvBNLayer(
            self.full_name(),
            num_channels = num_filters,
            num_filters = num_filters * 4,
            filter_size = 1,
            act = None)
        if not shortcut:
            self.short = ConvBNLayer(
                self.full_name(),
                num_channels = num_channels,
                num_filters = num_filters * 4,
                filter_size = 1,
                stride = stride)
        self.shortcut = shortcut
        self._num_channels_out = num_filters * 4
    def forward(self, inputs):
        '''网络前向传播过程'''
        y = self.conv0(inputs)
        conv1 = self.conv1(y)
        conv2 = self.conv2(conv1)
        if self.shortcut:
            short = inputs
        else:
            short = self.short(inputs)
        y = paddle.add(x = short, y = conv2)
        layer_helper = paddle.incubate.LayerHelper(self.full_name(), act = 'relu')
        return layer_helper.append_activation(y)
```

解下来构建整个 TSN 特征提取部分，首先通过一个大小为 7×7、步长为 2 的卷积，紧接着通过根据输入的深度要求，循环地调用 BottleneckBlock 搭建 50、101 或 152 层特征提取网络。

```
class TSNResNet(Layer):
    def __init__(self, name_scope, layers = 50, class_dim = 102, seg_num = 10, weight_devay = None):
        super(TSNResNet, self).__init__(name_scope)
```

```
        self.layers = layers
        self.seg_num = seg_num
        supported_layers = [50, 101, 152]
        depth = [3, 4, 6, 3]
        num_filters = [64, 128, 256, 512]
        self.conv = ConvBNLayer(self.full_name(),
num_channels=3,num_filters=64,filter_size=7,stride=2,act='relu')
        self.pool2d_max = MaxPool2D(kernel_size=3,stride=2,padding=1)
        self.bottleneck_block_list = []
        num_channels = 64
        for block in range(len(depth)):
            shortcut = False
            for i in range(depth[block]):
                bottleneck_block = self.add_sublayer(
                    'bb_%d_%d' % (block, i),
                    BottleneckBlock(
                        self.full_name(),
                        num_channels=num_channels,
                        num_filters=num_filters[block],
                        stride=2 if i == 0 and block != 0 else 1,
                        shortcut=shortcut))
                num_channels = bottleneck_block._num_channels_out
                self.bottleneck_block_list.append(bottleneck_block)
                shortcut = True
        self.pool2d_avg = AvgPool2D(kernel_size=7)
        import math
        stdv = 1.0 / math.sqrt(2048 * 1.0)
        self.out = Linear(
            in_features=num_channels,
            out_features=class_dim,
        )
        self.softmax=Softmax()
        self.metric=paddle.metric.Accuracy()
```

TSN要同时提取一个视频中多个帧的特征，多帧图像会叠加在一起作为网络的输入，但是最后我们需要得到的是每帧图像的特征。因此，对于输入网络的多帧图像，会首先经过reshape操作进行融合，之后通过TSN网络的各层网络提取特征，再通过reshape操作将特征划分为不同帧图像对应的特征。

```
    def forward(self, inputs, label=None):
        '''网络前向传播过程'''
        out = paddle.reshape(inputs, [-1, inputs.shape[2], inputs.shape[3], inputs.shape[4]])
        y = self.conv(out)
        y = self.pool2d_max(y)
        for bottleneck_block in self.bottleneck_block_list:
            y = bottleneck_block(y)
        y = self.pool2d_avg(y)
        y = paddle.reshape(x=y, shape=[-1, self.seg_num, y.shape[1]])
        y = paddle.mean(y, axis=1)
        out = self.out(y)
        y = self.softmax(out)
        if label is not None:
            acc = paddle.mean(self.metric.compute(pred=y, label=label))
```

```
        return out, acc
    else:
        return y
```

步骤 5：训练 TSN 网络

定义 train 类：首先通过 pddle. set_device 设置使用 CPU 还是 GPU 进行训练，然后根据配置及文件中的内容，通过 TSNResNet 类实例化用于训练的网络 train_model。

```
def train(args):
    # 设置在 GPU 上训练还是在 CPU 上训练
    place = "gpu" if args.use_gpu else "cpu"
    paddle.set_device(place)
    # 进行训练参数配置
    config = parse_config(args.config)
    train_config = merge_configs(config, 'train', vars(args))
    print_configs(train_config, 'Train')
    # 创建训练网络
    train_model = TSN1.TSNResNet('TSN', train_config['MODEL']['num_layers'],
                                 train_config['MODEL']['num_classes'],
                                 train_config['MODEL']['seg_num'], 0.00002)
```

通过 paddle. optimizer. Momentum 定义优化器，并加载预训练模型或之前训练的模型参数。

```
# 创建网络优化器
opt = paddle.optimizer.Momentum(0.001, 0.9, parameters = train_model.parameters())
if args.pretrain:
    # 加载上一次训练的模型,继续训练
    state_dict = paddle.load(args.save_dir + '/tsn_model.pdparams')
    train_model.set_state_dict(state_dict)

if not os.path.exists(args.save_dir):
    os.makedirs(args.save_dir)
```

通过 HMBD51Dataset 类和 paddle. io. DataLoader 创建训练数据读取器，并通过 paddle. nn. CrossEntropyLoss 实现交叉熵损失。

```
# 创建训练数据读取器
train_reader = HMBD51Dataset(args.model_name.upper(), 'train', train_config)
traindataloder = paddle.io.DataLoader(train_reader,
                    batch_size = train_config.TRAIN.batch_size,
                    num_workers = 0, collate_fn = train_reader.collate_fn)

    epochs = args.epoch or train_model.epoch_num()
    # 定义损失函数计算方式
    ce_loss = paddle.nn.CrossEntropyLoss()
```

整个数据集训练 epochs 次，对于数据读取器每次返回的图像和标注输入网络，并计算输出和标注之间的交叉熵损失。通过 backward()进行反向传播，学习网络的参数。每次反向转播后，通过 opt. clear_grad()清空梯度，并在训练的过程中输出网络的损失、精度。

```
for i in range(epochs):
```

```
    for batch_id, data in enumerate(traindataloder):
        img = data[0].astype('float32')
        label = data[1].astype('int64')
        label.stop_gradient = True
        # 进行网络前向传播
        out, acc = train_model(img, label)
        # 计算损失
        loss = ce_loss(out, label)
        avg_loss = loss
        avg_loss.backward()                                    # 进行反向传播
        opt.step()
        opt.clear_grad()
        if batch_id % 10 == 0:
            # 进行模型保存
            logger.info("Loss at epoch {} step {}: {}, acc: {}".format(i, batch_id, avg_loss.
numpy(), acc.numpy()))
            print("Loss at epoch {} step {}: {}, acc: {}".format(i, batch_id, avg_loss.numpy(),
acc.numpy()))
            paddle.save(train_model.state_dict(), args.save_dir + '/tsn_model.pdparams')
    logger.info("Final loss: {}".format(avg_loss.numpy()))
    print("Final loss: {}".format(avg_loss.numpy()))
```

网络的训练过程如图 5-1-4 所示。

```
W0412 19:58:05.220472 12969 device_context.cc:372] device: 0, cuDNN
Loss at epoch 0 step 0: [4.054985], acc: [0.2]
Loss at epoch 0 step 1: [3.5705905], acc: [0.2]
Loss at epoch 0 step 2: [4.8680696], acc: [0.1]
Loss at epoch 0 step 3: [3.4408088], acc: [0.4]
Loss at epoch 0 step 4: [2.1347373], acc: [0.5]
Loss at epoch 0 step 5: [1.670853], acc: [0.3]
Loss at epoch 0 step 6: [2.4477277], acc: [0.1]
Loss at epoch 0 step 7: [2.1186583], acc: [0.1]
Final loss: [2.1186583]
Loss at epoch 1 step 0: [2.5484908], acc: [0.3]
Loss at epoch 1 step 1: [2.3663619], acc: [0.2]
Loss at epoch 1 step 2: [3.6884594], acc: [0.1]
Loss at epoch 1 step 3: [1.8204875], acc: [0.1]
```

图 5-1-4　训练过程

步骤 6：视频预测

模型预测部分整体与训练部分相似，首先读取配置文件并创建网络，然后加载训练后的参数，并通过 HMDB51Dataset 创建预测数据读取器。

```
def infer(args):
    #进行推理参数配置
    config = parse_config(args.config)
    infer_config = merge_configs(config, 'infer', vars(args))
    print_configs(infer_config, "Infer")
    # 创建网络
    infer_model = TSN1.TSNResNet('TSN', infer_config['MODEL']['num_layers'],
                                 infer_config['MODEL']['num_classes'],
                                 infer_config['MODEL']['seg_num'], 0.00002)
```

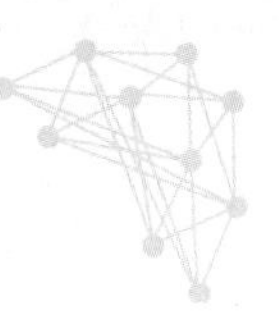

```
    label_dic = np.load('label_dir.npy', allow_pickle = True).item()
    label_dic = {v: k for k, v in label_dic.items()}
    infer_reader = HMDB51Dataset(args.model_name.upper(), 'infer', infer_config)
    #如果没有权重文件,则停止
    if args.weights:
        weights = args.weights
    else:
        print("model path must be specified")
        exit()
    #加载训练好的模型
    state_dict = paddle.load(weights)
    infer_model.set_state_dict(state_dict)
    infer_model.eval()
```

与训练过程不同的是,在预测过程中数据读取器只返回图像,同时网络也直接输出预测的结果,不再需要计算损失和反向传播梯度。

```
acc_list = []
for batch_id, data in enumerate(infer_reader):
    img = data[0].astype('float32')
    img = paddle.to_tensor(img[np.newaxis, :])
    y_data = data[1]
    out = infer_model(img).numpy()[0]              #进行网络前向传播,预测结果
    label_id = np.where(out == np.max(out))
    print("实际标签{}, 预测结果{}".format(y_data, label_dic[label_id[0][0]]))
```

至此,我们就完成了 TSN 网络的搭建、训练和预测过程。

5.2　实践二:基于 ECO 模型的视频分类

基于 ECO 模型的视频分类

在本节,我们将通过实现 ECO 网络在 UCF101 数据集上实现视频分类。

Efficient Convolutional Network for Online Video Understanding(ECO)是视频分类领域经典的基于 2D-CNN 和 3D-CNN 融合的解决方案。该方案主要解决视频的长时间行为判断问题,通过稀疏采样视频帧的方式代替稠密采样,既能捕获视频全局信息,也能去除冗余,减少计算量。最终将 2D-CNN 和 3D-CNN 的特征融合得到视频的整体特征,并进行视频分类。本代码实现的模型为基于单路 RGB 图像的 ECO-full 网络结构,2D-CNN 部分采用修改后的 Inception 结构,3D-CNN 部分采用裁剪后的 3DResNet18 结构。ECO 的模型结构如图 5-2-1 所示。

步骤 1:认识 ECO 项目结构

整个 ECO 项目如图 5-2-2 所示,configs 文件夹中存储着网络的配置文件, config.py 用于加载 configs 文件中存储的配置文件; model 文件夹中是网络结构搭建的部分,分为两个部分,分别是 3D 卷积部分和 ECO 整体网络结构; best_model 文件下存储训练过程中最优的网络参数; result 下存储网络训练过程中的数据; reader.py 用于数据集的定义和数据的读取; avi2jpg.py 用于将 ucf101 数据中的视频文件逐帧处理为 jpg 文件并保存在以视频名称命名的文件夹下; jpg2pkl.py 和 data_list_gener.py 用于将同一视频对应的 jpg 文件转换

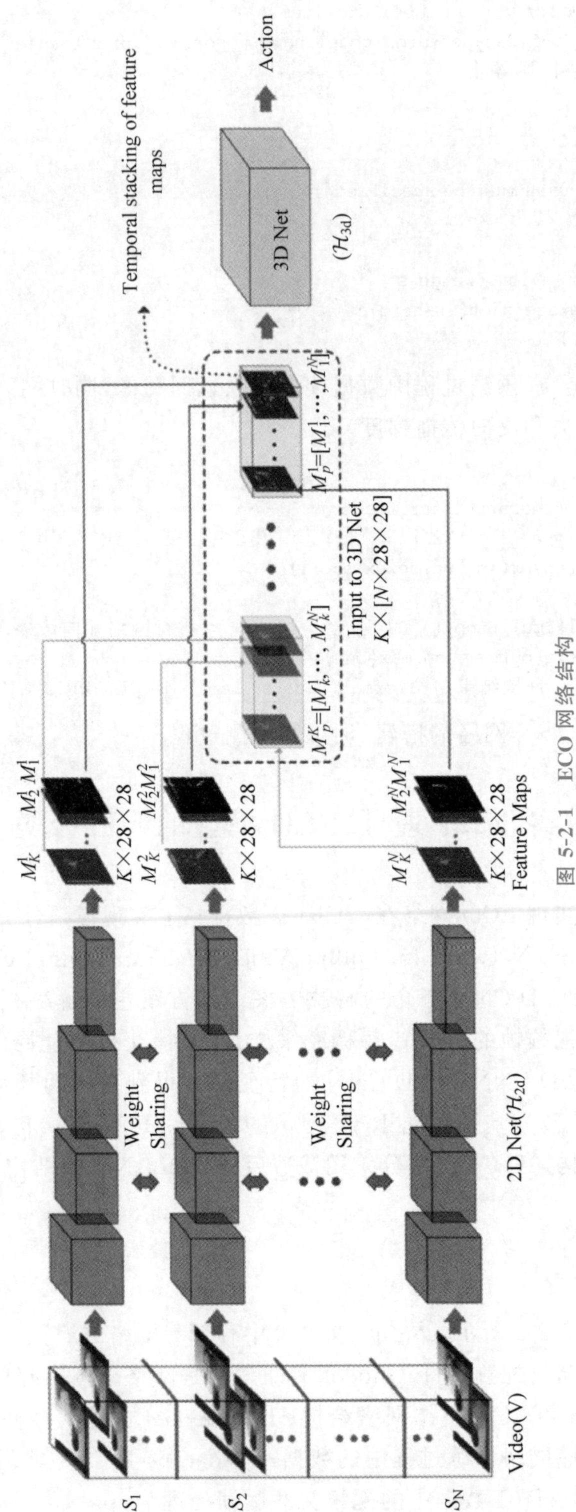

图 5-2-1　ECO 网络结构

成 pkl 文件中，并划分数据集生成训练、验证和测试集；train. py 和 infer. py 分别用于 TSN 的训练和测试。

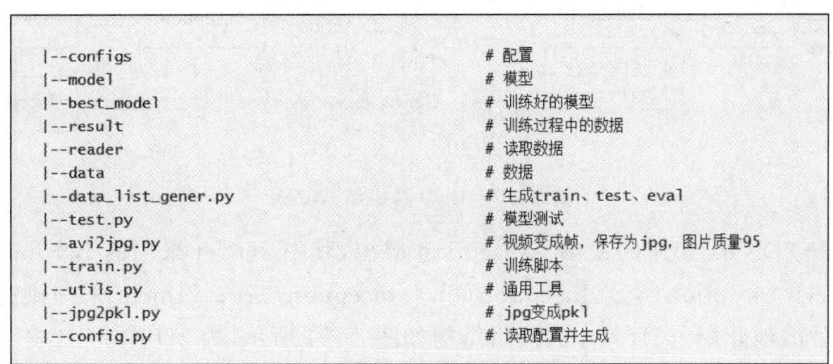

```
|--configs                              # 配置
|--model                                # 模型
|--best_model                           # 训练好的模型
|--result                               # 训练过程中的数据
|--reader                               # 读取数据
|--data                                 # 数据
|--data_list_gener.py                   # 生成train、test、eval
|--test.py                              # 模型测试
|--avi2jpg.py                           # 视频变成帧，保存为jpg，图片质量95
|--train.py                             # 训练脚本
|--utils.py                             # 通用工具
|--jpg2pkl.py                           # jpg变成pkl
|--config.py                            # 读取配置并生成
```

图 5-2-2　ECO 项目结构

步骤 2：认识 UCF101 数据集

1. 数据集概览

UCF101 是一个现实视频的动作识别数据集，收集自 YouTube，提供了来自 101 个动作类别的 13320 个视频。UCF101 是 UCF50 数据集的扩展。

UCF101 在动作方面提供了较大的多样性，并且在摄像机运动、对象外观和姿态、对象规模、视点、杂乱的背景、照明条件等方面有很大的变化。101 个动作类别中的视频被分成 25 组，每组中每一个动作会包含 4～7 个视频。同一组的视频可能有一些共同的特点，比如相似的背景，相似的观点等。

UCF101 解压后就是分类数据集的标准目录格式，二级目录名为人类活动类别也就是视频的标签，二级目录下就是对应的视频数据。每个短视频时长不等(零到十几秒都有)，分辨率为 320×240，帧率不固定，一般为 25 帧或 29 帧，一个视频中只包含一类动作行为。

预处理时，需要将 UCF101 中的视频数据逐帧分解为图像。相同的活动下，有不同的视频是截取自同一个长视频的片段，即视频中的人物和背景等特征基本相似。因此为了避免此类视频被分别划分到 train 和 test 集合引起训练效果不合实际而精度过高，UCF 提供了标准的 train 和 test 集合检索文件，有三种数据集划分方案。

2. 数据集下载

UCF101 数据集可通过以下链接下载：https://www.crcv.ucf.edu/data/UCF101/UCF101.rar。

步骤 3：视频预处理与加载

ECO 跟 TSN 网络在数据加载部分一样，需要将一个视频片段的多张视频帧作为输入，数据加载部分不再赘述，详见 5.1 节数据加载部分。

步骤 4：搭建 ECO 网络

ECO 的网络结构分为 2DNet、3DNet 和 2DNets 三个部分，如图 5-2-3 所示，其中 2D

Net 用于从视频帧中提取特征，3DNet 和 2DNets 用于融合各个视频帧的特征。

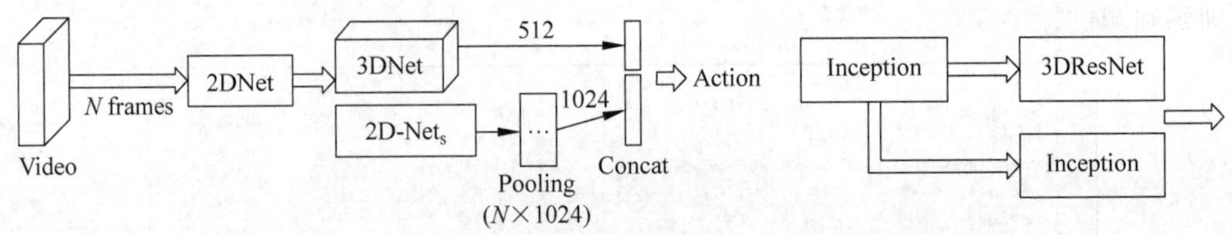

图 5-2-3　ECO 网络结构简图

2DNet 和 2DNets 采用的是 BN-Inception 架构，其中 2DNet 采用的 BN-Inception 架构的第一部分，即 Inception(3a)、Inception(3b)、Inception(3c)；2Dnets 采用则是 Inception(4a)层到最后的池化层。3D Net 的网络结构如图 5-2-4 所示，为 3D-Resnet18。

layer name	output size	2D-Net(H_{2D})	layer name	output size	3D-Net(H_{3D})
conv1_x	112×112	[2D conv 7×7 64]	conv3_x	28×28×N	$\begin{bmatrix}\text{3D conv } 3\times3\times3\ 128\\ \text{3D conv } 3\times3\times3\ 128\end{bmatrix}\times2$
pool1	56×56	[max pool 3×3]	conv4_x	14×14×$\lfloor N/2 \rfloor$	$\begin{bmatrix}\text{3D conv } 3\times3\times3\ 256\\ \text{3D conv } 3\times3\times3\ 256\end{bmatrix}\times2$
conv2_x	56×56	[2D conv 3×3 192]	conv5_x	7×7×$\lfloor N/4 \rfloor$	$\begin{bmatrix}\text{3D conv } 3\times3\times3\ 512\\ \text{3D conv } 3\times3\times3\ 512\end{bmatrix}\times2$
pool2	28×28	[max pool 3×3]		1×1×1	pooling, "#c"-d fc, softmax
inception(3a)	28×28	[–256]	—	—	—
inception(3b)	28×28	[–320]	—	—	—
inception(3c)	28×28	[–96]	—	—	—

图 5-2-4　3D-Resnet18 网络

在本次实验中应用的 API 接口如下。

```
paddle.nn.Conv3D(in_channels,
                 out_channels,
                 kernel_size,
                 stride = 1,
                 padding = 0,
                 dilation = 1,
                 groups = 1,
                 padding_mode = 'zeros',
                 weight_attr = None,
                 bias_attr = None,
                 data_format = 'NCDHW'):
```

该 OP 是三维卷积层（convolution3D layer），根据输入、卷积核、步长（stride）、填充（padding）、空洞大小（dilations）一组参数计算得到输出特征层大小。输入和输出是 NCDHW 或 NDHWC 格式，其中 N 是批尺寸，C 是通道数，D 是特征层深度，H 是特征层高度，W 是特征层宽度。三维卷积（Convlution3D）和二维卷积（Convlution2D）相似，但多了一维深度信息（depth）。如果 bias_attr 不为 False，卷积计算会添加偏置项。

- **in_channels**(int)：输入图像的通道数。
- **out_channels**(int)：由卷积操作产生的输出的通道数。

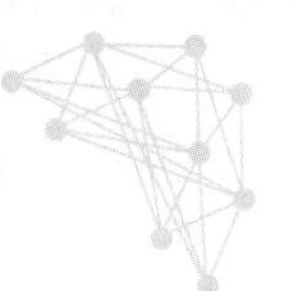

- **kernel_size** (int|list|tuple)：卷积核大小。可以为单个整数或包含三个整数的元组或列表，分别表示卷积核的深度、高和宽。如果为单个整数，表示卷积核的深度、高和宽都等于该整数。
- **stride**(int|list|tuple，可选)：步长大小。可以为单个整数或包含三个整数的元组或列表，分别表示卷积沿着深度、高和宽的步长。如果为单个整数，表示沿着高和宽的步长都等于该整数。默认值：1。
- **padding**(int | list | tuple | str，可选)：填充大小。如果它是一个字符串，可以是"VALID"或者"SAME"，表示填充算法，计算细节可参考上述 padding = "SAME" 或 padding = "VALID" 时的计算公式。如果它是一个元组或列表，它可以有 3 种格式。①包含 5 个二元组：当 data_format 为"NCDHW"时为 [[0,0], [0,0], [padding_depth_front, padding_depth_back], [padding_height_top, padding_height_bottom], [padding_width_left, padding_width_right]]，当 data_format 为"NDHWC"时为[[0,0], [padding_depth_front, padding_depth_back], [padding_height_top, padding_height_bottom], [padding_width_left, padding_width_right], [0,0]]。②包含 6 个整数值：[padding_depth_front, padding_depth_back, padding_height_top, padding_height_bottom, padding_width_left, padding_width_right]。③包含 3 个整数值：[padding_depth, padding_height, padding_width]，此时 padding_depth_front = padding_depth_back = padding_depth, padding_height_top = padding_height_bottom = padding_height, padding_width_left = padding_width_right = padding_width。若为一个整数，padding_depth = padding_height = padding_width = padding。默认值：0。
- **dilation**(int|list|tuple，可选)：空洞大小。可以为单个整数或包含三个整数的元组或列表，分别表示卷积核中的元素沿着深度、高和宽的空洞。如果为单个整数，表示深度、高和宽的空洞都等于该整数。默认值：1。
- **groups**(int，可选)：三维卷积层的组数。根据 Alex Krizhevsky 的深度卷积神经网络(CNN)论文中的成组卷积。当 group=n 时，输入和卷积核分别根据通道数量平均分为 n 组，第一组卷积核和第一组输入进行卷积计算，第二组卷积核和第二组输入进行卷积计算……第 n 组卷积核和第 n 组输入进行卷积计算。默认值：1。
- **padding_mode**(str，可选)：填充模式。包括 'zeros', 'reflect', 'replicate' 或者 'circular'。默认值：'zeros'。
- **weight_attr**(ParamAttr，可选)：指定权重参数属性的对象。默认值为 None，表示使用默认的权重参数属性。
- **bias_attr**(ParamAttr|bool，可选)：指定偏置参数属性的对象。若 bias_attr 为 bool 类型，只支持为 False，表示没有偏置参数。默认值为 None，表示使用默认的偏置参数属性。
- **data_format**(str，可选)：指定输入的数据格式，输出的数据格式将与输入保持一致，可以是"NCDHW"和"NDHWC"。N 是批尺寸，C 是通道数，D 是特征深度，H 是特征高度，W 是特征宽度。默认值："NCDHW"。

```
paddle.nn.BatchNorm3D(num_features,
                      momentum = 0.9,
                      epsilon = 1e - 05,
                      weight_attr = None,
                      bias_attr = None,
                      data_format = 'NCDHW',
                      name = None):
```

该接口用于构建 BatchNorm3D 类的一个可调用对象。可以处理 4D 的 Tensor，实现了批归一化层(Batch Normalization Layer)的功能，可用作卷积和全连接操作的批归一化函数，根据当前批次数据按通道计算的均值和方差进行归一化。

- num_features(int)：指明输入 Tensor 的通道数量。
- epsilon(float，可选)：为了数值稳定加在分母上的值。默认值：1×10^{-5}。
- momentum(float，可选)：此值用于计算 moving_mean 和 moving_var。默认值：0.9。
- weight_attr(ParamAttr|bool，可选)：指定权重参数属性的对象。如果为 False，则表示每个通道的伸缩固定为 1，不可改变。默认值为 None，表示使用默认的权重参数属性。
- bias_attr(ParamAttr，可选)：指定偏置参数属性的对象。如果为 False，则表示每一个通道的偏移固定为 0，不可改变。默认值为 None，表示使用默认的偏置参数属性。
- data_format(string，可选)：指定输入数据格式，数据格式可以为"NCDHW"。默认值为"NCDHW"。
- name(string，可选)：BatchNorm 的名称，默认值为 None。

```
paddle.nn.AdaptiveAvgPool3D(output_size,
                            data_format = 'NCDHW',
                            name = None):
```

该算子根据输入 x，output_size 等参数对一个输入 Tensor 计算 3D 的自适应平均池化。输入和输出都是 5-D Tensor，默认是以“NCDHW”格式表示的，其中 N 是 batch size，C 是通道数，D 是特征图长度，H 是输入特征的高度，W 是输入特征的宽度。

- output_size(int|list|tuple)：算子输出特征图的尺寸，如果其是 list 或 turple 类型的数值，必须包含三个元素，即 D，H 和 W。D，H 和 W 既可以是 int 类型值，也可以是 None，None 表示与输入特征尺寸相同。
- data_format(str，可选)：输入和输出的数据格式，可以是"NCDHW"和"NDHWC"。N 是批尺寸，C 是通道数，D 是特征长度，H 是特征高度，W 是特征宽度。默认值为"NCDHW"。
- name(str，可选)：操作的名称(可选，默认值为 None)。

3DNet：3DNet 采用的是 3D-Resnet18 的网络结构，首先搭建 3D-Resnet18 的基础结构 ConvBNLayer_3d。

ConvBNLayer_3d 与前面章节的 ConvBNLayer 相似，都是继承 paddle.nn.Layer，对于输入的特征先后经过 paddle.nn.Conv3D 和 paddle.nn.BatchNorm3D 进行 3D 卷积和 3D 的 BatchNorm。

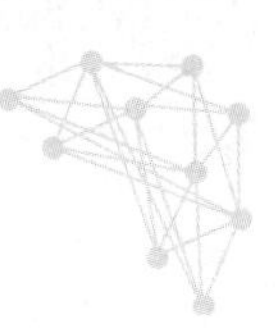

```
class ConvBNLayer_3d(nn.Layer):
    def __init__(self,
                 name_scope,
                 num_channels,
                 num_filters,
                 filter_size,
                 stride = 1,
                 groups = 1,
                 act = None):
        super(ConvBNLayer_3d, self).__init__(name_scope)
        self._conv = Conv3D(
            in_channels = num_channels,
            out_channels = num_filters,
            kernel_size = filter_size,
            stride = stride,
            padding = (filter_size - 1) // 2,
            groups = groups,
            bias_attr = False)
        self._batch_norm = BatchNorm3D (num_filters, act = act)
    def forward(self, inputs):
        y = self._conv(inputs)
        y = self._batch_norm(y)
        return y
```

BottleneckBlock_3d 用于构建 3D 残差块。与 2D 的残差块相似，将输入的特征顺序经过两次 Conv3D+BN 后，与原始输入的特征相加，构成跳跃链接的残差结构。其中，根据输入的 shortcut 参数，选择直接与原始输入特征相加还是原始输入特征经过卷积后再相加。

```
class BottleneckBlock_3d(nn.Layer):
    def __init__(self,name_scope,num_channels, num_filters,stride,
shortcut = True):
        super(BottleneckBlock_3d, self).__init__(name_scope)
        self.conv0 = ConvBNLayer_3d(self.full_name(),
num_channels = num_channels,num_filters = num_filters,filter_size = 3,act = 'relu')
        self.conv1 = ConvBNLayer_3d(self.full_name(),
            num_channels = num_filters,num_filters = num_filters,filter_size = 3,
            stride = stride,act = 'relu')
        if not shortcut:
            self.short = ConvBNLayer_3d(self.full_name(),
            num_channels = num_channels,num_filters = num_filters,filter_size = 3,
stride = stride)
        self.shortcut = shortcut
        self._num_channels_out = num_filters
    def forward(self, inputs):
        y = self.conv0(inputs)
        conv1 = self.conv1(y)
        if self.shortcut:
            short = inputs
        else:
            short = self.short(inputs)
        y = paddle.add(x = short, y = conv1)
        layer_helper = paddle.incubate.LayerHelper(self.full_name(), act = 'relu')
        return layer_helper.append_activation(y)
```

ResNet3D类用于构建3D-Resnet18网络。根据3D-Resnet18的网络结构，先后经过3组(每组两层卷积)卷积核数目分别为128、256、512的3D残差块。最后通过paddle. nn. AdaptiveAvgPool3D实现3D的平均池化，得到最后的特征。

```
class ResNet3D(nn.Layer):
    def __init__(self, name_scope, channels, modality = "RGB"):
        super(ResNet3D, self).__init__(name_scope)
        self.modality = modality
        self.channels = channels
        self.pool3d = nn.AdaptiveAvgPool3D(output_size = 1)
        depth_3d = [2, 2, 2] # part of 3dresnet18
        num_filters_3d = [128, 256, 512]
        self.bottleneck_block_list_3d = []
        num_channels_3d = self.channels
        for block in range(len(depth_3d)):
            shortcut = False
            for i in range(depth_3d[block]):
                bottleneck_block = self.add_sublayer(
                    'bb_%d_%d' % (block, i),
                    BottleneckBlock_3d(
                        self.full_name(),
                        num_channels = num_channels_3d,
                        num_filters = num_filters_3d[block],
                        stride = 2 if i == 0 and block != 0 else 1,
                        shortcut = shortcut))
                num_channels_3d = bottleneck_block._num_channels_out
                self.bottleneck_block_list_3d.append(bottleneck_block)
                shortcut = True
    def forward(self, inputs, label = None):
        y = inputs
        for bottleneck_block in self.bottleneck_block_list_3d:
            y = bottleneck_block(y)
        y = self.pool3d(y)
        return y
```

构建完3DNet后，接下里要构建2DNet和2DNets，继而构建整个ECO网络结构。ConvBNLayer构建一个卷积+BN的操作作为搭建ECO的2D网络的基础模块，具体详见5.1节卷积+BN部分。

LinConPoo类是实现BN-Inception网络结构的基础结构。LinConPoo类根据输入的列表内容，依次根据列表中的网络层搭建网络结构。

```
class LinConPoo(Layer):
    def __init__(self, sequence_list):
        '''
          实际上该类是用于'ConvBNLayer', `Conv2D`, `AvgPool2D`, `MaxPool2D`, `Linear`的排列组合
        super(LinConPoo, self).__init__()
        self.__sequence_list = copy.deepcopy(sequence_list)
        self._layers_squence = Sequential()
        self._layers_list = []
        LAYLIST = [ConvBNLayer, Conv2D, Linear, AvgPool2D, MaxPool2D]
        for i, layer_arg in enumerate(self.__sequence_list):
            if isinstance(layer_arg, dict):
```

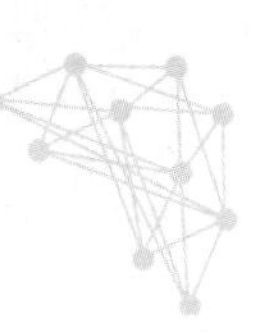

```
                layer_class = layer_arg.pop('type')
                # 实例化该层对象
                layer_obj = layer_class( * * layer_arg)
            elif isinstance(layer_arg, list):
                layer_class = layer_arg.pop(0)
                # 实例化该层对象
                layer_obj = layer_class( * layer_arg)
            else:
                raise ValueError("sequence_list 中, 每一个元素必须是列表或字典")
            # 指定该层的名字
            layer_name = layer_class.__name__ + str(i)
            # 将每一层添加到 `self._layers_list` 中
            self._layers_list.append((layer_name, layer_obj))
            self._layers_squence.add_sublayer( * (layer_name, layer_obj))
        self._layers_squence = Sequential( * self._layers_list)
    def forward(self, inputs, show_shape = False):
        return self._layers_squence(inputs)
```

接下来我们要构建整个 BN-Inception 网络的各个模块，如图 5-2-5 所示，BN-Inception 由 Inception(3a)、Inception(3b)、Inception(3c)、Inception(4a)、Inception(4b)、Inception(4c)、Inception(4d)、Inception(4e)、Inception(5a)、Inception(5b)多个模块组成，可以看到除了 Inception(3c)、Inception(4c)、Inception(5a)、Inception(5b)之外，其他层之间只是通道数目上的差异，而 Inception(3c)类、Inception(4c)类、Inception(5a)类、Inception(5b)类则采用了不同池化方式和步长。因此在这部分我们需要分别构建 Inception 类、Inception(3c)类、Inception(4c)类、Inception(5a)类、Inception(5b)类。

type	patch size/ stride	output size	depth	#1×1	#3×3 reduce	#3×3	double #3×3 reduce	double #3×3	Pool+proj
convolution*	7×7/2	112×112×64	1						
max pool	3×3/2	56×56×64	0						
convolution	3×3/1	56×56×192	1		64	192			
max pool	3×3/2	28×28×192	0						
inception(3a)		28×28×256	3	64	64	64	64	96	avg+32
inception(3b)		28×28×320	3	64	64	96	64	96	avg+64
inception(3c)	stride 2	28×28×576	3	0	128	160	64	96	max+pass through
inception(4a)		14×14×576	3	224	64	96	96	128	avg+128
inception(4b)		14×14×576	3	192	96	128	96	128	avg+128
inception(4c)		14×14×576	3	160	128	160	128	160	avg+128
inception(4d)		14×14×576	3	96	128	192	160	192	avg+128
inception(4e)	stride 2	14×14×1024	3	0	128	192	192	256	max+pass through
inception(5a)		7×7×1024	3	352	192	320	160	224	avg+128
inception(5b)		7×7×1024	3	352	192	320	192	224	max+128
avg pool	7×7/1	1×1×1024	0						

图 5-2-5 BN-Inception 网络结构

Inception 类用于构建 BN-Inception 网络的绝大多数模块。其结构如图 5-2-6 所示，输入的特征并行地进行 1×1 卷积+3×3 卷积+3×3 卷积、1×1+3×3 卷积、池化+1×1 卷积和 1×1 卷积四个支路，并将 4 个支路的特征融合。

其中 num_channels 表示传入特征通道数；ch1x1 表示 1×1 卷积操作的输出通道数；ch3x3reduced 表示 3×3 卷积之前的 1×1 卷积的通道数；ch3x3 表示 3×3 卷积操作的输出通道数；doublech3x3reduce 表示两个 3×3 卷积叠加之前的 1×1 卷积的通道数；doublech3x3_1 表示第一个 3×3 卷积操作的输出通道数；doublech3x3_2 表示第二个 3×3 卷积操作的输出通道数；pool_proj 表示池化操作之后 1×1 卷积的通道数。

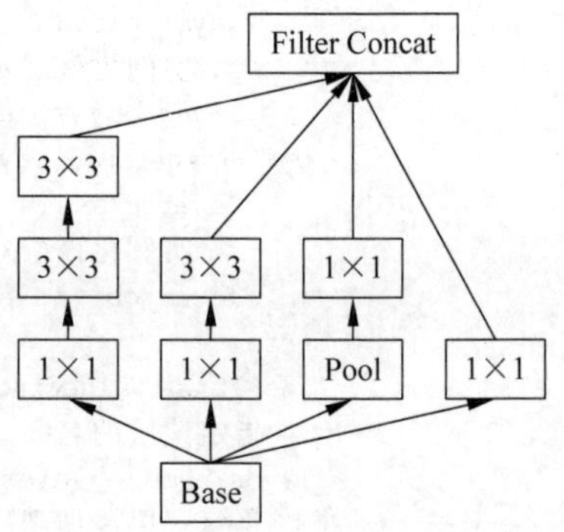

图 5-2-6　Inception 类结构示意

```
class Inception(nn.Layer):
    def __init__(self, num_channels, ch1x1, ch3x3reduced, ch3x3, doublech3x3reduced,
doublech3x3_1, doublech3x3_2,pool_proj):
        super(Inception, self).__init__()
        branch1_list = [
            {'type': ConvBNLayer, 'num_channels': num_channels, 'num_filters': ch1x1, 'filter_
size': 1, 'stride': 1,
             'padding': 0, 'act': 'relu'}]
        self.branch1 = LinConPoo(branch1_list)
        branch2_list = [
            {'type': ConvBNLayer, 'num_channels': num_channels, 'num_filters': ch3x3reduced,
'filter_size': 1,'stride': 1, 'padding': 0, 'act': 'relu'},
            {'type': ConvBNLayer, 'num_channels': ch3x3reduced, 'num_filters': ch3x3, 'filter_
size': 3, 'stride': 1,'padding': 1, 'act': 'relu'},]
        self.branch2 = LinConPoo(branch2_list)
        branch3_list = [
            {'type': ConvBNLayer, 'num_channels': num_channels, 'num_filters':
doublech3x3reduced, 'filter_size': 1, 'stride': 1, 'padding': 0, 'act': 'relu'},
            {'type': ConvBNLayer, 'num_channels': doublech3x3reduced, 'num_filters':
doublech3x3_1, 'filter_size': 3, 'stride': 1, 'padding': 1, 'act': 'relu'},
            {'type': ConvBNLayer, 'num_channels': doublech3x3_1, 'num_filters': doublech3x3_
2, 'filter_size': 3,
             'stride': 1, 'padding': 1, 'act': 'relu'},]
        self.branch3 = LinConPoo(branch3_list)
        branch4_list = [
            {'type': AvgPool2D, 'kernel_size': 3, 'stride': 1, 'padding': 1},
            {'type': ConvBNLayer, 'num_channels': num_channels, 'num_filters': pool_proj,
'filter_size': 1, 'stride': 1,'padding': 0, 'act': 'relu'},]
        self.branch4 = LinConPoo(branch4_list)
    def forward(self, inputs):
        branch1 = self.branch1(inputs)
        branch2 = self.branch2(inputs)
        branch3 = self.branch3(inputs)
        branch4 = self.branch4(inputs)
        outputs = paddle.concat([branch1, branch2, branch3, branch4], axis=1)
        return outputs
```

Inception(3c)类、Inception(4c)类、Inception(5a)类、Inception(5b)类与 Inception 类整体上比较相似。通过多个 LinConPoo 实例实现，仅在结构上有一些差异，在本部分不展开描

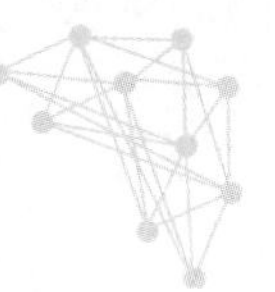

述，详细可参照 Inception 类。

接下来搭建整个的 ECO 网络。这部分主要通过之前定义好的 Resnet3D、Inception 的各个模块类，实现搭建 CEO 的整体网络结构的搭建。

首先是 BN-Inception 网络的部分，在 init()函数中，我们通过 Inception 类，实例化 inception_3a、inception_3b、inception_4a、inception_4b、inception_4c、inception_4d 的结构；通过 Inception3c 类、Inception4e 类、Inception5a 类、Inception5b 类分别实现 inception_3c、inception_4e、inception_5a、inception_5b 的实例化。

```
class GoogLeNet (nn.Layer):
    def __init__(self, class_dim = 101, seg_num = 12, seglen = 1, modality = "RGB", weight_
devay = None):
        self.seg_num = seg_num
        self.seglen = seglen
        self.modality = modality
        self.channels = 3 * self.seglen if self.modality == "RGB" else 2 * self.seglen
        super(GoogLeNet, self).__init__()
        part1_list = [
            {'type': ConvBNLayer, 'num_channels': self.channels, 'num_filters': 64, 'filter_
size': 7, 'stride': 2,
             'padding': 3, 'act': 'relu'},
            {'type': MaxPool2D, 'kernel_size': 3, 'stride': 2, 'padding': 1},]
        part2_list = [
            {'type': ConvBNLayer, 'num_channels': 64, 'num_filters': 64, 'filter_size': 1,
'stride': 1, 'padding': 0,'act': 'relu'},
            {'type': ConvBNLayer, 'num_channels': 64, 'num_filters': 192, 'filter_size': 3,
'stride': 1, 'padding': 1,'act': 'relu'},
            {'type': MaxPool2D, 'kernel_size': 3, 'stride': 2, 'padding': 1},]
        self.googLeNet_part1 = Sequential(
            ('part1', LinConPoo(part1_list)),
            ('part2', LinConPoo(part2_list)),
            ('inception_3a', Inception(192, 64, 64, 64, 64, 96, 96, 32)), ('inception_3b',
Inception(256, 64, 64, 96, 64, 96, 96, 64)), )
        self.before3d = Sequential(
            ('Inception3c', Inception3c(320, 128, 160, 64, 96, 96))
        )
        self.googLeNet_part2 = Sequential(
            ('inception_4a', Inception(576, 224, 64, 96, 96, 128, 128, 128)),
            ('inception_4b', Inception(576, 192, 96, 128, 96, 128, 128, 128)),
            ('inception_4c', Inception(576, 160, 128, 160, 128, 160, 160, 128)),
            ('inception_4d', Inception(608, 96, 128, 192, 160, 192, 192, 128)),
        )
        self.googLeNet_part3 = Sequential(
            ('inception_4e', Inception4e(608, 128, 192, 192, 256, 256, 608)),
            ('inception_5a', Inception5a(1056, 352, 192, 320, 160, 224, 224, 128)),
            ('inception_5b', Inception5b(1024, 352, 192, 320, 192, 224, 224, 128)),
            ('AvgPool1', AdaptiveAvgPool2D(1)), # [2,1024,1,1]
        )
```

然后，通过 Res3D 类实现 3DResNet 网络的实例化，并生成用于分类的全连接层。

```
self.res3d = Res3D.ResNet3D('resnet', modality = 'RGB', channels = 96)
                                                # channel 数与 2D 网络输出 channel 数一致
```

```
self.dropout1 = nn.Dropout(p=0.5)
self.softmax = nn.Softmax()
self.out = nn.Linear(in_features=1536, out_features=class_dim,
weight_attr=paddle.framework.ParamAttr(initializer=paddle.nn.initializer.XavierNormal())
self.dropout2 = nn.Dropout(p=0.6)
self.out_3d = []
```

在 forward()函数中,构建前向传播的过程。对于输入的多帧图像,与 TSN 一样,首先通过 reshape 融合在一起,再依次通过 inception_3a、inception_3b、inception_3c 提取特征。得到的特征分别输入到 ResNet3D 和 BN-Inception 剩余的结构中去。最后将两部分得到的特征进行融合,输出属于每个类的概率。

```
def forward(self, inputs, label=None):
    inputs = paddle.reshape(inputs, [-1, inputs.shape[2], inputs.shape[3], inputs.shape[4]])
    googLeNet_part1 = self.googLeNet_part1(inputs)
    googleNet_b3d, before3d = self.before3d(googLeNet_part1)
    if len(self.out_3d) == self.seg_num:
        self.out_3d[:self.seg_num - 1] = self.out_3d[1:]
        self.out_3d[self.seg_num - 1] = before3d
        for input_old in self.out_3d[:self.seg_num - 1]:
            input_old.stop_gradient = True
    else:
        while len(self.out_3d) < self.seg_num:
            self.out_3d.append(before3d)
    y_out_3d = self.out_3d[0]
    for i in range(len(self.out_3d) - 1):
        y_out_3d = paddle.concat([y_out_3d, self.out_3d[i + 1]], axis=0)
          y_out_3d = paddle.reshape(y_out_3d, [-1, self.seg_num, y_out_3d.shape[1], y_out_3d.
shape[2], y_out_3d.shape[3]])
          y_out_3d = paddle.reshape(y_out_3d, [y_out_3d.shape[0], y_out_3d.shape[2], y_out
_3d.shape[1], y_out_3d.shape[3], y_out_3d.shape[4]])
    out_final_3d = self.res3d(y_out_3d)
    out_final_3d = paddle.reshape(out_final_3d, [-1, out_final_3d.shape[1]])
    out_final_3d = self.dropout1(out_final_3d)
    out_final_3d = paddle.reshape(out_final_3d, [-1, self.seg_num, out_final_3d.shape[1]])
    out_final_3d = paddle.mean(out_final_3d, axis=1)
    googLeNet_part2 = self.googLeNet_part2(googleNet_b3d)
    googLeNet_part3 = self.googLeNet_part3(googLeNet_part2)
    googLeNet_part3 = self.dropout2(googLeNet_part3)
    out_final_2d = paddle.reshape(googLeNet_part3, [-1, googLeNet_part3.shape[1]])
    out_final_2d = paddle.reshape(out_final_2d, [-1, self.seg_num, out_final_2d.shape[1]])
    out_final_2d = paddle.mean(out_final_2d, axis=1)
    out_final = paddle.concat([out_final_2d, out_final_3d], axis=1)
    out_final = self.out(out_final)
    if label is not None:
        acc = paddle.metric.Accuracy().compute(out_final, label)
        return out_final, acc
    else:
        return out_final
```

步骤 5:训练 ECO 网络

接下来实现 ECO 网络的训练过程。首先,依次加载配置文件,实例化网络,实例化优化

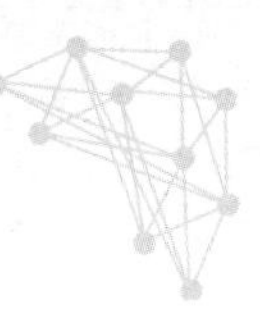

器，创建训练数据读取器，创建验证数据读取器，创建优化器，定义损失函数。然后，通过 traindataloder 类，加载视频图像和对应的标注送入 ECO 网络，计算精度和损失。在进行反向转播和优化器优化后就完成了一次的迭代训练。

```
def train(args):
    paddle.set_device('gpu')                                  #使用 gpu 进行训练
    config = parse_config(args.config)                        #读取输入的参数
    train_config = merge_configs(config, 'train', vars(args)) #将输入的参数与配置文
    train_model = ECO.GoogLeNet(train_config['MODEL']['num_classes'],
                  train_config['MODEL']['seg_num'],
                  train_config['MODEL']['seglen'], 'RGB', 0.00002)
    opt = paddle.optimizer.Momentum(0.005, 0.9, parameters = train_model.parameters())
    train_reader = KineticsReader(args.model_name.upper(), 'train', train_config)
    traindataloder = paddle.io.DataLoader(train_reader, batch_size = train_config['TRAIN']
['batch_size'],
          num_workers = 0, drop_last = True, collate_fn = train_reader.collate_fn,batch_
sampler = None)
    epochs = args.epoch or train_model.epoch_num()
    #定义损失函数计算方式
    CrossEntropyLoss = nn.CrossEntropyLoss(reduction = 'mean')
    for i in range(epochs):
        train_model.train()
        for batch_id, data in enumerate(traindataloder):
            img = data[0].astype('float32')
            label = data[1].astype('int64')
            label.stop_gradient = True
            out, acc = train_model(img, label)                #前向传播得到结果
            if out is not None:
                avg_loss = CrossEntropyLoss(out, label)       #计算损失值
                avg_loss.backward()                           #反向传播
                opt.step()
                opt.clear_grad()
                if batch_id % 200 == 0:
                    #每迭代 200 次,保存一次模型
                    paddle.save(train_model.state_dict(), args.save_dir + '/ucf_model_v2/
gen_b2a.pdparams')
```

步骤 6：视频预测

模型预测的部分与训练过程相似，但不再需要损失计算和梯度反向传播。

```
def eval(args):
    config = parse_config(args.config)                        #读取输入的参数
    val_config = merge_configs(config, 'test', vars(args))    #将输入的参数与配置文件中
                                                               的参数进行合并
    paddle.set_device('gpu')                                  #使用 gpu 进行预测
    val_model = ECO.GoogLeNet(val_config['MODEL']['num_classes'],
                val_config['MODEL']['seg_num'],
                val_config['MODEL']['seglen'], 'RGB')         #创建测试网络
    label_dic = np.load('label_dir.npy', allow_pickle = True).item()
    label_dic = {v: k for k, v in label_dic.items()}
    val_reader = KineticsReader(args.model_name.upper(), 'test', val_config)
```

```
    valdataloder = paddle.io.DataLoader(val_reader, batch_size = val_config['TEST']['batch_size'],
            num_workers = 0, collate_fn = val_reader.collate_fn, batch_sampler = None)
    weights = args.weights
    model = paddle.load(weights)
    val_model.set_state_dict(model)
    val_model.eval()
    acc_list = []
    for batch_id, data in enumerate(valdataloder):
        dy_x_data = data[0].astype('float32')
        y_data = data[1].astype('int64')
        img = paddle.to_tensor(dy_x_data)
        label = paddle.to_tensor(y_data)
        label.stop_gradient = True
        out, acc = val_model(img, label)                        #进行前向传播,预测结果
        acc_list.append(acc.numpy()[0])
print("测试集准确率为:{}".format(np.mean(acc_list)))
```

至此，我们就完成了ECO网络的搭建、训练和预测过程，你学会了吗？

基于TimeSformer模型的视频分类

5.3 实践三：基于TimeSformer模型的视频分类

在前面的实践中，我们通过Transformer结构实现了图像分类、目标检测和图像分类。这不禁使我们思考，视频是由一系列的图像帧组成的，那么Transformer是否在视频分类领域也能有所应用呢？在本次实践中，我们将实现Transformer在视频分类领域的经典算法TimeSformer，从而在UCF101数据集上进行视频分类。

TimeSformer是Facebook AI于2021年提出的无卷积视频分类方法，将标准的Transformer体系结构适应于视频分类。视频任务与图像不同，不仅包含空间信息，还包含时间信息。TimeSformer针对这一特性，对一系列的帧级图像块进行时空特征提取，从而适配视频任务。TimeSformer在多个行为识别基准测试中达到了SOTA效果，其中包括TimeSformer-L，以更短的训练用时（Kinetics-400数据集训练用时39小时）在Kinetics-400上达到了80.7%的准确率，超过了经典的基于CNN的视频分类模型TSN、TSM及Slowfast方法。而且，与3D卷积网络相比，TimeSformer的模型训练速度更快，也拥有更高的测试效率。

步骤1：UCF101数据集预处理与加载

1. 数据集概览

在本次实践中，我们依旧使用视频分类UCF101的数据集。数据集格式如图5-3-1所示，UCF101目录下存放着用每一个类名命名的文件夹，每个文件夹下为对应该类别的视频片段。

ucf101_train_video.txt和ucf101_val_videos.txt两个文档分别存储用于训练和验证的视频，其部分内容如图5-3-2所示，每行为一个样本数据，分别记录视频的路径和视频所属类别，中间用空格隔开。

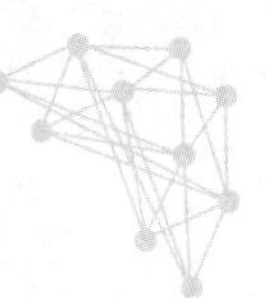

```
├── ucf101_{train,val}_videos.txt
├── ucf101
|   ├── ApplyEyeMakeup
|   |   ├── v_ApplyEyeMakeup_g01_c01.avi
|   |   └── ...
|   ├── YoYo
|   |   ├── v_YoYo_g25_c05.avi
|   |   └── ...
|   └── ...
```

图 5-3-1　UCF101 数据集结构

```
ucf101/ApplyEyeMakeup/v_ApplyEyeMakeup_g01_c01 0
ucf101/ApplyEyeMakeup/v_ApplyEyeMakeup_g01_c02 0
ucf101/ApplyEyeMakeup/v_ApplyEyeMakeup_g01_c03 0
ucf101/ApplyEyeMakeup/v_ApplyEyeMakeup_g01_c04 0
```

图 5-3-2　训练、验证文档示例

2. 数据处理与加载

在进行数据处理的过程中，我们需要对视频进行解帧、抽帧，将视频转换成一系列的图像。在这里我们通过 VideoDecoder 类来实现解帧和抽帧的过程（该部分代码主要为基础的视频解帧处理，就不展开展示了）。

```
class VideoDecoder(object):
  """
  Decode mp4 file to frames.
  Args:
    filepath: the file path of mp4 file
  """
  def __init__(self,
          backend = 'pyav',
          mode = 'train',
          sampling_rate = 32,
          num_seg = 8,
          num_clips = 1,
          target_fps = 30):
    ......
  def __call__(self, results):
    """
    Perform mp4 decode operations.
    return:
      List where each item is a numpy array after decoder.
    """
    ......
```

Sampler 类以 VideoDecoder 类解帧后的图像为输入，对视频进行分段，并在每段中抽取指定数目的视频帧（该部分代码主要为基础的数据操作，就不展开展示了）。

```
class Sampler(object):
  def __init__(self,
          num_seg,
          seg_len,
          valid_mode = False,
          select_left = False,
          dense_sample = False,
          linspace_sample = False):
    ......

  def __call__(self, results):
```

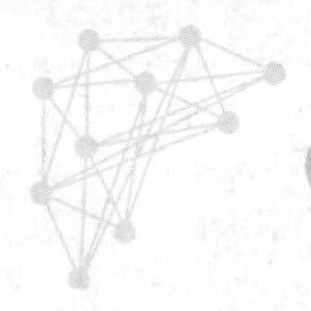

```
    """
    Args:
      frames_len: length of frames.
    return:
      sampling id.
    """
    ......
```

将视频处理成图像之后,要对每个图象进行预处理的操作。其中包括：通过 Normalization 类实现图像归一化；通过 Image2Array 类将图像由 PIL.Image 格式转化为 numpy array 格式；通过 JitterScale 类将图像的短边随机 resize 到 min_size 至 max_size 之间的某一数值,长边等比例缩放；通过 RandomCrop 和 UniformCrop 对图像进行不同方式的裁剪；通过 RandomFlip 对图像进行随机翻转。

定义完各种用于数据处理的类后,我们通过 Compose 类来实现由视频到处理后图像序列的转换。

```
class Compose(object):
  def __init__(self, train_mode = False):
    self.pipelines = []
    if train_mode:
      self.pipelines.append(VideoDecoder(mode = 'train'))
      self.pipelines.append(Sampler(num_seg = 8, seg_len = 1, valid_mode = False, linspace_
sample = True))
    else:
      self.pipelines.append(VideoDecoder(mode = 'test'))
      self.pipelines.append(Sampler(num_seg = 8, seg_len = 1, valid_mode = True, linspace_
sample = True))
    self.pipelines.append(Normalization(mean = [0.45, 0.45, 0.45], std = [0.225, 0.225,
0.225], tensor_shape = [1, 1, 1, 3]))
    self.pipelines.append(Image2Array(data_format = 'cthw'))
    if train_mode:
      self.pipelines.append(JitterScale(min_size = 256, max_size = 320))
      self.pipelines.append(RandomCrop(target_size = 224))
      self.pipelines.append(RandomFlip())
    else:
      self.pipelines.append(JitterScale(min_size = 224, max_size = 224))
      self.pipelines.append(UniformCrop(target_size = 224))
```

接下来我们继承 paddle 的 Dataset 来构建一个数据读取器 VideoDataset 类，在迭代的过程中通过 getitem()函数调用 prepare_train()和 prepare_test()函数来加载训练、验证和测试过程中所需要的数据。需要注意的是,这里我们返回的每个数据是从一个视频片段中抽取的多帧图像。

```
class VideoDataset(paddle.io.Dataset):
  def __init__(self, file_path, pipeline, num_retries = 5, suffix = '', test_mode = False):
    self.file_path = file_path
    self.pipeline = pipeline
    self.num_retries = num_retries
    self.suffix = suffix
    self.info = self.load_file()
    self.test_mode = test_mode
```

```
    super(VideoDataset, self).__init__()
  def load_file(self):
    """Load index file to get video information."""
    ......
  def prepare_train(self, idx):
    """TRAIN & VALID. Prepare the data for training/valid given the index."""
    for ir in range(self.num_retries):
      results = copy.deepcopy(self.info[idx])
      results = self.pipeline(results)
    return results['imgs'], np.array([results['labels']])
  def prepare_test(self, idx):
    """TEST. Prepare the data for test given the index."""
    for ir in range(self.num_retries):
      results = copy.deepcopy(self.info[idx])
      results = self.pipeline(results)
    return results['imgs'], np.array([results['labels']])
  def __getitem__(self, idx):
    """ Get the sample for either training or testing given index"""
    if self.test_mode:
      return self.prepare_test(idx)
    else:
      return self.prepare_train(idx)
```

步骤 2：TimeSformer 模型搭建

TimeSformer 的模型包括三部分内容：主干网络 VIT，TimeSformer 模型的头部预测部分（包括输出层设置和使用的损失函数等）以及将主干网络和头部进行封装的 RecognizerTransformer。接下来我们将分别完成这三部分的实现。

（1）VIT。

在构建 VIT 的过程中，我们要依次实现 MLP、Attention、PatchEmbed 和 Block 类，并在最后通过 VisionTransformer 类来实现整个 VIT 的结构。其中，MLP、Attention 是 Transformer 的基础结构（我们在 2.5 节中已经实现了，在这里就不再重复）。

PatchEmbed 类用于对输入的图像进行 Embedding。因为输入的是视频的图像序列，所以在进行转换前要先对输入数据的维度进行调整，将 Batch 和时间序列合并在一起（在 5.1 节和 5.2 节中我们也采用了一样的操作），由 $[B, T, C, H, W]$ 变换成 $[BT, C, H, W]$。

```
class PatchEmbed(nn.Layer):
  def __init__(self,
          img_size=224,
          patch_size=16,
          in_channels=3,
          embed_dim=768):
    super().__init__()
    img_size = to_2tuple(img_size)
    patch_size = to_2tuple(patch_size)
    num_patches = (img_size[1] // patch_size[1]) * (img_size[0] //
                            patch_size[0])
    self.img_size = img_size
    self.patch_size = patch_size
```

```
        self.num_patches = num_patches
        self.proj = nn.Conv2D(in_channels,
                              embed_dim,
                              kernel_size = patch_size,
                              stride = patch_size)

    def forward(self, x):
        B, C, T, H, W = x.shape
        x = x.transpose((0, 2, 1, 3, 4))
        x = x.reshape([B * T if B > 0 else -1, C, H, W])
        x = self.proj(x)
        W = x.shape[-1]
        x = x.flatten(2).transpose((0, 2, 1))
        return x, T, W # [BT', nH'nW', embed_dim], T', nW'
```

Block 类是 TimeSformer 模型的核心部分。我们通过 Block 类来实现分开的时空注意力机制(divided space-time attention)，因此在 init()函数中，我们要分别实例化时间注意力和空间注意力。

```
class Block(nn.Layer):
    def __init__(self,
                 dim,
                 num_heads,
                 mlp_ratio = 4.0,
                 qkv_bias = False,
                 qk_scale = None,
                 drop = 0.0,
                 attn_drop = 0.0,
                 drop_path = 0.1,
                 act_layer = nn.GELU,
                 norm_layer = 'nn.LayerNorm',
                 epsilon = 1e-5,
                 attention_type = 'divided_space_time'):
        super().__init__()
        self.attention_type = attention_type
        self.norm1 = eval(norm_layer)(dim, epsilon = epsilon)
        self.attn = Attention(dim,
                              num_heads = num_heads,
                              qkv_bias = qkv_bias,
                              qk_scale = qk_scale,
                              attn_drop = attn_drop,
                              proj_drop = drop)
        # Temporal Attention Parameters
        if self.attention_type == 'divided_space_time':
            self.temporal_norm1 = eval(norm_layer)(dim, epsilon = epsilon)
            self.temporal_attn = Attention(dim,
                                           num_heads = num_heads,
                                           qkv_bias = qkv_bias,
                                           qk_scale = qk_scale,
                                           attn_drop = attn_drop,
                                           proj_drop = drop)
            self.temporal_fc = nn.Linear(dim, dim)
        self.drop_path = DropPath(drop_path) if drop_path > 0. else Identity()
```

```
        self.norm2 = eval(norm_layer)(dim, epsilon=epsilon)
        mlp_hidden_dim = int(dim * mlp_ratio)
        self.mlp = Mlp(in_features=dim,
                       hidden_features=mlp_hidden_dim,
                       act_layer=act_layer,
                       drop=drop)
```

如图 5-3-3 所示，在前向传播的过程中，对于输入的特征先后进行时间注意力、空间注意力和 MLP。其中，在时间注意力中，图像块仅和其余帧对应位置提取出的图像块进行 attention；在空间注意力中，图像块仅和同一帧提取出的图像块进行 attention。

```
    def forward(self, x, B, T, W):
        num_spatial_tokens = (x.shape[1] - 1) // T # nHnW
        H = num_spatial_tokens // W # nH
        ########## Temporal ##########
        xt = x[:, 1:, :] # [B, nHnW*T, embed_dim]
        _b, _h, _w, _t, _m = B, H, W, T, xt.shape[-1]
        xt = xt.reshape([_b * _h * _w if _b > 0 else -1, _t, _m])
        res_temporal = self.drop_path( self.temporal_attn(self.temporal_norm1(xt)))
        _b, _h, _w, _t, _m = B, H, W, T, res_temporal.shape[-1]
        res_temporal = res_temporal.reshape([_b, _h * _w * _t, _m])
        res_temporal = self.temporal_fc(res_temporal)
        xt = x[:, 1:, :] + res_temporal
        ########## Spatial ##########
        init_cls_token = x[:, 0, :].unsqueeze(1)
        cls_token = init_cls_token.tile((1, T, 1))
        _b, _t, _m = cls_token.shape
        cls_token = cls_token.reshape([_b * _t, _m]).unsqueeze(1)
        xs = xt
        _b, _h, _w, _t, _m = B, H, W, T, xs.shape[-1]
        xs = xs.reshape([_b, _h, _w, _t, _m]).transpose(
          (0, 3, 1, 2, 4)).reshape([_b * _t if _b > 0 else -1, _h * _w, _m])
        xs = paddle.concat((cls_token, xs), axis=1)
        res_spatial = self.drop_path(self.attn(self.norm1(xs)))
        cls_token = res_spatial[:, 0, :]
        _b, _t, _m = B, T, cls_token.shape[-1]
        cls_token = cls_token.reshape([_b, _t, _m])
        cls_token = paddle.mean(cls_token, axis=1, keepdim=True)
        res_spatial = res_spatial[:, 1:, :]
        _b, _t, _h, _w, _m = B, T, H, W, res_spatial.shape[-1]
        res_spatial = res_spatial.reshape([_b, _t, _h, _w, _m]).transpose(
          (0, 2, 3, 1, 4)).reshape([_b, _h * _w * _t, _m])
        res = res_spatial
        x = xt
        x = paddle.concat((init_cls_token, x), axis=1) + paddle.concat(
          (cls_token, res), axis=1)
        x = x + self.drop_path(self.mlp(self.norm2(x)))
        return x
```

完成所需的各个模块后，接下来通过 VisionTransformer 类来实现 VIT 结构的搭建。这部分与 2.5 节中相似，不同之处在于使用了带有时间 attention 的 block。因此，需要添加与之对应的 Time Embeddings 部分。

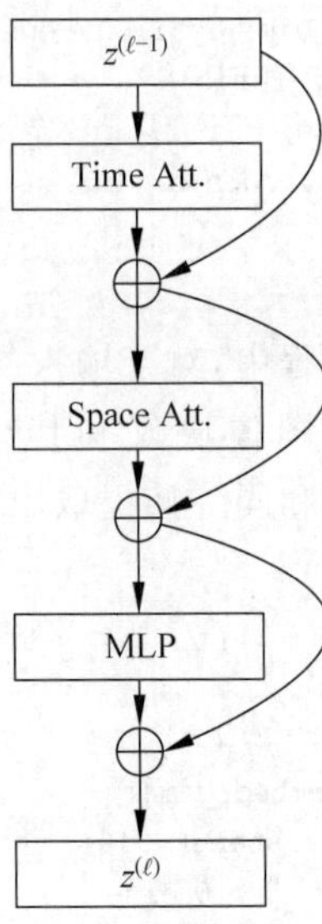

图 5-3-3　分离的空间注意力和时间注意力

```
class VisionTransformer(nn.Layer):
  """ Vision Transformer with support for patch input
def forward_features(self, x):
......
      # Time Embeddings
      if self.attention_type != 'space_only':
        cls_tokens = x[:B, 0, :].unsqueeze(1) if B > 0 else x.split(T)[0].index_select(paddle.
to_tensor([0]), axis = 1)
        x = x[:, 1:] # [BT, nHnW, embed_dim]
        _bt, _n, _m = x.shape
        _b = B
        _t = _bt // _b if _b != - 1 else T
        x = x.reshape([_b, _t, _n, _m]).transpose(
          (0, 2, 1, 3)).reshape([_b * _n if _b > 0 else - 1, _t, _m]) # [B * nHnW, T', embed_dim]
        time_interp = (T != self.time_embed.shape[1])
        if time_interp: # T' != T
          time_embed = self.time_embed.transpose((0, 2, 1)).unsqueeze(0)
          new_time_embed = F.interpolate(time_embed,
                                size = (T, x.shape[ - 1]),
                                mode = 'nearest').squeeze(0)
          x = x + new_time_embed
        else:
          x = x + self.time_embed
        x = self.time_drop(x) # [B * nHnW, T', embed_dim]
        _bn, _t, _m = x.shape
        _b = B
        x = x.reshape([_b, _n * _t, _m] if _n > 0 else [_b, W * W * T, _m])
        x = paddle.concat((cls_tokens, x), axis = 1) # [B, 1 + nHnW * T', embed_dim]
      for blk in self.blocks:
        x = blk(x, B, T, W)
```

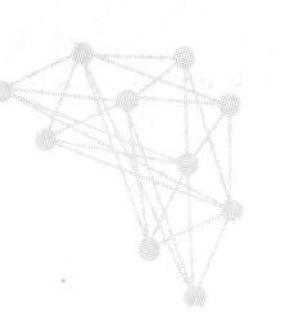

```
    x = self.norm(x)
    return x[:, 0] # [B, 1, embed_dim]
```

(2) TimeSformer 模型的头部预测部分。

接下来，通过 TimeSformerHead 来实现 TimeSformer 用于预测的分类层和损失函数。其中，分类层采用的是对应 VIT 输入维度和分类数目的全连接层，损失函数采用的则是分类任务中常见的交叉熵损失。

```
class TimeSformerHead(nn.Layer):
  """TimeSformerHead Head."""
  def __init__(self,
          num_classes,
          in_channels,
          std = 0.02,
          ls_eps = 0.):

    super().__init__()
    self.std = std
    self.num_classes = num_classes
    self.in_channels = in_channels
    self.fc = Linear(self.in_channels, self.num_classes)
    self.loss_func = paddle.nn.CrossEntropyLoss()
    self.ls_eps = ls_eps

  def forward(self, x):
    score = self.fc(x)
    return score

  def loss(self, scores, labels, valid_mode = False, **kwargs):
    if len(labels) == 1: #commonly case
      labels = labels[0]
      losses = dict()
      if self.ls_eps != 0. and not valid_mode: # label_smooth
        loss = self.label_smooth_loss(scores, labels, **kwargs)
      else:
        loss = self.loss_func(scores, labels, **kwargs)
      top1, top5 = self.get_acc(scores, labels, valid_mode)
      losses['top1'] = top1
      losses['top5'] = top5
      losses['loss'] =
      return losses
    else:
      raise NotImplemented
```

(3) Recognizer Transformer。

定义了 VIT 和 TimeSformer 的预测头部网络后，通过 RecognizerTransformer 类来实现整个 TimeSformer 的网络结构。在__init__()函数中传入 backbone 和 head。当进行前向传播的过程时候，输入的图像序列先通过 backbone 提取特征，再将提取的特征输入 head 就实现了最终的分类。

```
class RecognizerTransformer(nn.Layer):
  """Transformer's recognizer model framework."""
```

```
    def __init__(self, backbone = None, head = None):
        super().__init__()
        self.backbone = backbone
        self.backbone.init_weights()
        self.head = head
        self.head.init_weights()
    def forward_net(self, imgs):
        if self.backbone != None:
            feature = self.backbone(imgs)
        else:
            feature = imgs
        if self.head != None:
            cls_score = self.head(feature)
        else:
            cls_score = None
        return cls_score
```

步骤 3：模型训练与验证

(1) 准备工作。

在进行模型的训练和验证前，我们需要先实例化在训练和验证过程中所需的数据读取器、网络结构、优化器（训练过程）。在实例化网络结构的过程中，我们首先实例化用于提取特征的 VIT 和用于最后预测结果的 head，然后将 VIT 和 head 作为输入实例化我们的 TimeSformer 网络。

```
timesformer = VisionTransformer(pretrained = pretrained,
                                img_size = img_size,
                                patch_size = patch_size,
                                in_channels = in_channels_backbone,
                                embed_dim = embed_dim,
                                depth = depth,
                                num_heads = num_heads,
                                mlp_ratio = mlp_ratio,
                                qkv_bias = qkv_bias,
                                epsilon = epsilon,
                                seg_num = seg_num,
                                attention_type = attention_type
                                )
head = TimeSformerHead(num_classes = num_classes,
                       in_channels = in_channels_head,
                       std = std
                       )
model = RecognizerTransformer(backbone = timesformer, head = head)
```

数据集的加载则需要通过我们定义的 VideoDataset 类、用于分布式批采样的 paddle.io.DistributedBatchSampler 以及我们常用的用于返回数据的迭代器的 paddle.io.DataLoader 来分别实现训练集和验证集的加载（代码部分仅展示训练集的加载）。

```
train_pipeline = Compose(train_mode = True)
train_dataset = VideoDataset(file_path = train_file_path, pipeline = train_pipeline, suffix =
suffix)
```

```
train_sampler = paddle.io.DistributedBatchSampler(
  train_dataset,
  batch_size = batch_size,
  shuffle = train_shuffle,
  drop_last = True
)
train_loader = paddle.io.DataLoader(
  train_dataset,
  num_workers = num_workers,
  batch_sampler = train_sampler,
  places = paddle.set_device('gpu'),
  return_list = True
)
```

优化器采用的是 Momentum，其中学习率不再设定为固定的值，而是采用的逐步衰减的策略(paddle.optimizer.lr.MultiStepDecay 实现)。

```
lr = paddle.optimizer.lr.MultiStepDecay(learning_rate = learning_rate, milestones =
milestones, gamma = gamma)
optimizer = paddle.optimizer.Momentum(
  learning_rate = lr,
  momentum = momentum,
  parameters = model.parameters(),
  weight_decay = paddle.regularizer.L2Decay(0.0001),
  use_nesterov = True
)
```

(2) 模型训练。

完成准备工作之后就可以开始模型的训练了。训练过程由两层循环构成。第一层控制全部数据的训练次数，第二层则完成每次 batch 的训练，依次进行前向传播、反向传播、优化参数和情况梯度。值得注意的是，考虑视频和模型占用的显存较高，这里添加了梯度累加的模式，可以在显存不足的情况下增大 batchsize。

```
for epoch in range(0, epochs):
    model.train()
    record_list = build_record(framework)
    tic = time.time()
    for i, data in enumerate(train_loader):
      record_list['reader_time'].update(time.time() - tic)
      # 4.1 forward
      outputs = model.train_step(data)
      # 4.2 backward
      if use_gradient_accumulation and i == 0:
        optimizer.clear_grad()
      avg_loss = outputs['loss']
      avg_loss.backward()
      # 4.3 minimize
      if use_gradient_accumulation:
        if (i + 1) % num_iters == 0:
          for p in model.parameters():
            p.grad.set_value(p.grad / num_iters)
```

```
            optimizer.step()
            optimizer.clear_grad()
        else:
            optimizer.step()
            optimizer.clear_grad()
    # learning rate epoch step
    lr.step()
```

（3）模型验证。

在模型验证之前，我们先定义用于计算精度的 CenterCropMetric 类。通过 CenterCropMetric 类，可以计算验证过程中的 TOP1 和 TOP5 的精度。

```
class CenterCropMetric(object):
    def __init__(self, data_size, batch_size, log_interval=1):
        super().__init__()
        self.data_size = data_size
        self.batch_size = batch_size
        self.log_interval = log_interval
        self.top1 = []
        self.top5 = []
    def update(self, batch_id, data, outputs):
        """update metrics during each iter"""
        labels = data[1]
        top1 = paddle.metric.accuracy(input=outputs, label=labels, k=1)
        top5 = paddle.metric.accuracy(input=outputs, label=labels, k=5)

        self.top1.append(top1.numpy())
        self.top5.append(top5.numpy())
        if batch_id % self.log_interval == 0:
            print("[TEST] Processing batch {}/{} ...".format(
                batch_id,
                self.data_size // self.batch_size))
    def accumulate(self):
        """accumulate metrics when finished all iters."""
        print('[TEST] finished, avg_acc1 = {}, avg_acc5 = {} '.format(
            np.mean(np.array(self.top1)), np.mean(np.array(self.top5))))
```

完成 CenterCropMetric 类后，就可以开始验证过程了。验证的过程相对而言比较简单，开启模型的验证模式，加载训练好的参数。在每次迭代的过程中，将数据输入网络，并将得到的输出和标注通过 CenterCropMetric 计算 TOP1 和 TOP5 的精度。

```
model.eval()
state_dicts = load(weights)
model.set_state_dict(state_dicts)
data_size = len(valid_loader)
metric = CenterCropMetric(data_size=data_size, batch_size=val_batch_size)
for batch_id, data in enumerate(valid_loader):
    outputs = model.test_step(data)
    metric.update(batch_id, data, outputs)
metric.accumulate()
```

步骤 4：模型预测

在模型预测的过程要对每一个视频预测其所归属的类别。对于网络输出的结果，要通

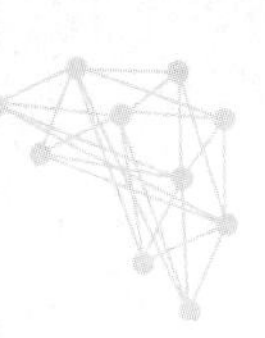

过 softmax 转化为每个类别的置信度,置信度最高的类别就是网络预测的结果。

```
model.eval()
state_dicts = paddle.load(model_file)
model.set_state_dict(state_dicts)
for batch_id, data in enumerate(test_loader):
  _, labels = data
  outputs = model.test_step(data)
  scores = F.softmax(outputs)
  class_id = paddle.argmax(scores, axis = -1)
  pred = class_id.numpy()[0]
  label = labels.numpy()[0][0]
```

至此,我们就实现了 TimeSformer,快去动手试一试吧!

第6章 图像生成

图像生成是指利用计算机基于某种要求生成逼真的属于目标域的图像。图像生成是计算机视觉、计算机图形学等领域的重要研究方向，具有广泛的应用：由一段文字生成图像、图像在不同模态间的转换、图像的修复、编辑、去模糊、超分辨率等。基于描述生成逼真图像却要困难得多，需要多年的平面设计训练。在机器学习中，这属于一项生成任务，相较于判别任务要难得多。因为生成模型必须基于更小的种子输入产出更丰富的信息(如具有某些细节和变化的完整图像)。近年来，图像生成建模领域出现了不少成果，其中最前沿的是GAN，它能直接从数据中学习，生成高保真、多样化的图像。虽然GAN的训练是动态的，而且对各方面的设置都很敏感(从优化参数到模型架构)，但大量研究已经证实，这种方法可以在各种环境中稳定训练。到目前为止，GAN模型已经是图像生成模型的首选之一了。图6-0-1所示为不同GAN模型生成的图像。

图 6-0-1　不同 GAN 模型生成的图像

2016年，Scott Reed、Honglak Lee等人开发了一种新的GAN架构，以有效地桥接文本和图像建模之间的步骤，将视觉概念从字符转换为像素。他们展示了他们的模型从详细的文字描述中生成合理的鸟和花图像的能力。在2017年提出来的BEGAN中，它为判别器加上一个自编码器。与一般的GAN相比，BEGAN度量生成分布与自编码器损失函数的距离，而不是直接度量生成分布与真实图像分布之间的距离。通过这种修改，模型能帮助生成器生成自编码器容易重建的数据，因此早期训练更加高效。此外，Progressive GAN(PGGAN)或Self-attention GAN(SAGAN)等模型都有其独特的地方，PGGAN逐步增加分辨率；SAGAN用自注意力机制构建生成器与判别器，学习生成图像的全局依赖性关系。所有这些创新都为更真实的图像生成打下了基础。BigGAN在SAGAN的基础上证明，通过增加批量大小和模型复杂度，能够极大地提升生成的图片质量。从BigGAN提出以来，我们看到的生成图片已经到达了以假乱真的水平。

由于生成图像建模的研究进展，丰富的背景和纹理图像的生成成为各类生成模型追求的新目标，各种生成模型正在朝着这个方向前进。经过几十年的研究，在面对复杂的自然图像时，图像合成模型的表现依然不尽如人意。图像生成面临的主要挑战是真实性、多样性和与输入条件的一致性。从复杂数据集，例如 ImageNet 中生成高分辨率、多样性的样本仍然是很大的挑战。

GAN 的全称是 Generative Adversarial Networks，即生成对抗网络，由 Ian J. Goodfellow 等人于 2014 年 10 月发表在 NIPS 大会上的论文“*Generative Adversarial Nets*”提出。此后各种花式变体 Pix2Pix、CYCLEGAN、STARGAN、StyleGAN 等层出不穷，在“换脸”“换衣”“换天地”等应用场景下生成的图像、视频以假乱真，好不热闹。深度学习“三巨神”之一的 LeCun 也对 GAN 大加赞赏，称“adversarial training is the coolest thing since sliced bread”。关于 GAN 网络的研究也呈井喷态势，图 6-0-2 是 2014—2018 年命名为 GAN 的论文数量图表。

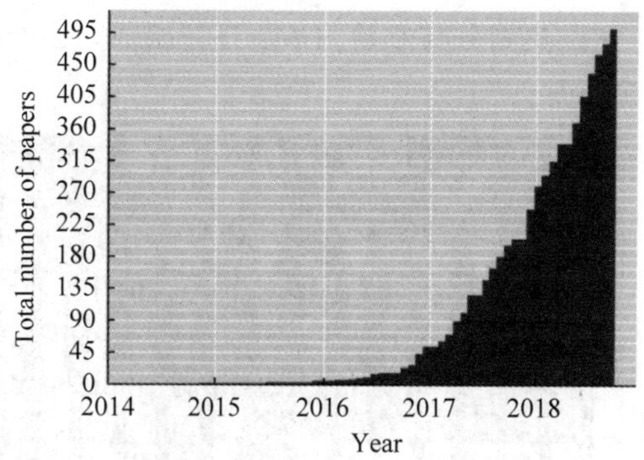

图 6-0-2　GAN 论文数量图表

生成对抗网络一般由一个生成器（生成网络）和一个判别器（判别网络）组成。生成器的作用是，通过学习训练集数据的特征，在判别器的指导下，将随机噪声分布尽量拟合为训练数据的真实分布，从而生成具有训练集特征的相似数据。而判别器则负责区分输入的数据是真实的还是生成器生成的假数据，并反馈给生成器。两个网络交替训练，能力同步提高，直到生成网络生成的数据能够以假乱真，并与判别网络的能力达到一定的均衡。

如图 6-0-3 所示，对于一个随机噪声 z（从一个先验分布中随机采样出的向量）。通过生成器（Generator），生成虚假数据，欺骗判别器，使得 D 能够尽可能给出高的评分 1，并通过合成样本 $G(z)$，生成模型 G 输出的样本。模型 G 输出的样本与真实样本 x（从数据库中采样的样本）输入判别器（Discriminator），判别器区分真实（real）样本和虚假（fake）样本。对于真实样本，尽可能给出高的评分 1；对于虚假样本，尽可能给出低评分 0。而 GAN 网络的训练过程就是生成网络 G 的目标是尽量生成真实的数据去欺骗判别网络 D。而 D 的目标就是尽量辨别出 G 生成的假数据和真数据。这个博弈过程最终的平衡点是纳什均衡点。

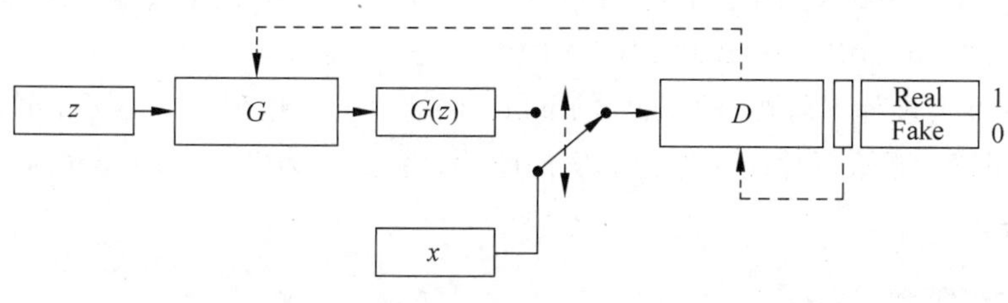

图 6-0-3　生成对抗过程

基于 GAN 模型的时尚衣服生成

6.1 实践一：基于 GAN 模型的时尚衣服生成

本节将在 FashionMNIST 数据集上用经典 GAN 网络完成时尚衣服图像生成。

步骤 1：FashionMNIST 数据集与数据加载

（1）数据集概览。

FashionMNIST 是一个替代 MNIST 手写数字集的图像数据集。如图 6-1-1 所示，其涵盖了来自 10 种类别的共 7 万个不同商品的正面图片。FashionMNIST 的大小、格式和训练集/测试集划分与原始的 MNIST 相似，共 60000 张训练数据、10000 张测试数据，28×28 的灰度图片。

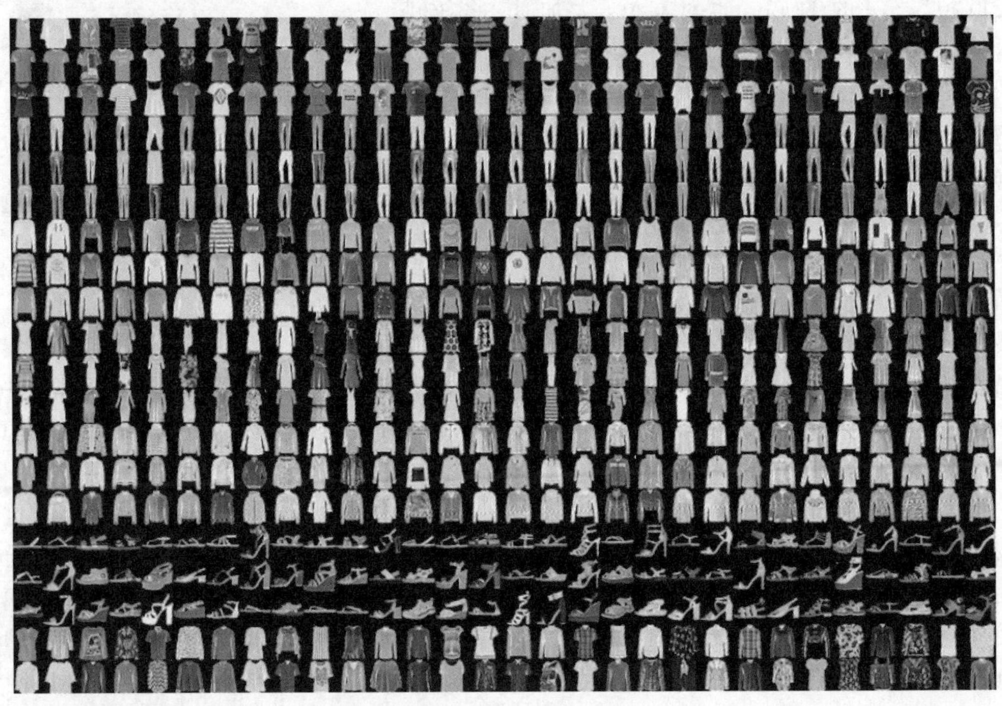

图 6-1-1　FashionMNIST 数据集

（2）数据加载。

在 load_minst_data()函数中使用 paddle. vision. datasets 加载 Minist 数据集，通过 mode 参数选择“train”和“test”加载 Minist 的训练、测试集。

在训练的整个过程不需要原始图片的 label，因此我们在搭建 dataloader 时，也没有返回原始图片的 label。原始图片统一称为真实的图片，用 label 为 1 表示；label 为 0 表示噪声生成的假的图片。

```
class Mnist(Dataset):
  def __init__(self):
    super(Mnist, self).__init__()
```

```
        self.imgs_train = self.load_minst_data() # 自定义加载 MNIST 数据集的函数
        self.num_samples = self.imgs_train.shape[0]
    def __len__(self):
        return self.num_samples
    def __getitem__(self, idx):
        image = self.imgs_train[idx].astype('float32')/127.5 - 1 # 归一化
        return image
    @staticmethod
    def load_minst_data():
[(img0, label0), (img1, label1), (img2, label2), ...].
        mnist_train = paddle.vision.datasets.MNIST(mode = 'train', backend = 'cv2')
        mnist_test = paddle.vision.datasets.MNIST(mode = 'test', backend = 'cv2')
        imgs_train = []
        for data in mnist_train:
            imgs_train.append(data[0])
        for data in mnist_test:
            imgs_train.append(data[0])
        imgs_train = np.array(imgs_train)
        return imgs_train
```

步骤 2：构建生成器与判别器

本次实践应用的 API 接口如下。

paddle.nn.Tanh(name = None):Tanh 激活层。

```
paddle.nn.BCELoss(weight = None,
                  reduction = 'mean',
                  name = None):
```

该接口用于创建一个 BCELoss 的可调用类，用于计算输入 input 和标签 label 之间的二值交叉熵损失值。

- weight(Tensor，可选)：手动指定每个 batch 二值交叉熵的权重，如果指定的话，维度必须是一个 batch 的数据的维度。数据类型是 float32，float64。默认值为 None。
- reduction(str，可选)：指定应用于输出结果的计算方式，可选值有：'none'，'mean'，'sum'。默认为 'mean'，计算 BCELoss 的均值；设置为 'sum' 时，计算 BCELoss 的总和；设置为 'none' 时，则返回 bce_loss。
- name(str，可选)：操作的名称(可选，默认值为 None)。

(1) 判别器。

判别器的作用主要是完成真假图片的判别，当输入一张真实的图片时，希望判别器输出的结果是 1，当输入一张生成器伪造的图片时，希望判别器输出的结果是 0，其本质就是一个分类网络。

Discriminator 类用于构建一个简单的分类网络，其包含两个卷积和一个用于分类的全连接层。其中使用了 LeakyReLU 激活函数和批归一化。

```
class Discriminator(nn.Layer):
    def __init__(self):
        super(Discriminator, self).__init__()
        self.conv1 = nn.Sequential(
            nn.Conv2D(1, 64, kernel_size = 5, stride = 2, padding = 2),
```

```
            nn.LeakyReLU(0.2)
        )
        self.conv2 = nn.Sequential(
            nn.Conv2D(64, 64, kernel_size=5, stride=2, padding=2),
            nn.BatchNorm2D(64),
            nn.LeakyReLU(0.2)
        )
        self.fc1 = nn.Sequential(
            nn.Linear(64*28//4*28//4, 1024),
            nn.BatchNorm1D(1024),
            nn.LeakyReLU(0.2)
        )
        self.fc2 = nn.Sequential(
            nn.Linear(1024, 1),
            nn.Sigmoid()
        )
    def forward(self, x):
        x = self.conv1(x) # [Nx64x14x14]
        x = self.conv2(x) # [Nx64x7x7]
        x = x.reshape([-1, 64*28//4*28//4])
        x = self.fc1(x)
        x = self.fc2(x)
        return x
```

（2）生成器。

生成器的作用主要是生成以假乱真的图片。接着我们要看看如何生成一张假的图片。首先给出一个简单的、高维的、正态分布的噪声向量，接着通过一些全连接、卷积、池化、激活函数等操作，最后得到一个与输入图片大小一样的噪声图片，也就是假图像。

Generator类由两组全连接层和两组反卷积层构成，使用了ReLU和Tan激活函数，以及批归一化。

```
class Generator(nn.Layer):
    def __init__(self):
        super(Generator, self).__init__()
        self.fc1 = nn.Sequential(
            nn.Linear(100, 2048),
            nn.BatchNorm1D(2048),
            nn.ReLU()
        )
        self.fc2 = nn.Sequential(
            nn.Linear(2048, 128*28//4*28//4),
            nn.BatchNorm1D(128*28//4*28//4),
            nn.ReLU()
        )
        self.deconv1 = nn.Sequential(
            nn.Conv2DTranspose(128, 128, kernel_size=4, stride=2, padding=1),
            nn.BatchNorm2D(128),
            nn.ReLU()
        )
        self.deconv2 = nn.Sequential(
            nn.Conv2DTranspose(128, 1, kernel_size=4, stride=2, padding=1),
            nn.Tanh()
```

```
    )
  def forward(self, x):
    x = self.fc1(x)
    x = self.fc2(x)
    x = x.reshape([-1, 128, 28//4, 28//4])
    x = self.deconv1(x) # [Nx128x14x14]
    x = self.deconv2(x) # [Nx1x28x28]
    return x
```

步骤3：GAN网络训练与预测

（1）模型训练。

生成器和判别器两个网络交替训练，在训练过程中，生成器和判别器相互博弈，共同提升，直到生成器最终生成的数据能够以假乱真，并与判别器的能力同步均衡。因此，GAN网络的训练过程与前面的任务有所不同。我们需要实例化生成网络和判别网络，定义两个优化器分别优化两个网络。在训练的过程中，判别器和生成器交替训练，先优化判别网络再优化生成网络。

```
def trian()
  # 生成网络结构实例
  generator = Generator()
  discriminator = Discriminator()
  # 超参数
  BATCH_SIZE = 128
  EPOCHS = 5
  # 优化器
  optimizerG = paddle.optimizer.Adam(learning_rate = 1e-3, parameters = generator.parameters(), beta1 = 0.5, beta2 = 0.999)
  optimizerD = paddle.optimizer.Adam(learning_rate = 1e-3, parameters = discriminator.parameters(), beta1 = 0.5, beta2 = 0.999)
  # 损失函数
  criterion = nn.BCELoss()
  test_result_each_epoch = []                          # 存储每个 epoch 的测试结果
  for epoch in range(EPOCHS):
    for batch_idx, data in enumerate(data_loader):
      real_images = data[0].unsqueeze(1)
      optimizerD.clear_grad()
      # 判别真实数据,并计算损失,目的是让判别器尽量识别出真实数据
      d_real_predict = discriminator(real_images)
      d_real_loss = criterion(d_real_predict, paddle.ones_like(d_real_predict))
      # 判别生成器生成的数据,并计算损失,目的是让判别器尽量识别出生成器伪造的数据
      noise = paddle.uniform([BATCH_SIZE, 100], min = -1, max = 1)
                                                       # 使用正态分布噪音作为假的图片
      fake_images = generator(noise)
      d_fake_predict = discriminator(fake_images)
      d_fake_loss = criterion(d_fake_predict, paddle.zeros_like(d_fake_predict))

      # 训练判别器
      d_loss = d_real_loss + d_fake_loss
      d_loss.backward()
      optimizerD.step()
      # 生成器生成假的图片送入判别器,并计算损失,目的是让判别器分不开真假数据.
```

```
        optimizerG.clear_grad()
        noise = paddle.uniform([BATCH_SIZE, 100], min= -1, max=1)
        fake_images = generator(noise)
        g_fake_predict = discriminator(fake_images)
        g_loss = criterion(g_fake_predict, paddle.ones_like(g_fake_predict))
        # 训练生成器
        g_loss.backward()
        optimizerG.step()
```

(2) 模型预测。

训练完成后，需要验证 GAN 模型的效果，此时，自定义 10 张噪声数据，然后用训练好的模型对测试数据进行预测。这时我们不再需要判别器，只需要生成器来生成图像。

```
def eval():
  noise = paddle.uniform([10, 100], min= -1, max=1)
  generator.eval()
  with paddle.no_grad():
    fake_images = generator(noise)
    fake_images = fake_images.squeeze().numpy()
  generator.train()
  test_result = np.hstack(fake_images)
  test_result_each_epoch.append(test_result)
```

至此第一个 GAN 网络就完成了，要动手练习哦！

基于 PaddleGAN 的图像超分辨率

6.2 实践二：基于 PaddleGAN 的图像超分辨率

本节将使用基于 PaddleGAN 的 LSERCNN 模型来实现图像的超分辨率。LSERCNN 是哈尔滨工业大学等单位的学者提出的一种轻量级超分辨率模型，能够将低分辨率的图像变成高分辨率的图像。

步骤 1：图像超分辨数据集

本次实践中，使用的是由 COCO 数据集中部分图像构建的超分辨率的数据集。如图 6-2-1 所示，数据分为训练集和测试集两部分。训练数据包括 1800 张图像，其中 train 中是高分辨率图像，train_X4 中是对应的$\frac{1}{4}$倍缩小的低分辨率图像。测试数据共包含 120 张图像，其中 test 中是高分辨率图像，test_X4 中是对应的$\frac{1}{4}$倍缩小的低分辨率图像。

```
PaddleGAN
  ├─ data
      ├─ SR
          ├─ train
          ├─ train_X4
          ├─ test
          └─ test_X4
```

图 6-2-1　数据集结构

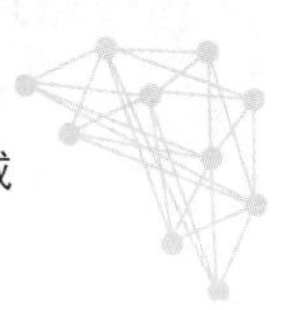

数据集可在 https://aistudio. baidu. com/aistudio/datasetdetail/156937 下载。

步骤 2：PaddleGAN 及环境安装

PaddleGAN 是飞桨生成对抗网络开发套件，为开发人员提供经典和 SOTA 生成对抗网络的高性能实现，并支持开发人员快速构建、训练和部署 GAN，用于学术、娱乐和工业用途。PaddleGAN 覆盖影像修复、图像生成、动作迁移等多种应用场景，支撑开发者快速构建、训练及部署生成对抗网络，以供学术、娱乐及产业应用。

在使用 PaddleGAN 进行图像超分辨之前，首先需要下载 PaddleGAN 的源码，并安装 PaddleGAN 所需要的依赖。

```
!git clone https://gitee.com/paddlepaddle/PaddleGAN.git
%cd PaddleGAN/
!pip install -r requirements.txt
```

步骤 3：模型训练及验证

PaddleGAN 提供了丰富的生成对抗网络模型，其配置文件均在 PaddleGAN/configs 的目录下。我们找到 LSERCNN 的配置文件 lesrcnn_psnr_x4_div2k. yaml。如图 6-2-2 所示，

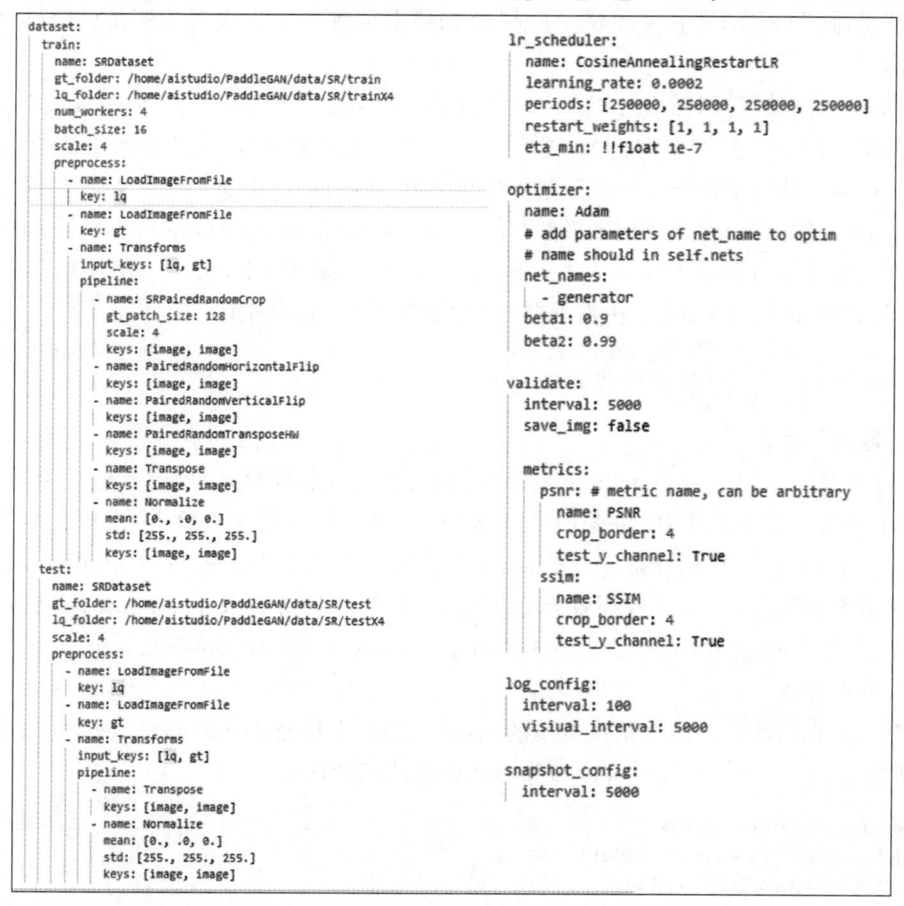

```
dataset:
  train:
    name: SRDataset
    gt_folder: /home/aistudio/PaddleGAN/data/SR/train
    lq_folder: /home/aistudio/PaddleGAN/data/SR/trainX4
    num_workers: 4
    batch_size: 16
    scale: 4
    preprocess:
      - name: LoadImageFromFile
        key: lq
      - name: LoadImageFromFile
        key: gt
      - name: Transforms
        input_keys: [lq, gt]
        pipeline:
          - name: SRPairedRandomCrop
            gt_patch_size: 128
            scale: 4
            keys: [image, image]
          - name: PairedRandomHorizontalFlip
            keys: [image, image]
          - name: PairedRandomVerticalFlip
            keys: [image, image]
          - name: PairedRandomTransposeHW
            keys: [image, image]
          - name: Transpose
            keys: [image, image]
          - name: Normalize
            mean: [0., .0, 0.]
            std: [255., 255., 255.]
            keys: [image, image]
  test:
    name: SRDataset
    gt_folder: /home/aistudio/PaddleGAN/data/SR/test
    lq_folder: /home/aistudio/PaddleGAN/data/SR/testX4
    scale: 4
    preprocess:
      - name: LoadImageFromFile
        key: lq
      - name: LoadImageFromFile
        key: gt
      - name: Transforms
        input_keys: [lq, gt]
        pipeline:
          - name: Transpose
            keys: [image, image]
          - name: Normalize
            mean: [0., .0, 0.]
            std: [255., 255., 255.]
            keys: [image, image]

lr_scheduler:
  name: CosineAnnealingRestartLR
  learning_rate: 0.0002
  periods: [250000, 250000, 250000, 250000]
  restart_weights: [1, 1, 1, 1]
  eta_min: !!float 1e-7

optimizer:
  name: Adam
  # add parameters of net_name to optim
  # name should in self.nets
  net_names:
    - generator
  beta1: 0.9
  beta2: 0.99

validate:
  interval: 5000
  save_img: false

  metrics:
    psnr: # metric name, can be arbitrary
      name: PSNR
      crop_border: 4
      test_y_channel: True
    ssim:
      name: SSIM
      crop_border: 4
      test_y_channel: True

log_config:
  interval: 100
  visiual_interval: 5000

snapshot_config:
  interval: 5000
```

图 6-2-2　配置文件

配置文件为训练时的模型参数。因为我们要训练自己的数据集，所以把路径改为我们解压后的数据集路径，gt_folder 表示高分辨率的图像文件目录，lq_folder 则表示低分辨率的图像文件目录。

设置好配置文件后，就通过 main. py 来进行 LSERCNN 的训练和测试。其中，在进行训练时，只需要给定配置文件的路径；而在测试时还需要设定 evaluate-only 和给出用于训练好的模型路径。

```
#训练
%cd /home/aistudio/PaddleGAN/
!python -u tools/main.py --config-file configs/lesrcnn_psnr_x4_div2k.yaml
#测试
%cd /home/aistudio/PaddleGAN/
!python tools/main.py --config-file configs/lesrcnn_psnr_x4_div2k.yaml --evaluate-only
--load /home/aistudio/pretrained_model/LESRCNN_PSNR_50000_weight.pdparams
```

到这里，我们就完成了通过 PaddleGAN 来实现图像的超分辨率，是不是很简单啊！

基于 DCGAN 模型的人脸图像生成

6.3 实践三：基于 DCGAN 模型的人脸图像生成

本节将通过 DCGAN 在 Celeb-A Face 数据集上训练一个生成对抗网络（GAN）来产生人脸图像。

DCGAN 是深层卷积网络与 GAN 的结合，其基本原理与 GAN 相同，只是将生成网络和判别网络用两个卷积网络（CNN）替代。为了提高生成样本的质量和网络的收敛速度，DCGAN 在网络结构上进行了一些改进：在网络中，所有的 pooling 层使用步幅卷积（strided convolutions）（判别器）和微步幅度卷积（fractional-strided convolutions）（生成器）替换掉池化层；在生成器和判别器中均加入 batchnorm；在生成器（G）中，最后一层使用 Tanh()函数，其余层采用 ReLU()函数；在判别器（D）中则采用 LeakyReLU。

步骤 1：认识 CelebA 数据集与数据加载

（1）数据集概览。

CelebA 是 CelebFaces Attribute 的缩写，是指名人人脸属性数据集，其包含 10177 个名人身份的 202599 张人脸图片，每张图片都做好了特征标记，包含人脸 bbox 标注框、5 个人脸特征点坐标以及 40 个属性标记。CelebA 由香港中文大学开放提供，广泛用于人脸相关的计算机视觉训练任务，如人脸属性标识训练、人脸检测训练以及 landmark 标记等。数据集可在如下网址下载：http://mmlab. ie. cuhk. edu. hk/projects/CelebA. html。

（2）数据加载。

DCGAN 在训练时只需要给出真实的图像。因此，在构建 DataGenerater 类加载训练数据时，通过 getitem 只返回经过维度和分辨率调整的图像即可。

```
class DataGenerater(Dataset):
  def __init__(self,path=PATH):
    super(DataGenerater, self).__init__()
    self.dir = path
```

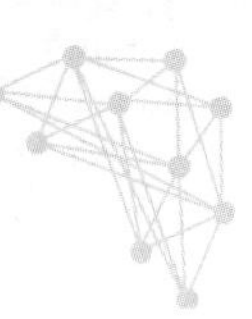


```
    self.datalist = os.listdir(PATH)
    self.image_size = (img_dim,img_dim)

  # 每次迭代时返回数据
  def __getitem__(self, idx):
    path = self.dir + self.datalist[idx]
    try:
      img = io.imread(path)
      img = transform.resize(img,self.image_size)
      img = img.transpose()
      img = img.astype('float32')
    except Exception as e:
        print(e)
    return img
```

步骤 2：DCGAN 模型构建

DCGAN 的网络由一个判别器和一个生成器组成，接下来我们分别实现这两个结构。

(1) 判别器。

判别器 D 是一个分类网络，它以图像(真实图像和生成器 G 生成的图像)作为输入，输出图像为真实图像的概率。具体地，首先会将大小为[3,64,64]的 RGB 图像，通过一系列的卷积、批归一化和 LeakyReLU 层来提取特征。然后，通过一层卷积层将通道数和分辨率都降为 1。最后，经过 sigmoid 后输出图像为真的概率。

```
class Discriminator(paddle.nn.Layer):
  def __init__(self):
    super(Discriminator, self).__init__()
    self.conv1 = nn.Conv2D(3,64,4,2,1,bias_attr = False, weight_attr = paddle.ParamAttr
(initializer = conv_initializer))
    self.relu1 = nn.LeakyReLU(negative_slope = 0.2)
    self.conv2 = nn.Conv2D(64,128,4,2,1,bias_attr = False, weight_attr = paddle.ParamAttr
(initializer = conv_initializer))
     self.bn2 = nn.BatchNorm2D(128, weight_attr = paddle.ParamAttr(initializer = bn_
initializer),momentum = 0.8)
    self.relu2 = nn.LeakyReLU(negative_slope = 0.2)
    self.conv3 = nn.Conv2D(128,256,4,2,1,bias_attr = False, weight_attr = paddle.ParamAttr
(initializer = conv_initializer))
     self.bn3 = nn.BatchNorm2D(256, weight_attr = paddle.ParamAttr(initializer = bn_
initializer),momentum = 0.8)
    self.relu3 = nn.LeakyReLU(negative_slope = 0.2)
    self.conv4 = nn.Conv2D(256,512,4,2,1,bias_attr = False, weight_attr = paddle.ParamAttr
(initializer = conv_initializer))
     self.bn4 = nn.BatchNorm2D( 512, weight_attr = paddle.ParamAttr(initializer = bn_
initializer),momentum = 0.8)
    self.relu4 = nn.LeakyReLU(negative_slope = 0.2)
    self.conv5 = nn.Conv2D(512,1,4,1,0,bias_attr = False, weight_attr = paddle.ParamAttr
(initializer = conv_initializer))
    self.sigmod = nn.Sigmoid()
  def forward(self, x):
    x = self.conv1(x)
    x = self.relu1(x)
```

```
        x = self.conv2(x)
        x = self.bn2(x)
        x = self.relu2(x)
        x = self.conv3(x)
        x = self.bn3(x)
        x = self.relu3(x)
        x = self.conv4(x)
        x = self.bn4(x)
        x = self.relu4(x)
        x = self.conv5(x)
        x = self.sigmod(x)
        return x
```

(2) 生成器。

生成器 G 旨在映射潜在空间矢量 z 到数据空间。由于数据是图像,因此转换 z 到数据空间意味着最终要创建与训练图像相同大小[3,64,64]的 RGB 图像。如图 6-3-1 所示,生成器通过一系列反卷积层来完成特征的上采样,每个反卷积层都与 BatchNorm 层和 ReLu 激活函数相连。生成器的输出最终通过 tanh()函数使其数据范围控制在[−1,1]。

```
class Generator(paddle.nn.Layer):
    def __init__(self):
        super(Generator, self).__init__()
        self.conv1 = nn.Conv2DTranspose(100,512,4,1,0,bias_attr=False, weight_attr=paddle.ParamAttr(initializer=conv_initializer))
        self.bn1 = nn.BatchNorm2D(512, weight_attr=paddle.ParamAttr(initializer=bn_initializer),momentum=0.8)
        self.relu1 = nn.ReLU()
        self.conv2 = nn.Conv2DTranspose(512,256,4,2,1,bias_attr=False, weight_attr=paddle.ParamAttr(initializer=conv_initializer))
        self.bn2 = nn.BatchNorm2D(256, weight_attr=paddle.ParamAttr(initializer=bn_initializer),momentum=0.8)
        self.relu2 = nn.ReLU()
        self.conv3 = nn.Conv2DTranspose(256,128,4,2,1,bias_attr=False, weight_attr=paddle.ParamAttr(initializer=conv_initializer))
        self.bn3 = nn.BatchNorm2D(128, weight_attr=paddle.ParamAttr(initializer=bn_initializer),momentum=0.8)
        self.relu3 = nn.ReLU()
        self.conv4 = nn.Conv2DTranspose(128,64,4,2,1,bias_attr=False, weight_attr=paddle.ParamAttr(initializer=conv_initializer))
        self.bn4 = nn.BatchNorm2D(64, weight_attr=paddle.ParamAttr(initializer=bn_initializer),momentum=0.8)
        self.relu4 = nn.ReLU()
        self.conv5 = nn.Conv2DTranspose(64,3,4,2,1,bias_attr=False,weight_attr=paddle.ParamAttr(initializer=conv_initializer))
        self.tanh = paddle.nn.Tanh()
    def forward(self, x):
        x = self.conv1(x)
        x = self.bn1(x)
        x = self.relu1(x)
        x = self.conv2(x)
        x = self.bn2(x)
        x = self.relu2(x)
```

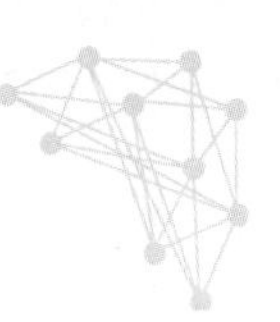

```
    x = self.conv3(x)
    x = self.bn3(x)
    x = self.relu3(x)
    x = self.conv4(x)
    x = self.bn4(x)
    x = self.relu4(x)
    x = self.conv5(x)
    x = self.tanh(x)
    return x
```

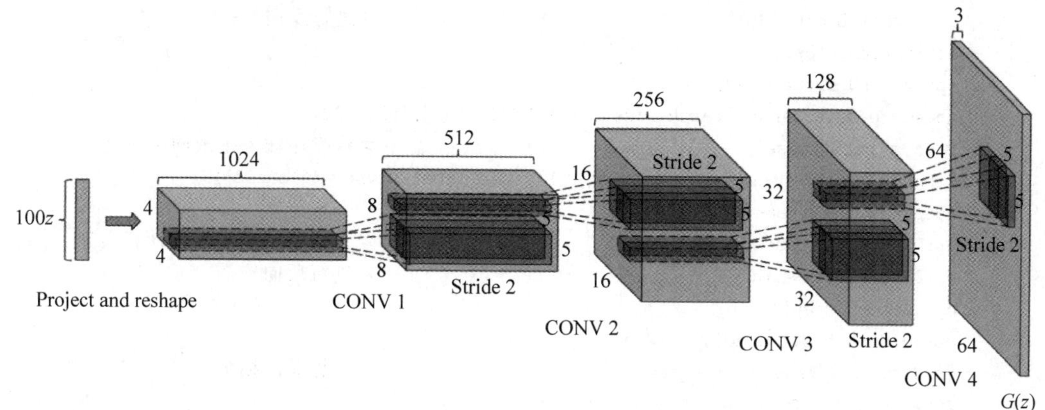

图 6-3-1　生成器网络结构

步骤 3：DCGAN 训练与预测

（1）模型训练。

在训练开始之前，要分别实例化生成网络、判别网络，并为判别网络和生成网络各自分配一个优化器。

```
def train():
device = paddle.set_device('gpu')                         #选择是否调用 GPU
paddle.disable_static(device)
real_label = 1.
fake_label = 0.
loss = paddle.nn.BCELoss()                                #损失函数
netD = Discriminator()                                    #创建判别器
netG = Generator()                                        #创建生成器
optimizerD = optim.Adam(parameters = netD.parameters(), learning_rate = lr, beta1 = beta1,
beta2 = beta2)                                            #创建判别器优化器
optimizerG = optim.Adam(parameters = netG.parameters(), learning_rate = lr, beta1 = beta1,
beta2 = beta2)                                            #创建生成器优化器
```

在训练的过程中，生成器和判别器交替进行训练。每次迭代可分为三步。

① 将真实的图像送入判别器，计算损失训练判别器。

② 生成噪声，并通过生成器生成假的图像，再将假的图像送入判别器计算损失训练判别器。

③ 生成噪声，并通过生成器生成假的图像，再将假的图像送入判别器计算损失训练生成器。

```
losses = [[], []]
now = 0
for pass_id in range(epoch):
  for batch_id, data in enumerate(train_loader()):
    optimizerD.clear_grad()
    real_cpu = data[0]
    label = paddle.full((batch_size,1,1,1),real_label,dtype='float32')
    output = netD(real_cpu)                                    #进行判别
    errD_real = loss(output,label)                             #将预测结果和标签计算损失
    errD_real.backward()                                       #进行反向传播
    optimizerD.step()
    optimizerD.clear_grad()
    noise=paddle.randn([batch_size,G_DIMENSION,1,1],'float32')
    fake = netG(noise)                                         #将噪声输入生成网络进行生成
    label= paddle.full((batch_size,1,1,1),fake_label,dtype='float32')
    output = netD(fake.detach())
    errD_fake = loss(output,label)                             #将预测结果和标签计算损失
    errD_fake.backward()                                       #进行反向传播
    optimizerD.step()
    optimizerD.clear_grad()
    errD = errD_real + errD_fake                               #计算总的损失
    losses[0].append(errD.numpy()[0])
    #训练生成器
    optimizerG.clear_grad()
    noise = paddle.randn([batch_size,G_DIMENSION,1,1],'float32')
    fake = netG(noise)                                         #将噪声输入生成网络进行生成
    label=paddle.full((batch_size,1,1,1),real_label,dtype=np.float32)
    output = netD(fake)                                        #将生成的图像进行判别
    errG = loss(output,label)
    errG.backward()
    optimizerG.step()
    optimizerG.clear_grad()
```

训练过程中生成器的效果如图 6-3-2 所示，可以发现训练过程是生成器和判别器相互博弈的过程。

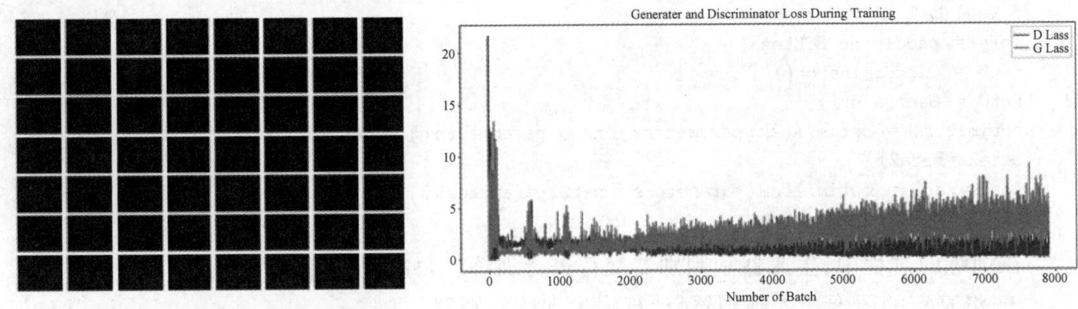

图 6-3-2　训练过程中的可视化及损失变化图

(2) 模型预测。

输入随机数让生成器 G 生成随机人脸，生成的 RGB 三通道的人脸图像。如图 6-3-3 所示，生成器生成的头像和真实的头像非常相似，可以起到以假乱真的效果。

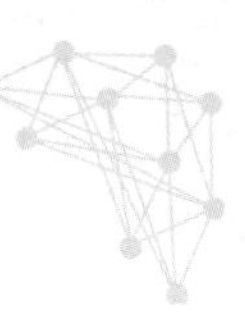

```
def test():
  device = paddle.set_device('gpu')
  paddle.disable_static(device)
  generate = Generator()
  state_dict = paddle.load("work/generator.params")
  generate.set_state_dict(state_dict)
  noise = paddle.randn([100,100,1,1],'float32')
  generated_image = generate(noise).numpy()
  return generated_image
```

图 6-3-3　生成效果

到这里,DCGAN 我们就学完了,快去动手实践吧!

6.4　实践四:基于 Pix2Pix 模型的图像翻译

基于 Pix2Pix 模型的图像翻译

在本节实践我们将通过 Pix2Pix 来实现图像的翻译(指从一幅图像到另一幅图像的转换),将两个不同域上的图像相互转化。

Pix2Pix 是基于 GAN 的图像翻译网络,更准确地讲是基于 cGAN(conditional GAN,也叫条件 GAN)的图像翻译网络。cGAN 可以通过添加条件信息来指导图像生成,因此在图像翻译中就可以将输入图像作为条件,学习从输入图像到输出图像之间的映射,从而得到指定的输出图像。

以基于图像边缘生成图像为例(如图 6-4-1 所示),输入图像用 y 表示,输入图像的边缘图像用 x 表示,Pix2Pix 在训练时需要成对的图像(x 和 y)。x 作为生成器 G 的输入(随机噪声 z 在图中并未画出,去掉 z 不会对生成效果有太大影响,但将 x 和 z 合并在一起作为 G 的输入,可以得到更多样的输出)得到生成图像 $G(x)$,然后将 $G(x)$和 x 基于通道维度合并在一起,最后作为判别器 D 的输入得到预测概率值,该预测概率值表示输入是否为一对匹配的真实图像(图像不仅是真实的图像,还是与 x 匹配的图像),概率值越接近 1 表示判别器 D 越肯定输入是一对真实图像。另外,真实图像 y 和 x 也基于通道维度合并在一起,作为判别器 D 的输入得到概率预测值。

因此，判别器 D 的训练目标就是在输入不是一对真实匹配图像（x 和 $G(x)$）时输出小的概率值（比如最小是 0），在输入是一对真实匹配图像（x 和 y）时输出大的概率值（比如最大是 1）。生成器 G 的训练目标就是使得生成的 $G(x)$ 和 x 作为判别器 D 的输入时，判别器 D 输出的概率值尽可能大，这样就相当于成功欺骗了判别器 D。

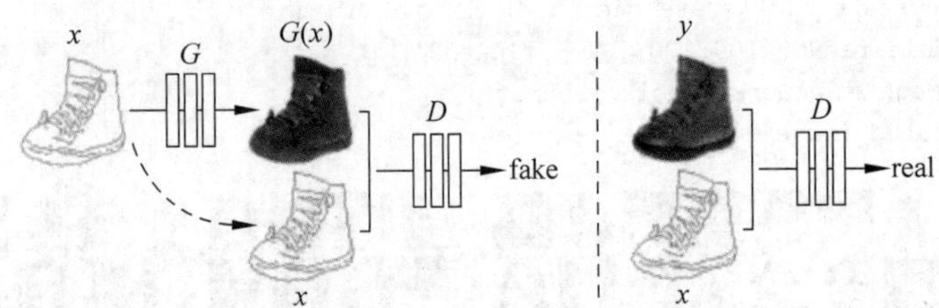

图 6-4-1　图像边缘生成

步骤 1：Cityscapes 数据集与数据加载

1. 数据集概览

在这一部分，采用了分割数据集 Cityscapes，通过 Pix2Pix 实现原始图像到分割图像的转换（也可以实现由分割图像到真实图像的转换）。

Cityscapes 数据集是一个大规模的城市景观数据集，拥有 5000 张在城市环境中驾驶场景的图像（2975 训练，500 验证，1525 测试）。它具有 19 个类别的语义分割标注，其中 8 个具有实例级分割标注。

数据集可通过官网：https://www.cityscapes-dataset.com/下载。

2. 数据加载

pair_reader_creator 用于创建 Pix2Pix 网络所需的数据读取器。因为在训练的过程中需要原始图像和对应的分割标注，所以在 getitem 中我们要对一对图像进行维度变换、归一化、裁剪等操作，并在最后返回这一组图像。

```
class pair_reader_creator(reader_creator):
  def __getitem__(self, idx):
    line = self.lines[idx]
    files = line.strip('\n\r\t ').split('\t')
    img1 = Image.open(os.path.join(self.image_dir, files[0])).convert('RGB')
    img2 = Image.open(os.path.join(self.image_dir, files[1])).convert('RGB')
    img1 = img1.resize((self.load_size, self.load_size), Image.BICUBIC)
    img2 = img2.resize((self.load_size, self.load_size), Image.BICUBIC)
    if self.phase == 'train':
      param = get_preprocess_param(self.load_size, self.crop_size)
      if self.crop_type == 'Center':
        CenterCrop = transforms.CenterCrop((self.crop_size, self.crop_size))
        img1 = CenterCrop(img1)
        img2 = CenterCrop(img2)
      elif self.crop_type == 'Random':
        x = param['crop_pos'][0]
        y = param['crop_pos'][1]
        img1 = img1.crop((x, y, x + self.crop_size, y + self.crop_size))
        img2 = img2.crop((x, y, x + self.crop_size, y + self.crop_size))
    img1 = (np.array(img1).astype('float32') / 255.0 - 0.5) / 0.5
```

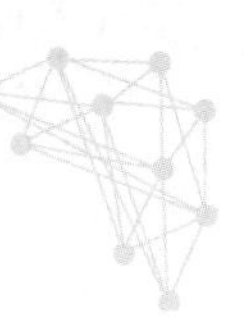


```
    img1 = img1.transpose([2, 0, 1])
    img2 = (np.array(img2).astype('float32') / 255.0 - 0.5) / 0.5
    img2 = img2.transpose([2, 0, 1])
    return np.array([img1[np.newaxis, :], img2[np.newaxis, :]])
```

步骤 2：Pix2Pix 算法模型构建

我们首先介绍下在本实践中应用的 API 接口。

```
paddle.nn.InstanceNorm2D(num_features,
                         epsilon = 1e - 05, momentum = 0.9,
                         weight_attr = None,
                         bias_attr = None,
                         data_format = "NCHW",
                         name = None):
```

该接口用于构建 InstanceNorm2D 类的一个可调用对象，可以处理 2D 或者 3D 的 Tensor，实现了实例归一化层(Instance Normalization Layer)的功能。

- num_features(int)：指明输入 Tensor 的通道数量。
- epsilon(float，可选)：为了数值稳定加在分母上的值。默认值：1×10^{-5}。
- momentum(float，可选)：此值用于计算 moving_mean 和 moving_var。默认值：0.9。
- weight_attr(ParamAttr|bool，可选)：指定权重参数属性的对象。如果为 False，则表示每个通道的伸缩固定为 1，不可改变。默认值为 None，表示使用默认的权重参数属性。具体用法请参见 cn_api_ParamAttr。
- bias_attr(ParamAttr，可选)：指定偏置参数属性的对象。如果为 False，则表示每一个通道的偏移固定为 0，不可改变。默认值为 None，表示使用默认的偏置参数属性。具体用法请参见 cn_api_ParamAttr。
- data_format(string，可选)：指定输入数据格式，数据格式可以为"NCHW"。默认值："NCHW"。
- name(string，可选)：InstanceNorm 的名称，默认值为 None。

```
paddle.nn.SpectralNorm(weight_shape,
                       dim = 0,
                       power_iters = 1,
                       eps = 1e - 12,
                       name = None,
                       dtype = 'float32'):
```

该接口用于构建 SpectralNorm 类的一个可调用对象。可以实现谱归一化层的功能，用于计算 fc、conv1d、conv2d、conv3d 层的权重参数的谱正则值，输入权重参数应分别为 2-D，3-D，4-D，5-D 张量，输出张量与输入张量维度相同。

- weight_shape(list 或 tuple)：权重参数的 shape。
- dim(int，可选)：将输入(weight)重塑为矩阵之前应排列到第一个的维度索引，如果 input(weight)是 fc 层的权重，则应设置为 0；如果 input(weight)是 conv 层的权重，则应设置为 1。默认值：0。
- power_iters(int，可选)：将用于计算的 SpectralNorm 功率迭代次数，默认值：1。

- eps(float,可选):eps 用于保证计算规范中的数值稳定性,分母会加上 eps 防止除零。默认值:1×10^{-12}。
- name(str,可选):一般无须设置,默认值为 None。
- dtype(str,可选):数据类型,可以为"float32"或"float64"。默认值为"float32"。

```
paddle.nn.Pad2D(padding,
                mode = 'constant',
                value = 0.0,
                data_format = 'NCHW',
                name = None):
```

按照 padding、mode 和 value 属性对输入进行填充。

- padding(Tensor | List[int] | int]):填充大小。如果是 int,则在所有待填充边界使用相同的填充,否则填充的格式为[pad_left, pad_right, pad_top, pad_bottom]。
- mode(str):padding 的四种模式,分别为 'constant','reflect','replicate' 和 'circular'。'constant' 表示填充常数 value;'reflect' 表示填充以输入边界值为轴的映射;'replicate' 表示填充输入边界值;'circular' 为循环填充输入。默认值为 'constant'。
- value(float32):以 'constant' 模式填充区域时填充的值。默认值为 0.0。
- data_format(str):指定输入的 format,可为 'NCHW' 或者 'NHWC',默认值为 'NCHW'。
- name(str,可选:该参数供开发人员打印调试信息时使用,缺省值为 None。

(1) 判别器。

使用 Disc 类定义 Pix2Pix 网络的判别器,在 Pix2Pix 的判别器中将输入图像分成 $N\times N$ 个图像块(Patch),然后将这些图像块依次提供给判别器。这个方法也被命名为 PatchGAN。在 Disc 类中采用 LeakyReLU 作为激活函数,并采用 InstanceNorm2D 进行实例归一化。然后使用 5 组卷积,其中最后一组卷积对真假进行预测。

```
class Disc(paddle.nn.Layer):
  def __init__(self):
    super(Disc, self).__init__()
    self.conv1 = Conv2D(6, 64, 4, stride = 2, padding = 1, bias_attr = True,
      weight_attr = initializer.Normal(mean = 0, std = 0.02))
    self.in1 = InstanceNorm2D(64)
    self.relu1 = paddle.nn.LeakyReLU(negative_slope = 0.2)
    self.conv2 = Conv2D(64, 128, 4, stride = 2, padding = 1, bias_attr = False,
      weight_attr = initializer.Normal(mean = 0, std = 0.02))
    self.in2 = InstanceNorm2D(128)
    self.relu2 = paddle.nn.LeakyReLU(negative_slope = 0.2)
    self.conv3 = Conv2D(128, 256, 4,stride = 2, padding = 1, bias_attr = False,
      weight_attr = initializer.Normal(mean = 0, std = 0.02))
    self.in3 = InstanceNorm2D(256)
    self.relu3 = paddle.nn.LeakyReLU(negative_slope = 0.2)
    self.conv4 = Conv2D(256, 512, 4, padding = 1, bias_attr = False,
      weight_attr = initializer.Normal(mean = 0, std = 0.02))
    self.in4 = InstanceNorm2D(512)
    self.relu4 = paddle.nn.LeakyReLU(negative_slope = 0.2)
    self.conv5 = Conv2D(512, 1, 4, padding = 1, bias_attr = True,
```

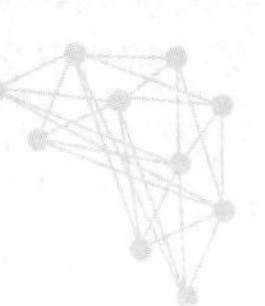


```
        weight_attr = initializer.Normal(mean = 0, std = 0.02))
    def forward(self, x):
      x = self.conv1(x)
      x = self.in1(x)
      x = self.relu1(x)
      x = self.conv2(x)
      x = self.in2(x)
      x = self.relu2(x)
      x = self.conv3(x)
      x = self.in3(x)
      x = self.relu3(x)
      x = self.conv4(x)
      x = self.in4(x)
      x = self.relu4(x)
      x = self.conv5(x)
      return x
```

（2）生成器。

在原版的 CGAN 中，生成器采用的是先下采样“编码”，再上采样“解码”的 encoder-decoder 结构。Pix2Pix 的论文中将这种 encoder-decoder 结构与 U-Net 进行了对比，发现 U-Net 结构将 encoder 部分特征图和 decoder 部分进行融合可以取得更好的效果。因此在 Pix2Pix 中使用 U-Net 作为生成器。

在 4.1 节我们已经实现了 U-Net 网络，在本节的实践中我们就不再重复，通过一个带有残差结构的 encoder-decoder 网络来实现我们特征提取的部分。

首先我们通过 Residual 类来实现包含两层卷积的残差结构。

```
class Residual(paddle.nn.Layer):
  def __init__(self, input_output_dim, use_bias):
    super(Residual, self).__init__()
    name_scope = self.full_name()
    self.pad1 = paddle.nn.Pad2D([1, 1, 1, 1], mode = 'reflect')
    self.conv1 = Conv2D(input_output_dim, input_output_dim, 3, bias_attr = use_bias, weight_
attr = initializer.Normal(mean = 0, std = 0.02))
    self.bn1 = BatchNorm2D(input_output_dim)
    self.relu1 = paddle.nn.LeakyReLU()
    self.pad2 = paddle.nn.Pad2D([1, 1, 1, 1], mode = 'reflect')
    self.conv2 = Conv2D(input_output_dim, input_output_dim, 3, bias_attr = use_bias, weight_
attr = initializer.Normal(mean = 0, std = 0.02))
    self.bn2 = BatchNorm2D(input_output_dim)
  def forward(self, x_input):
    x = self.pad1(x_input )
    x = self.conv1(x)
    x = self.bn1(x)
    x = self.relu1(x)
    x = self.pad2(x)
    x = self.conv2(x)
    x = self.bn2(x)
    return x + x_input
```

接下来是生成器的搭建，在这部分我们通过 Gen 类定义一个 ResNet 版本的生成器。首先通过几组卷积和之前定义的残差结构构成网络的特征提取部分，之后通过 2 组反卷积逐步提升特征图的分辨率，最后完成图像的生成。

```
class Gen(paddle.nn.Layer):
  def __init__(self, base_dim = 64, residual_num = 7):
    super(Gen, self).__init__()
    self.residual_num = residual_num
    self.pad1 = paddle.nn.Pad2D([3, 3, 3, 3], mode = 'reflect')
    self.conv1 = Conv2D(3, base_dim, 7, bias_attr = False, weight_attr = initializer.Normal
(mean = 0, std = 0.02))
    self.bn1 = BatchNorm2D(base_dim)
    self.relu1 = paddle.nn.LeakyReLU()
    self.conv2 = Conv2D(base_dim, base_dim * 2, 3, padding = 1, stride = 2, bias_attr = False,
weight_attr = initializer.Normal(mean = 0, std = 0.02))
    self.bn2 = BatchNorm2D(base_dim * 2)
    self.relu2 = paddle.nn.LeakyReLU()
    self.conv3 = Conv2D(base_dim * 2, base_dim * 4, 3, padding = 1, stride = 2, bias_attr =
False, weight_attr = initializer.Normal(mean = 0, std = 0.02))
    self.bn3 = BatchNorm2D(base_dim * 4)
    self.relu3 = paddle.nn.LeakyReLU()
    self.residual_list = []
    for i in range(residual_num):
      layer = self.add_sublayer('res_' + str(i), Residual(base_dim * 4, False))
      self.residual_list.append(layer)
    self.convTrans1 = Conv2DTranspose(base_dim * 4, base_dim * 2, 3, stride = 2, padding =
1, bias_attr = False, weight_attr = initializer.Normal(mean = 0, std = 0.02))
    self.bn4 = BatchNorm2D(base_dim * 2)
    self.relu4 = paddle.nn.LeakyReLU()
    self.pad4 = paddle.nn.Pad2D([0, 1, 0, 1], mode = 'constant', value = 0.0)
    self.convTrans2 = Conv2DTranspose(base_dim * 2, base_dim, 3, stride = 2, padding = 1,
bias_attr = False, weight_attr = initializer.Normal(mean = 0, std = 0.02))
    self.bn5 = BatchNorm2D(base_dim)
    self.relu5 = paddle.nn.LeakyReLU()
    self.pad5 = paddle.nn.Pad2D([0, 1, 0, 1], mode = 'constant', value = 0.0)
    self.pad5_1 = paddle.nn.Pad2D([3, 3, 3, 3], mode = 'reflect')
    self.conv4 = Conv2D(base_dim, 3, 7, bias_attr = True, weight_attr = initializer.Normal
(mean = 0, std = 0.02))
    self.tanh = paddle.nn.Tanh()
```

网络前向传播的过程，输入的噪声在经过 pad 后，再顺序通过卷积、反卷积最终生成输出图像。

```
def forward(self, x):
  x = self.pad1(x)
  x = self.conv1(x)
  x = self.bn1(x)
  x = self.relu1(x)
  x = self.conv2(x)
  x = self.bn2(x)
  x = self.relu2(x)
  x = self.conv3(x)
  x = self.bn3(x)
  x = self.relu3(x)
  for res_layer in self.residual_list:
    x = res_layer(x)
```

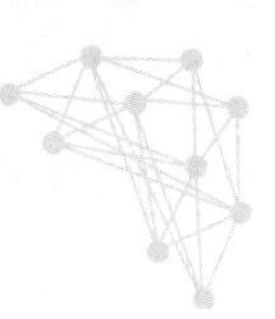

```
        x = self.convTrans1(x)
        x = self.bn4(x)
        x = self.relu4(x)
        x = self.pad4(x)
        x = self.convTrans2(x)
        x = self.bn5(x)
        x = self.relu5(x)
        x = self.pad5(x)
        x = self.pad5_1(x)
        x = self.conv4(x)
        x = self.tanh(x)
        return x
```

步骤 3：Pix2Pix 模型训练

Train()函数用于 Pix2Pix 网络的训练，通过输入参数控制训练迭代的次数、不同损失对应的权重、是否使用 GPU 和是否加载预训练模型等。训练的过程与 6.1 节和 6.3 节相似，生成器和判别器交替训练优化，该部分不再过多赘述。训练过程和效果如图 6-4-2 所示，通过训练后，我们的训练器可以将输入的图像翻译成分割图像(图像分割任务)。

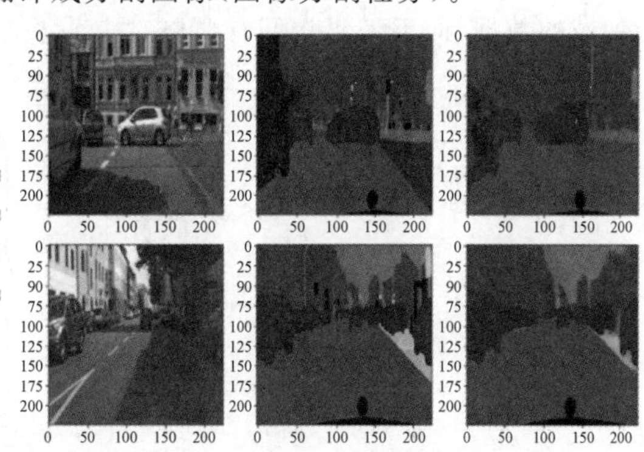

图 6-4-2　训练过程中的部分输出结果及可视化

到这里，Pix2Pix 我们就完成了，可以试试将分割图像翻译成原始图像哦！

6.5　实践五：基于 CycleGAN 模型的图像风格迁移

基于 CycleGAN 模型的图像风格迁移

在本节我们将通过实现 CycleGAN 网络来实现图像在不同风格直接的转换。

CycleGAN，即循环生成对抗网络，出自 ICCV17 的论文 *Unpaired Image-to-Image Translation using Cycle-Consistent Adversarial Networks*。CycleGAN 的目的是将图像在不同域之间进行迁移。域(Domain)可以定义得很广泛：若将域按照性别划分，那么网络将学习性别转换；若将域表征为不同画风，那么网络将学到毕加索到莫奈的创作风格迁移；若将域定义为草图或风景图，网络则从草图生成对应的风景图。如图 6-5-1 所示，就是将图像在画和照片、马和斑马、夏天和冬天这些不同的域之间转换。

其实在 CycleGAN 之前，就已经有了域之间相互转化的模型，比如上一节的 Pix2Pix，不过 Pix2Pix 要求训练数据必须是成对的(如图 6-5-2 左所示，两个域之间的图像一一对应)，

图 6-5-1　CycleGAN 效果

而在现实生活中，要找到两个域中成对出现的图片是相当困难的，更多的是见到不成对的域（如图 6-5-2 左所示，两个域之间的图像并无对应关系）。因此 CycleGAN 诞生了，它只需要两种域的数据，而不需要它们有严格对应关系，这使得 CycleGAN 的应用更为广泛。

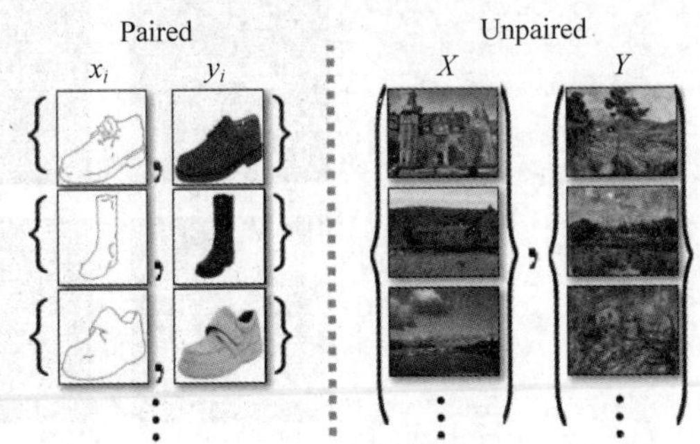

图 6-5-2　成对的域（左）、不成对的域（右）

步骤 1：了解 CycleGAN 的流程

在开始 CycleGAN 的实验之前，我们先学习下 CycleGAN 原理。如图 6-5-3 所示，假设现在有 X 和 Y 两个域，可以简单理解为 X 为斑马，Y 为马。在 CycleGAN 中有 2 个生成器和两个判别器。生成器分别用 G 和 F 表示，生成器 G 用来基于 X 域的图像生成 Y 域的图像（斑马→马）；生成器 F 用来基于 Y 域的图像生成 X 域的图像（马→斑马）；而判别器则用 D_X 和 D_Y 表示，D_X 用来判断 X 域上图像的真假，D_Y 则用来判断 Y 域上图像的真假。CycleGAN 可以看作 2 个 GAN 的融合，一个 GAN 由生成器 G 和判别器 D_Y 构成，实现从 X 域到 Y 域的图像生成和判别；另一个 GAN 由生成器 F 和判别器 D_X 构成，实现从 Y 域到 X 域的图像生成和判别。同时，如图 6-5-3(b)和图 6-5-3(c)所示，X 域的图像还要先通过生成器 G 转换到 Y 域，再通过生成器 F 转回到 X 域，并计算两次转换后与转换前的差异（Y 域上的图像同理）。

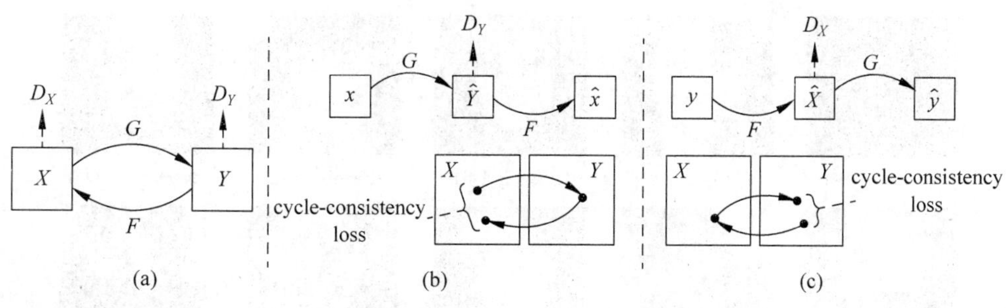

图 6-5-3　CycleGAN 流程示意图

步骤 2：认识 selfie2anime 数据集与数据加载

（1）数据集概览。

U-GAT-IT 在论文中公布了 selfie2anime 数据集，其中对于 selfie 数据集，包含 46836 张自拍照，带有 36 个不同的属性。训练数据集抽取了 3400 张图像，测试数据集的则为 100 张，图像大小为 256×256。对于 anime 数据集，作者首先通过 Anime-Planet（http://www.anime-planet.com/）检索了 69926 张动漫人物图像。在这些图像中，使用 anime-face detector（https://github.com/nagadomi/lbpcascade animeface）提取了 27023 张人脸图像。与 selfie 数据集相对应，训练集和测试集的大小分别为 3400 和 100。最后，通过使用基于 CNN 的图像超分辨率算法（https://github.com/nagadomi/waifu2x），将所有动漫人脸图像的大小调整为 256×256。

数据集总共分为四个部分。

① trainA：selfie 的真实自拍图像（源域），3400 张，训练集。

② trainB：anime-face 的动漫人脸图像（目标域），3400 张，训练集。

③ testA：selfie 的真实自拍图像，100 张，测试集。

④ testB：anime-face 的动漫人脸图像，100 张，测试集。

其中 trainA 和 trainB 之间、testA 和 testB 之间的图像都无对应关系（如图 6-5-4 所示）。

（2）数据集下载。

数据集可通过 https://aistudio.baidu.com/aistudio/datasetdetail/48778 下载。

（3）数据加载。

reader_creator 用于创建 CycleGan 所需的数据读取器，每次只返回单张图像，并对图像进行归一化、维度转换、剪裁等操作。在 init() 函数中主要对一些图像操作的参数和指标进行预定义。

```
class reader_creator(Dataset):
    '''read and preprocess dataset'''
    def __init__(self, args):
        '''初始化函数,进行参数设置和 shuffle'''
        super(Dataset, self).__init__()
        self.image_dir = args.image_dir
        self.shuffle = args.shuffle                         #是否对数据进行打乱
        self.dataset = args.dataset
        self.model_net = args.model_net
```

female_281 female_348 female_1409 female_1469 female_1479
female_5515 female_5701 female_5795 female_6709 female_7139
female_10500 female_11025 female_11464 female_11779 female_11846

0000 0001 0002 0003 0004
0012 0013 0014 0015 0016

图 6-5-4　数据集示例

```
self.list_filename = args.list_filename
self.batch_size = args.batch_size
self.drop_last = args.drop_last        #指示最后一个批大小不等于 batchsize 是否进行丢弃
self.run_test = args.run_test
self.load_size = args.load_size
self.crop_size = args.crop_size                        #数据裁剪大小
self.crop_type = args.crop_type                        #数据裁剪方式
self.phase = args.phase                                #训练 or 测试
self.return_name = args.return_name                    #指示是否返回图片名
print('self.list_filename = ',self.list_filename)
self.lines = open(self.list_filename).readlines()
if self.shuffle:
    np.random.shuffle(self.lines)                      #对数据进行打乱
```

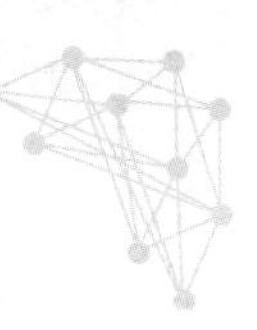

在通过 getitem 的每次迭代中，我们按照 init() 函数中的定义，对图像进行中心、随机剪裁以及归一化和调整维度等操作。

```
def __getitem__(self, idx):
  file = self.lines[idx]
  file = file.strip('\n\r\t ')
  # 读取并处理图片
  img = Image.open(os.path.join(self.image_dir,file)).convert('RGB')
  img = img.resize((self.load_size, self.load_size),Image.BICUBIC)
  if self.phase == 'train':
    if self.crop_type == 'Center':
      CenterCrop = transforms.CenterCrop((self.crop_size, self.crop_size))
      img = CenterCrop(img)
    elif self.crop_type == 'Random':
      RandomCrop = transforms.RandomCrop((self.crop_size, self.crop_size))
      img = RandomCrop(img)
      img = (np.array(img).astype('float32') / 255.0 - 0.5) / 0.5
      img = img.transpose([2, 0, 1])
  else:
    img = (np.array(img).astype('float32') / 255.0 - 0.5) / 0.5
    img = img.transpose([2, 0, 1])
  return np.array(img)
```

CycleGAN 在训练的过程中，训练、测试数据读取器也分为 A、B 两个部分。通过 data_reader 的 make_data 最终生成 a_train_reader，b_train_reader，a_reader_test，b_reader_test 四个数据读取器。

```
class data_reader(Dataset):
  def make_data(self):
    dataset_dir = os.path.join(self.cfg.data_dir, self.cfg.dataset)
    trainA_list = os.path.join(dataset_dir, "trainA.txt")
    trainB_list = os.path.join(dataset_dir, "trainB.txt")
    self.cfg.image_dir = dataset_dir
    self.cfg.list_filename = trainA_list
    self.cfg.phase = 'train'
    # 获取训练数据 A 读取器,调用 reader_creator
    a_train_reader = reader_creator(self.cfg)
    self.cfg.list_filename = trainB_list
    self.cfg.phase = 'train'
    # 获取训练数据 B 读取器,调用 reader_creator
    b_train_reader = reader_creator(self.cfg)
    a_reader_test = None
    b_reader_test = None
    if self.cfg.run_test:
      testA_list = os.path.join(dataset_dir, "testA.txt")
      testB_list = os.path.join(dataset_dir, "testB.txt")
      self.cfg.list_filename = testA_list
      self.cfg.phase = 'test'
      self.cfg.shuffle = False
      self.cfg.return_name = True
      # 获取测试数据 A 读取器,调用 reader_creator
      a_reader_test = reader_creator(self.cfg)
      self.cfg.list_filename = testB_list
```

```
        self.cfg.phase = 'test'
        self.cfg.shuffle = False
        self.cfg.return_name = True
        #获取测试数据B读取器,调用 reader_creator
        b_reader_test = reader_creator(self.cfg)
    #获取数据的批数目
    batch_num = max(a_train_reader.len(), b_train_reader.len())
    return a_train_reader, b_train_reader, a_reader_test, b_reader_test, batch_num
```

步骤 3：CycleGAN 模型搭建

CycleGAN 有两个结构一样的判别器和两个结构一样的生成器，因此只需要定义一个判别器和一个生成器，在训练过程实例化成不同对象即可。在本次实践中，生产网络和判别网络与 6.4 节中的判别器和生成器相同，我们就不再重复展示了。

步骤 4：CycleGAN 模型训练

Train()函数用于 CycleGAN 网络，通过传入参数控制训练迭代的次数、不同损失对应的权重、是否使用 GPU、加载预训练模型等。

在训练 CycleGAN 的过程中，我们需要实例化两个生成器、两个判别器，并对应地生产各自对应的优化器。分别对应着 $X \to Y$ 的生成器、判别器(A)和 $Y \to X$ 的生成器、判别器(B)。

```
def train(epoch_num = 1000, adv_weight = 1, cycle_weight = 30, identity_weight = 10, use_gpu = True, load_model = False, model_path = './model/', model_path_bkp = './model_bkp/', \
    print_interval = 1, max_step = 50, model_bkp_interval = 5000):
  place = paddle.CUDAPlace(0) if use_gpu == True else paddle.CPUPlace()
  device = 'gpu' if use_gpu == True else 'cpu'
  paddle.set_device(device)
  #创建生成器
  g_a = Gen()
  g_b = Gen()
  #创建判别器
  d_a = Disc()
  d_b = Disc()
  #创建数据读取器
  cfg = CFG()
  reader = data_reader(cfg)
  a_reader, b_reader, _, _, _ = reader.make_data()
  reader_a = DataLoader(a_reader, places = PLACE, shuffle = True, batch_size = cfg.batch_size, drop_last = False, num_workers = 0, use_shared_memory = False)
  reader_b = DataLoader(b_reader, places = PLACE, shuffle = True, batch_size = cfg.batch_size, drop_last = False, num_workers = 0, use_shared_memory = False)
  #创建优化器
  g_a_optimizer = paddle.optimizer.Adam(learning_rate = 0.0002, beta1 = 0.5, beta2 = 0.999, parameters = g_a.parameters())
  g_b_optimizer = paddle.optimizer.Adam(learning_rate = 0.0002, beta1 = 0.5, beta2 = 0.999, parameters = g_b.parameters())
  d_a_optimizer = paddle.optimizer.Adam(learning_rate = 0.0002, beta1 = 0.5, beta2 = 0.999, parameters = d_a.parameters())
  d_b_optimizer = paddle.optimizer.Adam(learning_rate = 0.0002, beta1 = 0.5, beta2 = 0.999, parameters = d_b.parameters())
```

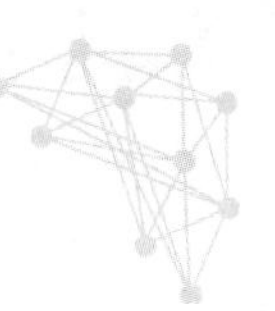

```
    #构建图片池
    fa_pool, fb_pool = ImagePool(), ImagePool()
  total_step_num = np.array([0])
```

CycleGAN 训练的过程比较复杂。对于判别器 A、B，以判别器 A 为例，分别将真实的图像和对应的生成器生成的假图像送入判别器 A，计算损失进行反向传播和参数学习（判别器 B 同理）。

```
for data_a,data_b in zip(reader_a(),reader_b()):
    step += 1
    img_ra, img_rb = data_a[0],data_b[0]
    #训练 A 判别器
    d_loss_ra = paddle.mean((d_a(img_ra.detach()) - 1) ** 2)
    d_loss_fa = paddle.mean(d_a(fa_pool.pool_image(g_a(img_rb.detach()))) ** 2)
    da_loss = (d_loss_ra + d_loss_fa) * 0.5
    da_loss.backward()
    d_a_optimizer.step()
    d_a_optimizer.clear_grad()
    #训练 B 判别器
    d_loss_rb = paddle.mean((d_b(img_rb.detach()) - 1) ** 2)
    d_loss_fb = paddle.mean(d_b(fb_pool.pool_image(g_b(img_ra.detach()))) ** 2)
    db_loss = (d_loss_rb + d_loss_fb) * 0.5
    db_loss.backward()
    d_b_optimizer.step()
    d_b_optimizer.clear_grad()
```

对于生成器 A、B，其损失则是由三部分组成，以生成器 A 为例：首先是传统的 GAN 损失，将生成器 A 生成的图像输入判别器 A 计算损失；其次是循环损失，将生成器 A 生成的图像输入生成器 B，进而再转回到原来的域，并与原始输入生成器 A 的图像计算损失。最后是 Identity 损失，生成器 A 是由 X 到 Y 域的生成器，将 Y 域的图像输入生成器 A，得到的结果再与输入的图像计算差异损失。

```
    #训练 A 生成器
    ga_gan_loss = paddle.mean((d_a(g_a(img_rb.detach())) - 1) ** 2)
    ga_cyc_loss = paddle.mean(paddle.abs(img_rb.detach() - g_b(g_a(img_rb.detach()))))
    ga_ide_loss = paddle.mean(paddle.abs(img_ra.detach() - g_a(img_ra.detach())))
    ga_loss = ga_gan_loss * adv_weight + ga_cyc_loss * cycle_weight + ga_ide_loss * identity
_weight
    ga_loss.backward()
    g_a_optimizer.step()
    g_a_optimizer.clear_grad()
    #训练 B 生成器
    gb_gan_loss = paddle.mean((d_b(g_b(img_ra.detach())) - 1) ** 2)
    gb_cyc_loss = paddle.mean(paddle.abs(img_ra.detach() - g_a(g_b(img_ra.detach()))))
    gb_ide_loss = paddle.mean(paddle.abs(img_rb.detach() - g_b(img_rb.detach())))
    gb_loss = gb_gan_loss * adv_weight + gb_cyc_loss * cycle_weight + gb_ide_loss * identity
_weight
    gb_loss.backward()
    g_b_optimizer.step()
    g_b_optimizer.clear_grad()
```

如图 6-5-5，训练过程中我们会输出判别器 A、B 和生成器 A、B 的损失。随着训练的进行，生成器和判别器不断地博弈，相互促进。

```
[200122] DA: [0.3649456] DB: [0.15003552] GA: [5.076691] GB: [4.29802] 2021-03-30 21:51:39
[200123] DA: [0.2753412] DB: [0.29627952] GA: [8.651058] GB: [8.302259] 2021-03-30 21:51:40
[200124] DA: [0.34458452] DB: [0.094767] GA: [8.237589] GB: [12.083412] 2021-03-30 21:51:40
```

图 6-5-5 训练过程示意

步骤 5：CycleGAN 模型预测

通过 infer()函数进行模型预测，这部分我们可以选择不同的生成器实现两个域之间的相互转换，下面我们展示由真实人脸生成卡通头像的部分，其效果如图 6-5-6 所示。

```
def infer(max_step = 10, use_gpu = True, load_model = True, model_path = './model/'):
  place = paddle.CUDAPlace(0) if use_gpu == True else paddle.CPUPlace()
  device = 'gpu' if use_gpu == True else 'cpu'
  paddle.set_device(device)
  # 创建生成器
  g_b = Gen()
  #创建数据读取器
  cfg = CFG()
  reader = data_reader(cfg)
  _, _, a_reader_test, _, _ = reader.make_data()
  reader_a_test = DataLoader(a_reader_test, places = PLACE, shuffle = False, batch_size = cfg.
batch_size, drop_last = False, num_workers = 0, use_shared_memory = False)
  if load_model == True:
    #加载预训练模型
```

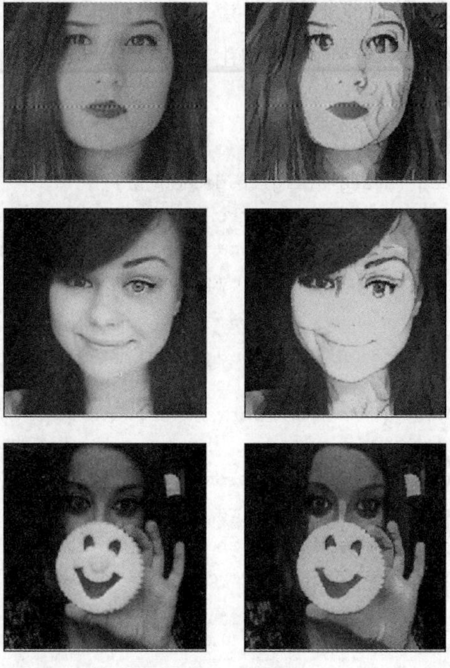

图 6-5-6 生成效果

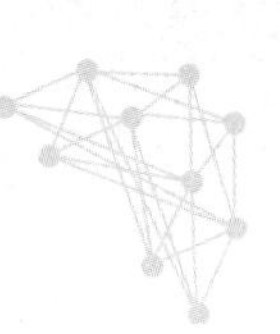

```
    gb_para = paddle.load(model_path + 'gen_a2b.pdparams')
    g_b.set_state_dict(gb_para)
  step = 0
  for data_a in reader_a_test():
    step += 1
    img_ra = data_a[0]
    img_b = g_b(img_ra).numpy() * .9
```

至此，我们就完成了 CycleGAN 网络的搭建、训练和使用 CycleGAN 转换风格的过程，你学会了吗？

参考文献

[1] Simonyan K, Zisserman A. Very deep convolutional networks for large-scale image recognition[J]. arXiv preprint arXiv:1409.1556,2014.

[2] He K, Zhang X, Ren S, et al. Deep residual learning for image recognition[C]//Proceedings of the IEEE conference on computer vision and pattern recognition. 2016: 770-778.

[3] Dosovitskiy A, Beyer L, Kolesnikov A, et al. An image is worth 16×16 words: Transformers for image recognition at scale[J]. arXiv preprint arXiv:2010.11929,2020.

[4] Ren S, He K, Girshick R, et al. Faster r-cnn: Towards real-time object detection with region proposal networks[J]. Advances in neural information processing systems, 2015, 28.

[5] Redmon J, Farhadi A. Yolov3: An incremental improvement[J]. arXiv preprint arXiv: 1804.02767,2018.

[6] Long X, Deng K, Wang G, et al. PP-YOLO: An effective and efficient implementation of object detector[J]. arXiv preprint arXiv:2007.12099,2020.

[7] Carion N, Massa F, Synnaeve G, et al. End-to-end object detection with transformers[C]//Computer Vision-ECCV 2020: 16th European Conference, Glasgow, UK, August 23-28, 2020, Proceedings, Part I 16. Springer International Publishing, 2020: 213-229.

[8] Ronneberger O, Fischer P, Brox T. U-net: Convolutional networks for biomedical image segmentation [C]//Medical Image Computing and Computer-Assisted Intervention-MICCAI 2015: 18th International Conference, Munich, Germany, October 5-9, 2015, Proceedings, Part III 18. Springer International Publishing, 2015: 234-241.

[9] Chen L C, Papandreou G, Schroff F, et al. Rethinking atrous convolution for semantic image segmentation[J]. arXiv preprint arXiv:1706.05587,2017.

[10] Zhao H, Shi J, Qi X, et al. Pyramid scene parsing network[C]//Proceedings of the IEEE conference on computer vision and pattern recognition. 2017: 2881-2890.

[11] Cao H, Wang Y, Chen J, et al. Swin-unet: Unet-like pure transformer for medical image segmentation [C]//Computer Vision-ECCV 2022 Workshops: Tel Aviv, Israel, October 23-27, 2022, Proceedings, Part III. Cham: Springer Nature Switzerland, 2023: 205-218.

[12] Wang L, Xiong Y, Wang Z, et al. Temporal segment networks for action recognition in videos[J]. IEEE transactions on pattern analysis and machine intelligence, 2018, 41(11): 2740-2755.

[13] Danelljan M, Bhat G, Shahbaz Khan F, et al. Eco: Efficient convolution operators for tracking[C]//Proceedings of the IEEE conference on computer vision and pattern recognition. 2017: 6638-6646.

[14] Bertasius G, Wang H, Torresani L. Is space-time attention all you need for video understanding? [C]//ICML. 2021, 2(3): 4.

[15] Goodfellow I, Pouget-Abadie J, Mirza M, et al. Generative adversarial networks[J]. Communications of the ACM, 2020, 63(11): 139-144.

[16] Radford A, Metz L, Chintala S. Unsupervised representation learning with deep convolutional generative adversarial networks[J]. arXiv preprint arXiv:1511.06434,2015.

[17] Isola P, Zhu J Y, Zhou T, et al. Image-to-image translation with conditional adversarial networks [C]//Proceedings of the IEEE conference on computer vision and pattern recognition. 2017: 1125-1134.

[18] Zhu J Y, Park T, Isola P, et al. Unpaired image-to-image translation using cycle-consistent adversarial networks[C]//Proceedings of the IEEE international conference on computer vision. 2017: 2223-2232.